建筑工人便携手册

混凝土工

主编　高崇云
参编　戈军华　张彤

中国电力出版社
CHINA ELECTRIC POWER PRESS

内 容 提 要

本书为《建筑工人便携手册》中的《混凝土工》分册。手册共分为12个分册，包括《抹灰工》、《电工》、《水暖工》、《砌筑工》、《装饰装修工》、《钢筋工》、《测量放线工》、《模板工》、《混凝土工》、《油漆工》、《架子工》、《防水工》。

本书根据国家现行标准，全面系统地介绍了混凝土工与混凝土、混凝土组成材料及施工机具、混凝土配合比设计、普通混凝土施工、混凝土工程施工、混凝土的季节施工、混凝土裂缝及其控制以及混凝土工程施工安全常识等内容。

本书内容丰富，通俗易懂，实用性强，可供高中及以上文化程度工人、农民工、技术人员参考使用，也可供施工现场技术人员日常工作中参阅，还可作为大中专院校相关专业师生的参考书。

图书在版编目（CIP）数据

混凝土工/高崇云主编. —北京：中国电力出版社，2014.10
（建筑工人便携手册）
ISBN 978-7-5123-6278-9

Ⅰ.①混… Ⅱ.①高… Ⅲ.①混凝土施工-技术手册 Ⅳ.①TU755-62

中国版本图书馆CIP数据核字（2014）第173686号

中国电力出版社出版、发行
（北京市东城区北京站西街19号 100005 http://www.cepp.sgcc.com.cn）
航远印刷有限公司印刷
各地新华书店经售
*
2014年10月第一版 2014年10月北京第一次印刷
850毫米×1168毫米 32开本 9印张 230千字
印数0001—3000册 定价**34.00**元

前言

随着建筑行业迅速发展，对于从业技术人员也提出了更高的要求，建筑工人、技术人员也需要与时俱进，不断提高和完善自己，以满足职业需求，因此我们组织编写了《建筑工人便携手册》，共分为12个分册，包括《抹灰工》、《电工》、《水暖工》、《砌筑工》、《装饰装修工》、《钢筋工》、《测量放线工》、《模板工》、《混凝土工》、《油漆工》、《架子工》、《防水工》。本丛书作者均为相关专业技术人员，技术水平高，经验丰富。本套丛书以现行相关的国家标准、行业标准为依据，将建筑工程施工中常见的技术问题、难点以及解决方法经过作者认真整理、归纳、筛选而成，作者在丛书编写过程中经过反复推敲，多次修改，以确保图书质量。

本套丛书内容丰富，通俗易懂，实用性强，可供高中及以上文化程度工人、农民工、技术人员参考使用，也可供施工现场技术人员日常工作中参阅，还可作为大中专院校相关专业师生的参考书。

本书在编写过程中，得到了潘岩、赵春娟、黄晋、柴新雷、张颖、夏欣、高秀宏、周默、修士会、成育芳、王克勤的大力支持和帮助，在此一并致谢。

限于时间和作者水平，疏漏和不妥之处在所难免，恳请广大读者批评指正。

作 者

2014年8月

目录

第一章

混凝土工工作概况及混凝土基本知识

第一节 混凝土工工种介绍

混凝土工是施工现场一线直接从事混凝土搅拌、运输、浇筑、振捣、养护的操作工人。

混凝土工应具有初中以上文化水平，具备一定的学习能力，有较强的空间感和计算能力，有准确的观察分析以及推理判断能力，手指、手臂灵活，并参加专业的职业技能培训，经过鉴定考核合格后，持证上岗。目前，我国对混凝土工职业岗位设有三个等级，即初级（国家职业资格五级）、中级（国家职业资格四级）、高级（国家职业资格三级）。

混凝土工的鉴定考核由理论知识考试和技能考核构成。理论知识考试采取闭卷笔试方式，主要考查混凝土配制材料性能及选用、混凝土技术性能、混凝土施工技术和混凝土质量验收标准等内容，考试时间为100～120min；技能操作考核采取现场实际操作方式，主要考核混凝土施工机械、工具的使用以及混凝土施工质量控制的方法。两项考核均采用百分制，成绩全部达到60分及以上者为合格，考试考核成绩合格者颁发相应职业资格证书。

第二节　混凝土基本知识

一、混凝土工程识图

（一）钢筋混凝土构件详图

1. 现浇钢筋混凝土梁、柱结构详图

梁、柱的结构详图一般包括梁的立面图和截面图。

（1）立面图（纵剖面）。立面图用于表示梁、柱的轮廓与配筋情况，由于是现浇，所以一般画出支撑情况、轴线编号。梁、柱的立面图纵横比例可以不一样，以尺寸数字为准。图上还标有剖切线符号，表示剖切位置。

（2）截面图。通过截面图可了解到沿梁、柱长和高方向钢筋的所在位置、箍筋的肢数。

（3）钢筋表。钢筋表包括构件编号、形状尺寸、直径、单根长、根数、总长及总重等。

2. 预制构件详图

为加快设计速度，对通用、常用构件常选用标准图集。标准图集含有国标、省标及各设计院自设的标准。一般施工图上只注明标准图集的代号及详图的编号，不绘出详图。查找标准图时，首先要弄清是哪个设计单位编的图集，看总说明，了解编号方法，然后再按目录页次查阅。

（二）钢筋混凝土构件配筋图的识图

阅读钢筋混凝土构件配筋图时，应先看图名、比例、必要的材料、施工等说明，尺寸单位一般为毫米，标高为米；再根据所给图样读懂构件的形状、尺寸等；然后逐个分析所给的每一个配筋图样及钢筋数量表，读懂钢筋在构件内部的布置情况以及每一根钢筋的形状、等级、直径、长度、根数、间距等；最后了解该构件使用的材料用量与材料的规格以及该构件各部位的具体尺寸、保护层厚度等。

二、混凝土的种类

（一）按使用功能划分

混凝土按使用功能可分为结构用混凝土、保温混凝土、耐酸碱混凝土、抗渗混凝土、抗冻混凝土、高强混凝土、防水混凝土、耐热混凝土、道路混凝土、大坝混凝土、防护混凝土和装饰混凝土等。

例如，抗渗等级不小于P6级的混凝土为抗渗混凝土，抗冻等级不小于F50级的混凝土为抗冻混凝土。

（二）按胶结材料划分

混凝土按胶结材料可分为水泥混凝土、石膏混凝土、水玻璃混凝土、沥青混凝土和聚合物混凝土等。土建施工中最常用水泥混凝土。

（三）按表观密度划分

1. 轻混凝土

轻混凝土表观密度为500～1900kg/m^3，由火山灰渣、黏土陶粒和陶砂、粉煤灰陶粒和陶砂等轻骨料制成。其中包括轻骨料混凝土（表观密度为500～1900kg/m^3）和多孔混凝土（表观密度为500～800kg/m^3）两种，主要用于各种承重结构和承重隔热制品。

2. 特轻混凝土

特轻混凝土包括表观密度在500kg/m^{3}以下的多孔混凝土和用特轻骨料（膨胀珍珠岩、蛭石、泡沫塑料等）制成的轻骨料混凝土，主要用于作保温隔热材料。

3. 重混凝土

重混凝土表观密度为1900～2500kg/m^3，由致密的天然砂、石作为骨料制成，主要用于各种承重结构。

4. 特重混凝土

特重混凝土表观密度大于2500kg/m^3，由特别密实和特别重的骨料制成，例如钢筋混凝土等，主要用于防辐射工程。

（四）按混凝土结构划分

混凝土按结构可分为普通混凝土、细粒混凝土、大孔混凝土和多孔混凝土等。其中，普通混凝土由碎石或卵石、砂、水泥和水制成；细粒混凝土由细骨料和胶结材料制成，主要用于制造薄壁构件；大孔混凝土由粗骨料和胶结材料制成，骨料外包胶结材料，彼此以点接触，骨料之间存在较大的空隙，主要用于墙体内隔层等填充部位；多孔混凝土无粗细骨料之分，全部由磨细的胶结材料和其他粉料加水拌成料浆，用机械方法或化学方法使之形成许多微小的气泡，再经硬化制成。

（五）按施工方法划分

混凝土按施工方法可分为现浇混凝土、预制混凝土、泵送混凝土和喷射混凝土等。其中，现浇混凝土主要用于条形、杯形等基础的浇筑；泵送混凝土是指利用混凝土泵沿管道直接将混凝土拌合物输送至浇筑地点，一次性完成混凝土水平和垂直运输的一种高效输送、浇筑混凝土的施工技术。

三、混凝土的性质

（一）混凝土拌和物的和易性

为了使混凝土便于泵送、浇筑，并均匀、密实地填充满模板，保证混凝土工程的质量，就需要混凝土拌和物具有良好的和易性。混凝土拌和物的和易性是指混凝土在施工中是否易于操作，是否具有能使所浇筑的构件质量均匀、成型易于密实的性能。对混凝土拌和物的要求，主要是使运输、浇筑、捣实和表面处理等施工过程易于进行，减少离析，保证良好的浇筑质量，为保证混凝土的强度和耐久性创造必要的条件。混凝土的和易性包括流动性、黏聚性和保水性等。

1. 和易性的测定

通常，混凝土的和易性以坍落度再辅以黏聚性和保水性作为综合指标来评定。

（1）坍落度试验用具。混凝土坍落度试验所用的器具包括坍落度筒、漏斗、捣棒和钢尺。

1）坍落度筒是一个圆台形铁筒，其高 300mm，下口内径 200mm，上口内径 100mm。坍落度筒内部应光滑、无凹凸部位，两边有把手和脚踏板。

2）漏斗由金属制成，可以紧密地套在坍落度筒上口内。

3）捣棒是一根端部磨圆的钢棒，其直径为 16mm、长 600mm，用于捣实坍落度筒内的混凝土。

（2）坍落度试验操作步骤：

1）先湿润坍落度筒、漏斗和捣棒，将坍落度筒放在不吸水的刚性水平底板上。

2）用双脚踩住脚踏板，将混凝土拌和物用小铲经漏斗分三次均匀地装入筒内，每次装料约为筒高的 1/3，每次用捣棒插捣 25 次。

3）插捣时，应沿螺旋方向由外向中心进行，插棒可略微倾斜。插捣底层时，捣棒应贯穿整个高度。插捣第二层和顶层时，捣棒应插透本层直至下一层的表面。装顶层时，混凝土应装至高出筒口。

4）插捣过程中，若混凝土沉落至低于筒口，则应随时添加混凝土拌和物。

5）顶层插捣完毕后，拔去漏斗，刮掉多余的混凝土，并用抹刀抹平。

6）清除筒边底板上的混凝土后，垂直平稳地提起坍落度筒。坍落度筒的提离过程应不间断地进行。

7）提起坍落度筒后，立即测量筒顶与坍落后混凝土试体最高点之间的高度差，即为该混凝土拌和物的坍落度值，单位为 mm，精确至 5mm，整个过程应在 150s 内完成，如图 1-1 所示。

8）坍落度筒提离后，若混凝土发生崩坍或一边剪坏时，应重新取样另行测定，若第二次试验仍出现上述现象，则表明该混凝土和易性不好。注意观察坍落后混凝土试体的黏聚性和保

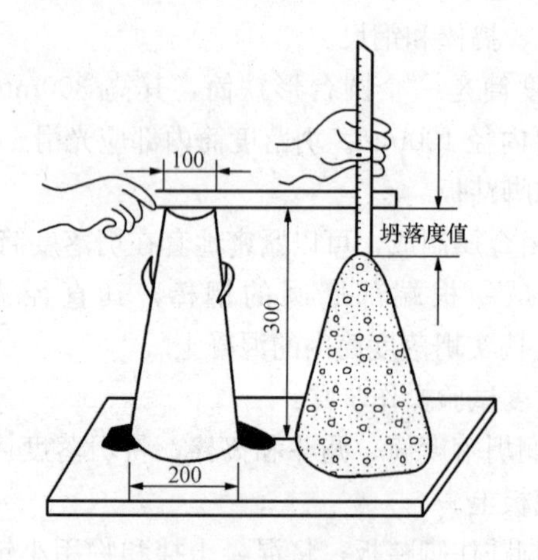

图 1-1　坍落度值测量

水性。

9）用捣棒在已坍落的混凝土锥体侧面轻轻敲打，若锥体逐渐下沉，则表明黏聚性良好；若锥体倒坍、部分崩裂或出现离析现象时，则表明黏聚性不好。

10）坍落度筒提起后，若有较多的稀浆从底部析出，且锥体部分的混凝土因失浆而使骨料外露，则表明混凝土拌和物的保水性不好。

11）坍落度筒提起后，若无稀浆或仅有少量稀浆自底部析出，则表明混凝土拌和物的保水性良好。

12）根据坍落度的测定和黏聚性、保水性的直观观察，即可综合评定混凝土拌和物的和易性。

2. 坍落度的选定

混凝土的坍落度大小应根据建筑物的特征、钢筋含量、运输距离、浇筑方法及气候条件等因素选定。对于结构截面较小、钢筋含量较多的结构，应选用坍落度较大的混凝土；对于大体积素混凝土及少筋混凝土，可选用坍落度较小的混凝土。混凝土浇筑时的坍落度可按表 1-1 和表 1-2 选用。

表 1-1　　**混凝土浇筑时的坍落度选定**

结构类型	坍落度（mm）
基础或地面垫层 无筋的厚大结构（挡土墙、基础或厚大的块体等）或配筋稀疏的结构	10～30
板、梁和大型及中型截面的柱子等	30～50
配筋密集的结构（薄壁、斗仓、筒仓、细柱等）	50～70
配筋特密的结构	70～90

表 1-2　　**泵送混凝土坍落度选定**

泵送高度（m）	<30	30～60	60～100	>100
坍落度（mm）	100～140	140～160	160～180	180～200

（二）混凝土的强度等级

混凝土的强度高低主要是指立方体抗压强度（$f_{cu,k}$）的大小，混凝土的抗压强度用强度等级来表示。混凝土的强度等级按立方体抗压强度标准值（$f_{cu,k}$）可划分为十四个等级，即 C15、C20、C25、C30、C35、C40、C45、C50、C55、C60、C65、C70、C75 和 C80。其中，“C”表示混凝土的强度等级，后面的数字则表示其抗压强度，如 C35 表示该混凝土的抗压强度为 35MPa。混凝土强度等级的测定方法是，将混凝土拌和物按标准方法制成边长为 150mm 的立方体标准试块，在标准条件下（温度为 20℃±3℃，相对湿度大于 90%）养护 28 天后，采用标准实验方法测得具有 95%保证率的抗压强度，混凝土强度单位为 MPa。影响混凝土抗压强度的主要因素如下：

1. 水灰比

当采用的水泥品种及强度等级确定后，混凝土的强度随水灰比的增大而有规律地降低。

2. 骨料的种类及性质

混凝土强度的大小与骨料表面的粗糙程度、砂石的强度等级、骨料的级配有着很大的关系；当砂石中含有较多的杂质，且砂石本身的强度较低时，拌制的混凝土强度较低；而砂石级配良好、砂率适中时制成的混凝土，则强度较高。

3. 水泥的强度

在其他条件相同的情况下，水泥的强度等级越高，混凝土的强度也就越高；反之，混凝土的强度也就越低。

4. 外加剂

混凝土中掺入外加剂，可明显地改善混凝土的性能。例如：掺入减水剂，可使混凝土的强度明显提高；加入早强剂，可大幅度地提高混凝土的早期强度；掺入缓凝剂，可减缓水泥的水化速度，但会使混凝土的初期强度有所降低。

5. 养护的湿度和温度

混凝土强度的发展主要依靠水泥的不断水化，而水泥的水化必须在一定的温度和湿度环境下进行。因此在混凝土浇筑后一段时间内，必须保证其水化所需的温度和湿度。所以，混凝土浇筑后必须加强养护，保持适当的温度和湿度，保证混凝土强度的不断发展。

6. 养护龄期

混凝土在正常养护条件下，其强度随龄期的增长规律与水泥是相同的，混凝土强度在最初的3～7天增长较快，之后逐渐缓慢，28天后强度增长更慢，但增长过程可延续几十年。一般以28天龄期的强度作为混凝土的强度设计值。

影响混凝土强度的因素除上述因素外，还与施工方法和施工质量有着密切的关系，尤其是施工过程中的振捣工艺，明显地影响着混凝土的均匀性、密实性和硬化后的强度及耐久性，从而影响了混凝土的强度。

（三）混凝土的耐久性

1. 耐久性概述

混凝土的耐久性主要指混凝土的抗渗性、抗冻性、抗侵蚀性和抗碳化性。

（1）混凝土的抗渗性。混凝土的抗渗性是指混凝土抵抗压力水渗透的能力。混凝土的抗渗性对于地下建筑、水工及港口建筑等工程都是一项重要的指标。同时，混凝土的抗渗性还将直接影响到混凝土的抗冻性和抗侵蚀性。混凝土的抗渗性用抗渗等级来表示，混凝土的抗渗等级用“P”来表示，如P2、P4、P6、P8、P12等，抗渗等级不小于P6的混凝土称为抗渗混凝土。

（2）混凝土的抗冻性。混凝土的抗冻性是指混凝土在水饱和状态下，能经受多次冻融循环作用而不破坏，同时也不严重降低强度的性能。

混凝土的抗冻性用抗冻等级来表示，混凝土的抗冻等级有七个，即F25、F50、F100、F150、F200、F250和F300，它们分别表示混凝土能承受反复冻融循环次数为25、50、100、150、200、250和300次。抗冻等级不小于F50的混凝土称为抗冻混凝土。

（3）混凝土的抗侵蚀性。当工程所处的环境有侵蚀介质时，对混凝土必须提出抗侵蚀性的要求。混凝土的抗侵蚀性取决于水泥的品种、混凝土的密实度及孔隙特征。混凝土的密实性好，具有封闭孔隙的混凝土侵蚀介质便不易侵入，混凝土的抗侵蚀性就好。

（4）混凝土的抗碳化性。混凝土的碳化是指空气中的二氧化碳与水泥石中的氢氧化钙作用，产生碳酸钙和水。碳化作用对混凝土有着不利影响，它会减弱混凝土对钢筋的保护作用，使钢筋表面的氧化膜被破坏而开始生锈；此外，碳化作用还会引起混凝土收缩，使混凝土表面碳化层产生拉应力，从而产生微细裂缝，导致混凝土的抗折强度降低。

2. 耐久性设计要求

（1）耐久性设计应满足低渗透性的要求。按工程设计抗渗性指标，确定氯离子扩散系数要求，作为初选水胶比的依据，水胶比通常不大于0.42。混凝土中氯离子扩散系数与渗透性的关系见表1-3。

表1-3　　混凝土中氯离子扩散系数与渗透性的关系

氯离子扩散系数（cm^2/s）	ASTMC1202 6h总导电量（C）	对氯离子渗透性评价	参考混凝土种类	
			水胶比	28天强度（MPa）
1.0×10^{-7}	>4000	很高	>0.6	<30
5×10^{-8}～1.0×10^{-7}		高	0.45～0.60	30～40
1.0×10^{-8}～5×10^{-8}	2000～4000	中	0.40～0.45	40～60
5×10^{-9}～1.0×10^{-8}	1000～2000	低	0.35～0.40	60～80
5×10^{-10}～5×10^{-9}	100～1000	很低	0.30～0.35	80～100
<5×10^{-10}	<100	可忽略	<0.30	>100

当混凝土的强度足够高、水灰比足够低时，氯离子的扩散系数约在$10^{-9}cm^2/s$数量级，则混凝土具有较高的抗渗性；普通混凝土中氯离子的扩散系数多在$10^{-8}cm^2/s$数量级；品质较差的混凝土中氯离子的扩散系数在$10^{-7}cm^2/s$数量级。

（2）胶凝材料总量应大于设计相同强度等级传统混凝土时的水泥用量，以提高混凝土的耐久性。对不同强度等级的混凝土，胶凝材料总量一般应为400～500kg/m^3。

（3）砂率按混凝土施工性调整。为不严重影响混凝土弹性模量，砂率不宜大于45%。由于胶凝材料中各组分密度相差较大，宜采用绝对体积法进行配合比的计算。至少第一盘试配要采用绝对体积法。混凝土拌和物应有最小的砂石空隙率。试配后应检验其强度是否满足设计要求，检验应按配制强度进行。

混凝土配制强度的计算公式如下：

$$f_{cu,o}=f_{cu,k}+1.645\sigma \tag{1-1}$$

式中　$f_{cu,o}$——混凝土配制强度，MPa；

$f_{cu,k}$——混凝土设计强度，MPa；

σ——混凝土强度标准差，设计强度等级为C50以下时，σ取5.0MPa，设计强度等级为C50以上时（含C50），σ取6.0MPa。

（4）应按计算出的配合比进行试拌，检验施工性。调整其坍落度和坍落流动度，观察体积稳定性，测定混凝土的表观密度，调整计算密度和材料用量。混凝土耐久性指标见表1-4。

表1-4　混凝土耐久性指标

抗蚀系数	抗渗等级	ASTMC1202法测量结果/评价	氯离子扩散系数（$10^{-8}cm^2/s$）
1.14	>P12	573/很低	1.1/中

3. 提高混凝土耐久性的措施

（1）对原材料严格检验。应对混凝土做坚固性和吸水率试验，通常是吸水率越大，则坚固性越差，坚固性试验可根据吸水率指标而决定。

（2）降低混凝土渗透性。

1）合理选用水灰比。合理选用水灰比对混凝土的抗渗性有着重要影响。合理选用水灰比就必须合理化选用水泥。

2）科学掺用矿物细掺料。由于矿物细掺料的种类、掺量、品种、活性、细度等不同，对混凝土性能的影响也大不相同。矿物细掺料在提高混凝土性能的同时，也会带来一些副作用，例如降低早期强度、需水量增大、收缩增大等。因此，不能盲目掺用细掺料，必须根据具体的工程实际，科学地掺用。

3）添加外加剂。添加减水剂、高效减水剂、缓凝剂可有效改善混凝土的工作性，从而有利用于混凝土的均匀性和密实性，减少质量缺陷，提高混凝土抗渗性。掺用外加剂时，应注意不同外加剂之间的匹配、外加剂与水泥的相容性及外加剂的成分、掺量等。若在钢筋混凝土中掺用外加剂，则应严格控制氯离子的引入，以免对钢筋防锈蚀不利。

（3）改善混凝土体积稳定性。保持混凝土的体积稳定性是指控制混凝土的收缩，混凝土收缩主要包括化学收缩、塑性收缩、温度收缩、干燥收缩、自收缩和碳化收缩等几种。只有掌握不同收缩的产生机理及影响因素，采取相应措施（如加强养护，尽量避免使用高细度的水泥和矿渣，控制硅灰和矿渣的掺量，掺加适量的粉煤灰，考虑掺用收缩抑制剂和膨胀剂），才能有效地防止和减少混凝土的开裂。

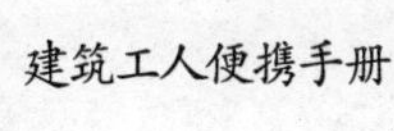

第二章

混凝土组成材料及施工机具

第一节　混凝土的组成材料

一、水泥

(一) 水泥的品种及组成成分

1. 硅酸盐水泥

由硅酸盐水泥熟料、0%～5%石灰石或粒化高炉矿渣、适量石膏磨细制成的水硬性胶凝材料称为硅酸盐水泥（国外通称为波特兰水泥）。

硅酸盐水泥分为两种类型，不掺石灰石或粒化高炉矿渣的称为Ⅰ型硅酸盐水泥，代号 P. Ⅰ；在粉磨时掺加不超过水泥重量5%的石灰石或粒化高炉矿渣混合材料的称为Ⅱ型硅酸盐水泥，代号 P. Ⅱ。

2. 普通硅酸盐水泥

由硅酸盐水泥熟料、6%～15%混合材料、适量石膏磨细制成的水硬性胶凝材料称为普通硅酸盐水泥（简称普通水泥），代号 P. O。

3. 矿渣硅酸盐水泥

由硅酸盐水泥熟料和粒化高炉矿渣、适量石膏磨细制成的水硬性胶凝材料称为矿渣硅酸盐水泥（简称矿渣水泥），代号 P. S。水泥中粒化高炉矿渣掺加量按质量百分比计为20%～70%。

4. 火山灰质硅酸盐水泥

由硅酸盐水泥熟料和火山灰质混合材料、适量石膏磨细制成的水硬性胶凝材料称为火山灰质硅酸盐水泥（简称火山灰水泥），代号 P.P。水泥中火山灰质混合材料掺加量按质量百分比计为20%～50%。

5. 粉煤灰硅酸盐水泥

由硅酸盐水泥熟料和粉煤灰、适量石膏磨细制成的水硬性胶凝材料称为粉煤灰硅酸盐水泥（简称粉煤灰水泥），代号 P.F。水泥中粉煤灰掺加量按质量百分比计为 20%～40%。

（二）常用水泥主要技术要求

1. 硅酸盐水泥、普通水泥

（1）不溶物。Ⅰ型硅酸盐水泥中不溶物不得超过 0.75%；Ⅱ型硅酸盐水泥中不溶物不得超过 1.50%。

（2）烧失量。Ⅰ型硅酸盐水泥中烧失量不得大于 3.0%，Ⅱ型硅酸盐水泥中烧失量不得大于 3.5%。普通硅酸盐水泥中烧失量不得大于 5.0%。

（3）氧化镁。水泥中氧化镁的含量不宜超过 5.0%。若水泥经压蒸安定性试验合格，则水泥中氧化镁的含量允许放宽至 6.0%。

（4）三氧化硫。水泥中三氧化硫的含量不得超过 3.5%。

（5）细度。硅酸盐水泥比表面积大于 300m^2/kg，普通硅酸盐水泥 80μm 方孔筛筛余不得超过 10.0%。

（6）凝结时间。硅酸盐水泥初凝不得小于 45min，终凝不得大于 6.5h。普通硅酸盐水泥初凝不得小于 45min，终凝不得大于 10h。

（7）安定性。用沸煮法检验必须合格。

（8）碱。水泥中碱含量应按 GB 50010—2010《混凝土结构设计规范》规定取值。

2. 矿渣水泥、火山灰水泥、粉煤灰水泥

（1）氧化镁。熟料中氧化镁的含量不宜超过 5.0%。若水泥经压蒸安定性试验合格，则熟料中氧化镁的含量允许放宽至 6.0%。

（2）三氧化硫。矿渣硅酸盐水泥中三氧化硫的含量不得超过4.0%；火山灰质硅酸盐水泥和粉煤灰硅酸盐水泥中三氧化硫的含量不得超过3.5%。

（3）细度。80μm方孔筛筛余不得超过10.0%。

（4）凝结时间。初凝不得小于45min，终凝不得大于10h。

（5）安定性。用沸煮法检验必须合格。

（6）碱。这几种水泥中的碱含量应按GB 50010—2010《混凝土结构设计规范》取值。

常用水泥强度等级及各龄期的抗压强度和抗折强度见表2-1。

表2-1 常用水泥强度等级及各龄期的抗压强度和抗折强度

水泥品种	代号	强度等级	抗压强度（MPa）		抗折强度	
			3天	28天	3天	28天
硅酸盐水泥	P. Ⅰ	42.5	17.0	42.5	3.5	6.5
		42.5R	22.0	42.5	4.0	6.5
		52.5	23.0	52.5	4.0	7.0
	P. Ⅱ	52.5R	27.0	52.5	5.0	7.0
		62.5	28.0	62.5	5.0	8.0
		62.5R	32.0	62.5	5.5	8.0
普通硅酸盐水泥	P.O	32.5	11.0	32.5	2.5	5.5
		32.5R	16.0	32.5	3.5	5.5
		42.5	16.0	42.5	3.5	6.5
		42.5R	21.0	42.5	4.0	6.5
		52.5	22.0	52.5	4.0	6.5
		52.5R	26.0	52.5	5.0	7.0
矿渣硅酸盐水泥	P.S	32.5	10.0	32.5	2.5	5.5
		32.5R	15.0	32.5	3.5	5.5
火山灰质硅酸盐水泥	P.P	42.5	15.0	42.5	3.5	6.5
		42.5R	19.0	42.5	4.0	6.5

续表

水泥品种	代号	强度等级	抗压强度（MPa）		抗折强度	
			3天	28天	3天	28天
粉煤灰硅酸盐水泥	P.F	52.5	21.0	52.5	4.0	7.0
		52.5R	23.0	52.5	4.5	7.0

（三）常用水泥的特性及应用范围

常用水泥的特性及应用范围见表2-2。

表2-2　　常用水泥的特性及应用范围

类别	特性		应用范围
	优点	缺点	适用于
硅酸盐水泥	强度等级高；快硬、早期强度高；耐冻性好，耐磨性和不透水性好	水化热较大；抗水性差；耐腐蚀性差	配制高强度等级混凝土；快硬、早强的工程；道路、低温下施工的工程
普通硅酸盐水泥	早期强度较高；抗冻性、耐磨性较好；低温凝结时间有所延长；抗硫酸盐侵蚀能力有所增强	耐热性较差；耐水性较差；耐腐蚀性较差	地上、地下及水中混凝土、钢筋混凝土及预应力钢筋混凝土结构；配制高强度等级混凝土及早期强度要求高的工程
矿渣硅酸盐水泥	水化热较小；抗硫酸盐侵蚀性好；蒸汽养护有较好的效果；耐热性较好	早期强度低，后期强度增长较快；耐水性较差；抗冻性较差	地面、地下、水中各种混凝土结构；大体积混凝土结构；高温车间和有耐热、耐火要求的混凝土结构；有抗硫酸盐侵蚀要求的一般工程

续表

类别	特性		应用范围
	优点	缺点	适用于
火山灰质硅酸盐水泥	抗渗性较好；水化热较小；抗硫酸盐侵蚀和耐水性较好	早期强度低，后期强度增长较快；干缩性较大；抗冻、抗碳化、耐热性较差	地下、水下工程、大体积混凝土工程；有抗渗要求的工程；一般工业和民用建筑
粉煤灰硅酸盐水泥	水化热较小；抗硫酸盐侵蚀性和耐水性较好；干缩性较小；抗裂性较好	早期强度低，后期强度增长较快；抗冻、抗碳化、耐热性较差	地上、地下、水中和大体积混凝土工程；一般工业和民用建筑；有抗硫酸盐侵蚀要求的一般工程

（四）水泥的包装及质量检验

1. 水泥的包装

（1）水泥的包装分为袋装和散装两种，袋装水泥每袋净含量为50kg，且不得少于标志重量的98%；随机抽取20袋总重量不得少于1000kg。

（2）水泥袋上应清楚标明产品名称，代号，净含量，强度等级，生产许可证编号，生产者名称和地址，出厂编号，执行标准号以及包装年、月、日。

（3）掺火山灰质混合材料的矿渣水泥还应标有“掺火山灰”的字样。包装袋两侧应印有水泥名称和强度等级。硅酸盐水泥和普通水泥的印刷采用红色；矿渣水泥采用绿色；火山灰水泥和粉煤灰水泥采用黑色。

（4）散装运输时应提交与袋装标志相同内容的卡片。

2. 水泥的检验

（1）水泥进场时应对其品种、级别、包装或散装仓号、出厂日期等进行检查，并应对其强度、安定性及其他必要的性能指标进行复验。

1）水泥不合格品判断。凡不溶物、烧失量、氧化镁、三氧化硫、初凝时间以及安定性中任一项不符合标准规定时，均为废品。凡细度、终凝时间中的任一项不符合标准规定或混合材料掺加量超过最大限量和强度低于商品强度等级的指标时均为不合格品。水泥包装标志中水泥品种、强度等级、生产者名称和出厂编号不全的也属于不合格品。

2）当在使用中对水泥质量产生怀疑或水泥出厂超过三个月（快硬硅酸盐水泥超过一个月）时，应进行复验，并按复验结果使用。

(2) 检查数量。按同一生产厂、同一等级、同一品种、同一批号且连续进场的水泥，袋装不超过 200t 为一批，散装不超过 500t 为一批，每批抽样不少于一次。

(3) 取样方法。从进场水泥的 20 个以上不同部位取等量样品，总量至少 12kg。

(4) 标准稠度用水量。标准稠度用水量检验测定可采用标准法或代用法，当这两种方法结果产生矛盾时，以标准法为准。

(5) 凝结时间。初凝时间测定采用有效长度为（50±1）mm、直径为（1.13±0.05)mm 的圆柱体钢制试针。从水泥全部加入水中起至试针沉至距试模底板（4±1)mm 时（此时水泥达到初凝状态）的时间为水泥的初凝时间；试体初凝后，取试模下的玻璃板，翻转试模，在其下垫上玻璃板，进行湿气养护。临近终凝时，用装有直径 5mm、高 6.4mm 的环形附件试针每隔 15min 测定一次。从水泥全部加入水中起至试针沉入试体 0.5mm 时（环形附件不再在试体上留下痕迹）的时间为水泥的终凝时间。

(6) 安定性。测定可采用标准法（雷氏法）或代用法（试饼法），当这两种方法结果产生矛盾时，以标准法（雷氏法）为准。

（五）水泥使用禁忌

1. 禁忌骨料不纯

作为混凝土或水泥砂浆骨料的砂石，若有尘土、黏土或其他有机杂质，会影响水泥与砂、石之间的粘结握裹强度，最终导致抗压强度降低。因此，若杂质含量超过标准，必须经过清洗后方可使用。

2. 禁忌水多灰稠

通常认为，抹灰所用的水泥，其用量越多抹灰层就越坚固。实际上，水泥用量越多，则砂浆越稠，抹灰层体积的收缩量就越大，产生的裂缝就越多。一般情况下，抹灰时应先用1∶(3～5)的粗砂浆抹找平层，再用1∶(1.5～2.5)的水泥砂浆抹很薄的面层，切忌使用过多的水泥。

3. 禁忌受酸腐蚀

酸性物质与水泥中的氢氧化钙会发生中和反应，生成物体积松散、膨胀，遇水后极易水解粉化。导致混凝土或抹灰层逐渐被腐蚀解体，因此水泥忌受酸腐蚀。

4. 禁忌受潮结硬

受潮结硬的水泥强度会降低，甚至丧失原有强度，因此规定，出厂超过3个月的水泥应复查试验，按试验结果使用。

5. 禁忌曝晒速干

混凝土或抹灰若操作后便遭曝晒，随着水分的迅速蒸发，其强度会有所降低，甚至完全丧失。因此，施工前必须严格清扫并充分湿润基层；施工后应严加覆盖，按规定浇水养护。

6. 禁忌负湿受冻

混凝土或砂浆拌合后，若受冻，其水泥不能进行水化，加之水分结冰膨胀，混凝土或砂浆就会遭到由表及里逐渐加深的粉酥破坏，因此应严格遵照冬季施工要求。

（六）水泥保管

(1) 储存水泥必须严格防水、防潮，并保持干净。

(2) 临时露天存放，必须下垫上盖。

(3) 堆放时，应按厂别、品种、强度等级、批号以及出厂日期严格分开堆放。水泥的储存期一般为三个月，快硬水泥为一个月，储存期超过规定应取样复验，按试验结果的强度等级使用。

二、水

(1) 混凝土拌和用水所含物质对混凝土、钢筋混凝土和预应力混凝土不应产生下列有害作用：

1) 影响混凝土的和易性和凝结。

2) 有损于混凝土的强度发展。

3) 降低混凝土的耐久性，加快钢筋腐蚀及导致预应力钢筋脆断。

4) 污染混凝土表面。

(2) 采用待检验水和蒸馏水或符合国家标准的生活用水，试验所得的水泥初凝时间差及终凝时间差均不得超过标准规定时间30min。

(3) 采用待检验水配制的水泥砂浆或混凝土的28天抗压强度，不得低于用蒸馏水或符合国家标准的生活饮用水拌制的对应砂浆或混凝土抗压强度的90%。若有早期抗压强度要求时，需增加7天的抗压强度试验。

(4) 水的pH值、不溶物、可溶物、氯化物、硫酸盐以及硫化物的含量应符合表2-3的要求。

表2-3　混凝土拌和用水中物质含量限值

项　目	预应力混凝土	钢筋混凝土	素混凝土
pH值	5.0	4.5	4.5
不溶物（mg/L）	2000	2000	5000
可溶物（mg/L）	2000	5000	10 000
氯化物（以Cl^-计）（mg/L）	500	1000	3500
硫酸盐（以SO_4^{2-}计）（mg/L）	600	2000	2700

续表

项　目	预应力混凝土	钢筋混凝土	素混凝土
碱含量（mg/L）	1500	1500	1500

注　使用钢丝或经热处理钢筋的预应力混凝土氯化物含量不得超过 350mg/L。

三、砂

（一）砂的种类

按产地不同，砂可分为山砂、海砂和河砂。山砂中含有较多粉状黏土和有机质；海砂中含有贝壳、盐分等有害物质，需经处理、检验合格后方可使用；河砂中所含杂质较少，所以使用最多；按直径不同，砂可分为粗砂、中砂和细砂。粗砂的平均直径不小于 0.5mm；中砂的平均直径不小于 0.35mm；细砂的平均直径不小于 0.25mm。砂的密度一般为 2.6～2.7g/cm^3。砂在干燥状态下，其堆密度一般约为 1500kg/m^3。

（二）砂的质量要求

1. 细度模数要求

粗细砂的细度模数 μ_f 范围如下：

（1）粗砂：$\mu_f=3.7\sim3.1$；

（2）中砂：$\mu_f=3.0\sim2.3$；

（3）细砂：$\mu_f=2.2\sim1.6$；

（4）特细砂：$\mu_f=1.5\sim0.7$。

2. 颗粒级配要求

砂的公称粒径、砂筛筛孔的公称直径和方孔筛筛孔边长尺寸应符合表 2-4 的规定。

表 2-4　砂的公称粒径、砂筛筛孔的公称直径和方孔筛筛孔边长尺寸

砂的公称粒径	砂筛筛孔的公称直径	方孔筛筛孔边长
5.00mm	5.00mm	4.75mm
2.50mm	2.50mm	2.36mm

续表

砂的公称粒径	砂筛筛孔的公称直径	方孔筛筛孔边长
1.25mm	1.25mm	1.18mm
630μm	630μm	600μm
315μm	315μm	300μm
160μm	160μm	150μm
80μm	80μm	75μm

（1）除特细砂外，砂的颗粒级配可按公称直径630μm筛孔的累计筛余量（以质量百分率计），分成三个级配区，具体见表2-5，且砂的颗粒级配应处于表2-5中的某一区内。

表2-5　　砂颗粒级配区

累计筛余量（%） 级配区 / 公称粒径	Ⅰ区	Ⅱ区	Ⅲ区
5.00mm	10～0	10～0	10～0
2.50mm	35～5	25～0	15～0
1.25mm	65～35	50～10	25～0
630μm	85～71	70～41	40～16
315μm	95～80	92～70	85～55
160μm	100～90	100～90	100～90

（2）砂的实际颗粒级配与表2-5中的累计筛余量相比，除公称粒径为5.00mm和630μm的累计筛余量外，其余公称粒径的累计筛余量可稍有超出分界线，但总超出量不应大于5%。

3. 混凝土用砂选配要求

（1）配制混凝土时宜优先选用表2-5中的Ⅱ区砂。当采用表2-5中的Ⅰ区砂时，应提高砂率，并保持足够的水泥用量，满足混凝土的和易性；当采用表2-5中的Ⅲ区砂时，宜适当降低砂率。

（2）配制泵送混凝土，宜选用中砂。

（3）若用特细砂配制的混凝土拌和物黏度较大，则应采用机械搅拌和振捣。搅拌时间要比中、粗砂配制的混凝土延长1～2min。配制混凝土的特细砂细度模数应满足表2-6的要求。

表2-6　配制混凝土的特细砂细度模数的要求

强度等级	C50	C40～45	C35	C30	C20～C25
细度模数（不小于）	1.3	1.0	0.8	0.7	0.6

（4）配制C60以上混凝土时，不宜单独使用特细砂，应与天然砂或人工砂按适当比例混合使用。采用特细砂配制混凝土时，其砂率应低于中、粗砂混凝土。水泥用量和水灰比：最小水泥用量应比一般混凝土增加20kg/m^3，最大水泥用量不宜大于550kg/m^3，最大水灰比应符合JGJ 55—2011《普通混凝土配合比设计规程》的有关规定。特细砂混凝土宜配制成低流动度混凝土，配制坍落度大于70mm以上的混凝土时，宜掺外加剂。

（5）用人工砂配制混凝土时，其用水量应比天然砂配制混凝土的用水量适当增加，增加量由试验决定。人工砂配制混凝土时，当石粉含量较大时，宜配制低流动度混凝土，在配合比设计中，宜采用低砂率。细度模数高的宜采用较高砂率。人工砂配制混凝土宜采用机械搅拌，搅拌时间应比天然砂配制混凝土的时间延长1min左右。人工砂配制的混凝土应注意早期养护。养护时间应比天然砂混凝土延长2～3天。

4. 砂的含泥量要求

（1）砂中泥块含量要求见表2-7。

表2-7　砂中泥块含量要求

混凝土强度等级	≥C60	C55～C30	≤C25
泥块含量（按质量计,%）	≤0.5	≤1.0	≤2.0

(2) 对于有抗冻、抗渗或其他特殊要求且不大于C25的混凝土用砂，其泥块含量不应大于1.0%。

含泥量对低等级混凝土的影响比对高等级混凝土的影响小，尤其是贫混凝土，含有一定量的泥后，可以改善拌和物的和易性。

5. 砂中石粉含量要求

石粉是指人工砂及混合砂中75μm以下的颗粒。人工砂中的石粉绝大多数是母岩被破碎的细粒，与天然砂中的泥不同，它们在混凝土中的作用也有很大区别。石粉含量高，可使砂的比表面积增大，增加用水量；另外细小的球形颗粒产生的滚珠作用又会改善混凝土和易性。人工砂或混合砂中石粉含量应符合表2-8的规定。

表2-8　人工砂或混合砂中石粉含量

混凝土强度等级		≥C60	C55～C30	≤C25
石粉含量(%)	MB<1.4（合格）	≤5.0	≤7.0	≤10.0
	MB≥1.4（不合格）	≤2.0	≤3.0	≤5.0

6. 砂的有害物质含量要求

砂中含有云母、轻物质、有机物、硫化物及硫酸盐等有害物质时，其含量应符合表2-9的规定。

表2-9　砂中有害物质含量

项　目	质量指标
云母含量（按质量计,%）	≤2.0
轻物质含量（按质量计,%）	≤1.0
硫化物及硫酸盐含量（折算成SO_3按质量计,%）	≤1.0
有机物含量（用比色法试验）	颜色不应深于标准色，当颜色深于标准色时，应按水泥胶砂强度试验方法进行强度对比试验，抗压强度不应低于0.95MPa

对于有抗冻、抗渗要求的混凝土用砂，其云母含量不应大于1.0%。

7. 砂中其他含量

(1) 砂中氯离子含量（以干砂质量百分率计），对钢筋混凝土用砂，不得大于0.06%；对预应力混凝土用砂，不得大于0.02%。

(2) 贝壳，是指4.75mm以下被破碎了的贝壳。海砂中贝壳含量应符合表2-10的规定。

表2-10　　海砂中贝壳含量

混凝土强度等级	≥C40	C35～C30	C25～C15
贝壳含量（按质量计，%）	≤3	≤5	≤8

对于有抗冻、抗渗或其他特殊要求或不大于C25的混凝土用砂，其贝壳含量不应大于5%。

(3) 经检验判断为有潜在危害时，应控制混凝土中的碱含量不超过3kg/m^3。

8. 砂的其他指标要求

(1) 砂的坚固性应采用硫酸钠溶液检验，试样经5次循环后，其质量损失应符合表2-11的规定。

表2-11　　砂的坚固性指标

混凝土所处的环境条件及其性能要求	5次循环后的质量损失（%）
(1) 在严寒及寒冷地区室外使用并经常处于潮湿或干湿交替状态下的混凝土。 (2) 对于有抗疲劳、耐磨、抗冲击要求的混凝土有腐蚀介质作用，或经常处于水位变化区的地下结构混凝土	≤8
其他条件下使用的混凝土	≤10

（2）人工砂的压碎值指标是检验其坚固性及耐久性的一项指标，人工砂的压碎值指标对混凝土耐磨性有明显影响，因此，要求人工砂的总压碎值指标应小于30%。

（三）砂的质量检验及保管

1. 质量检验

检验时应按砂的同一产地、同一规格分批验收。采用大型工具（如火车、货船或汽车）运输的，应以400m³ 或600t为一验收批；采用小型工具（如拖拉机等）运输的，应以200m³ 或300t为一验收批。不足上述量者，应按一验收批进行验收。当砂的质量比较稳定，且进料量较大时，可以1000t为一验收批。每验收批砂应至少进行颗粒级配、含泥量、泥块含量检验。对于碎石或卵石，应检验针片状颗粒含量；对于海砂或有氯离子污染的砂，应检验其氯离子含量；对于海砂，应检验贝壳含量；对于人工砂及混合砂，应检验石粉含量。对于重要工程或特殊工程，应根据工程要求增加检测项目。对其他指标的合格性有怀疑时，应予以检验。

2. 保管

砂在施工场地应分规格堆放，防止污物污水、人踏车碾造成损失，必要时应采取防风措施。

四、石

（一）石的种类

石分为碎石和卵石，卵石由自然条件作用形成；碎石则经破碎、筛分而成。碎石和卵石均为公称粒径大于5mm的岩石颗粒。其中，卵石表面较为光滑，少棱角，便于混凝土的泵送和浇筑，但与水泥的胶结较差，且含泥量较高，适用于拌制较低强度等级的混凝土；碎石表面粗糙，多棱角，与水泥胶结牢固，在相同条件下比卵石拌制的混凝土强度高。卵石适用于泵送混凝土，碎石适用于高强度等级的混凝土。

按粒径，石子可分为5～10、5～16、5～20、5～25、5～

31.5、5～40mm 等几种不同的规格。石子的表观密度一般为 2.5～2.7g/cm³。石子在干燥状态下，其堆积密度一般为 1400～1500kg/m³。

（二）石的质量要求

1. 粒径要求

石的公称粒径、石筛筛孔的公称直径与方孔筛筛孔边长应符合表 2-12 的规定。

表 2-12　石的公称粒径、石筛筛孔的公称直径与方孔筛筛孔边长　mm

石的公称粒径	石筛筛孔的公称直径	方孔筛筛孔边长
2.50	2.50	2.36
5.00	5.00	4.75
10.0	10.0	9.5
16.0	16.0	16.0
20.0	20.0	19.0
25.0	25.0	26.5
31.5	31.5	31.5
40.0	40.0	37.5
50.0	50.0	53.0
63.0	63.0	63.0
80.0	80.0	75.0
100.0	100.0	90.0

2. 颗粒级配要求

碎石或卵石的颗粒级配，应符合表 2-13 的要求。

表 2-13　　碎石或卵石的颗粒级配范围

级配情况	公称粒级（mm）	累计筛余，按质量计（%）											
		方孔筛筛孔边长尺寸（mm）											
		2.36	4.75	9.5	16.0	19.0	26.5	31.5	37.5	53	63	75	90
连续粒级	5～10	95～100	80～100	0～15	0	—	—	—	—	—	—	—	—
	5～16	95～100	85～100	30～60	0～10	0	—	—	—	—	—	—	—
	5～20	95～100	90～100	40～80	—	0～10	0	—	—	—	—	—	—
	5～25	95～100	90～100	—	30～70	—	0～5	0	—	—	—	—	—
	5～31.5	95～100	90～100	70～90	—	15～45	—	0～5	0	—	—	—	—
	5～40		95～100	70～90	—	30～65	—	—	0～5	0	—	—	—
单粒级	10～20	—	95～100	85～100	—	0～15	0	—	—	—	—	—	—
	16～31.5	—	95～100	—	85～100	—	—	0～10	0	—	—	—	—
	20～40	—	—	95～100	—	80～100	—	—	0～10	0	—	—	—
	31.5～63	—	—	—	95～100	—	—	75～100	45～75	—	0～10	0	—
	40～80	—	—	—	—	95～100	—	—	70～100	—	30～60	0～10	0

（1）混凝土用石应采用连续粒级。单粒级适用于组合成满足要求的连续粒级；也可与连续粒级混合使用，以改善其级配或配成较大粒度的连续粒级。

（2）单粒级配制混凝土会加大水泥用量，对混凝土的收缩等性能造成不利影响。由于卵石的颗粒级配是自然形成的，当其不满足级配要求时，应在保证混凝土质量的前提下采取措施后方可使用。

3. 石中针、片状颗粒的含量要求

碎石或卵石中的针、片状颗粒含量应符合表2-14的规定。

表2-14 针、片状颗粒含量

混凝土强度等级	≥C60	C55～C30	≤C25
针、片状颗粒含量（按质量计，%）	≤8	≤15	≤5

4. 石中含泥量要求

石中含泥量和泥块含量应符合表2-15和表2-16的规定。

表2-15 碎石或卵石中含泥量

混凝土强度等级	≥C60	C55～C30	≤C25
含泥量（按质量计，%）	≤0.5	≤1.0	≤2.0

表2-16 碎石或卵石中泥块含量

混凝土强度等级	≥C60	C55～C30	≤C25
泥块含量（按质量计，%）	≤0.2	≤0.5	≤0.7

（1）对于有抗冻、抗渗或其他特殊要求的混凝土，其所用碎石或卵石中含泥量不应大于1.0%。当碎石或卵石的含泥是非黏土质的石粉时，其含泥量可由表2-17的0.5%、1.0%、2.0%，分别提高至1.0%、1.5%、3.0%。

（2）对于有抗冻、抗渗或其他特殊要求且强度等级小于C30的混凝土，其所用碎石或卵石中泥块含量不应大于0.5%。

5. 石中有害物质含量要求

石中的硫化物和硫酸盐含量以及有机物等有害物质含量应符合表2-17的规定。

表 2-17 石中有害物质含量

项目	质量指标
硫化物及硫酸盐含量（折算成 SO_3，按质量计，%）	≤1.0
卵石中有机物含量（用比色法试验）	颜色应不深于标准色，当颜色深于标准色时，应配制成混凝土进行强度对比试验，抗压强度比应不低于 0.95

6. 石的碱活性要求

对于长期处于潮湿环境中的重要结构混凝土，对其使用的碎石或卵石应进行碱活性检验。经检验，判定骨料存在潜在碱—碳酸盐反应危害时，不宜用作混凝土骨料；判定骨料存在潜在碱—硅反应危害时，应控制混凝土中的碱含量不超过 3kg/m^3。

7. 石的其他指标要求

（1）石的坚固性应用硫酸钠溶液法检验，试样经 5 次循环后，其质量损失应符合表 2-18 的规定。

表 2-18 碎石或卵石的坚固性指标

混凝土所处的环境条件及其性能要求	5 次循环后的质量损失（%）
在严寒及寒冷地区室外使用，并经常处于潮湿或干湿交替状态下的混凝土；有腐蚀性介质作用或经常处于水位变化区的地下结构或有抗疲劳、耐磨、抗冲击等要求的混凝土	≤8
在其他条件下使用的混凝土	≤12

（2）压碎值指标要求。

1）碎石的压碎值指标宜符合表 2-19 的规定。

表 2-19 碎石的压碎值指标

岩石品种	混凝土强度等级	碎石压碎值指标（%）
沉积岩	C60～C40	≤10
	≤C35	≤16

续表

岩石品种	混凝土强度等级	碎石压碎值指标（%）
变质岩或深层的火成岩	C60～C40	≤12
	≤C35	≤20
喷出的火成岩	C60～C40	≤13
	≤C35	≤30

2）卵石的强度可用压碎值指标表示，并符合表2-20的规定。

表2-20 卵石的压碎值指标

混凝土强度等级	C60～C40	≤C35
压碎值指标（%）	≤12	≤16

（三）石的质量检验

石的质量检验同砂的检验。

五、外加剂

（一）减水剂的技术要求

1. 普通减水剂的技术要求

（1）特点。

1）木质素磺酸盐能增大新拌混凝土的坍落度6～8cm，能减少用水量，减水率小于10%。

2）使混凝土含气量增大。

3）减少泌水和离析。

4）降低水泥水化放热速率和放热高峰。

5）使混凝土初凝时间延迟，且随温度降低而加剧。

（2）适用范围。

适用于各种现浇及预制（不经蒸养工艺）混凝土、钢筋混凝土及预应力混凝土、中低强度混凝土。适用于大模板施工、滑模施工及日最低气温在5℃以上混凝土施工。多用于大体积混凝土、热天施工混凝土、泵送混凝土、有轻度缓凝要求的混凝土。以小剂量与高效减水剂复合来增加后者的坍落度和扩展度，降低成本，提高效率。

（3）技术要点。

1）普通减水剂适宜掺量0.2%～0.3%，随气温升高可适当增加，但不得超过0.5%，计量误差不应大于±5%。

2）宜以溶液形式掺入，可与拌和水同时加入搅拌机内。

3）混凝土从搅拌出机至浇筑入模的间隔时间宜为：气温20～30℃，间隔不超过1h；气温10～19℃，间隔不超过1.5h；气温5～9℃，间隔不超过2.0h。

4）普通减水剂适用于日最低气温在5℃以上的混凝土施工，低于5℃时应与早强剂复合使用。

5）需经蒸汽养护的预制构件使用木质素减水剂时，掺量不宜大于0.05%，且不宜采用腐殖酸减水剂。

2. 高效减水剂的技术要求

（1）特点。高效减水剂对水泥有强烈分散作用，能大幅度提高水泥拌和物流动性和混凝土坍落度，同时大大降低了用水量，从而显著改善了混凝土工作性；能大幅度降低用水量，因而显著提高了混凝土各龄期强度。

高效减水剂基本不改变混凝土凝结时间，掺量大时（超剂量掺入）稍有缓凝作用，但不延缓硬化混凝土早期强度的增长。在保持强度恒定值时，则能节约水泥10%或更多。不含氯离子，对钢筋不产生锈蚀作用。能够提高混凝土的抗渗、抗冻及耐腐蚀性，增强耐久性。掺量过大则会产生泌水。

常用的高效减水剂主要包括萘系（萘磺酸盐甲醛缩合物）、三聚氰胺系（三聚氰胺磺酸盐甲醛缩合物）、多竣酸系（烯烃马来酸共聚物、多竣酸醋）、氨基磺酸系（芳香族氨基磺酸聚合物）。它们都具有较高的减水能力，三聚氰胺系高效减水剂减水率更大，但减水率越高，流动性经时损失也越大。氨基磺酸盐系由单一组分合成剂，坍落度经时变化小。

（2）适用范围。高效减水剂适用于各类工业与民用建筑、水利、交通、港口、市政等工程建设中的预制和现浇钢筋混凝土、预应力钢筋混凝土工程；适用于高强、超高强、中等强度混凝土，早强、浅度抗冻、大流动混凝土；适宜作为各类复合型外加剂的减水组分。

（3）技术要点。

1）高效减水剂的适宜掺量：引气型如甲基萘系、稠环芳香族的蒽系等掺量为0.5%～1.0%水泥用量；非引气型如蜜胺树脂系、萘系减水剂掺量可在0.3%～5%之间选择，最佳掺量为0.7%～1.0%，在需经蒸养工艺的预制构件中应用时，其掺量应适当减少。

2）高效减水剂宜采用溶液方式掺入，但溶液中的水分应从总用水量中扣除。

3）最常用的推荐使用方法是与拌和水一起加入（稍后于最初一部分拌和用水的加入）。

4）复合型高效减水剂的成分不同，且品牌极多，是否适用必须先经试配考察。高效减水剂也因水泥品种、细度、矿物组分差异而存在对水泥适应性的问题，宜先试验后采用。

5）高效减水剂除氨基磺酸类、接枝共聚物类以外，混凝土的坍落度损失均很大，30min便会损失30%～50%，使用中需加以注意。

（二）引气剂与引气减水剂的技术要求

1. 特点

（1）引气剂主要品种包括松香树脂类，如松香热聚物、松香皂等；烷基苯磺酸盐类，如烷基苯磺酸盐、烷基苯酚聚氧乙烯醚等；脂肪醇磺酸盐类，如脂肪醇聚氧乙烯醚、脂肪酸聚氧乙烯磺酸钠等；其他，如蛋白质盐、石油磺酸盐。

（2）引气减水剂主要品种有改性木质素磺酸盐类；烷基芳香

基磺酸盐类，如萘磺酸盐甲醛缩合物；由各类引气剂与减水剂组成的复合剂。

引气剂是指在混凝土搅拌过程中，能引入大量分布均匀的微小气泡，以减少混凝土拌和物泌水离析，改善和易性，并能显著提高硬化混凝土抗冻融耐久性的外加剂。兼有引气和减水作用的外加剂称为引气减水剂。

2. 适用范围

引气剂及引气减水剂，可用于抗冻混凝土、防渗混凝土、抗硫酸盐混凝土、泌水严重的混凝土、贫混凝土、轻集料混凝土以及对饰面有要求的混凝土。引气剂不适用于蒸养混凝土及预应力混凝土。

3. 技术要点

(1) 抗冻性要求高的混凝土，必须掺用引气剂或引气减水剂，其掺量应根据混凝土的含气量要求，通过试验加以确定。加引气剂及引气减水剂混凝土的含气量，不宜超过表 2-21 的规定。

表 2-21　引气剂或引气减水剂混凝土的含气量

粗集料最大粒径 (mm)	混凝土的含气量 (%)	粗集料最大粒径 (mm)	混凝土的含气量 (%)
10	7.0	40	4.5
15	6.0	50	4.0
20	5.5	80	3.5
25	5.0	100	3.0

(2) 引气剂及引气减水剂在配制溶液时，必须充分溶解，若产生絮凝或沉淀现象，应加热使其溶化后方可使用。

(3) 引气剂可与减水剂、早强剂、缓凝剂、防冻剂一起复合使用，配制溶液时若产生絮凝或沉淀现象，应分别配制溶液并分别加入搅拌机内。

(4) 检验引气剂和引气减水剂混凝土中的含气量，应在搅拌机出料口进行取样，并应考虑混凝土在运输和振捣过程中含气量的损失。

（三）缓凝剂与缓凝减水剂的技术要求

1. 特点

缓凝剂与缓凝减水剂在净浆及混凝土中均有不同的缓凝效果。缓凝效果随掺量增加而增加，超掺会导致水泥水化完全停止。随着气温升高，经基竣酸及其盐类的缓凝效果明显降低；而在气温降低时，缓凝时间则会延长，早期强度降低也更加明显。经基竣酸盐缓凝剂会增大混凝土的泌水，尤其会使大水灰比、低水泥用量的贫混凝土产生离析。

2. 品种及性能

（1）糖类及碳水化合物：葡萄糖、糖蜜、蔗糖、己糖酸钙等。

（2）多元醇及其衍生物：如多元醇、胺类衍生物、纤维素、纤维素醚。

（3）经基竣酸类：酒石酸、乳酸、柠檬酸、酒石酸钾钠、水杨酸、醋酸等。

（4）木质素磺酸盐类：有较强减水增强作用，而缓凝性能较温和，因此一般列入普通减水剂。

（5）无机盐类：硼酸盐、磷酸盐、氟硅酸钠、亚硫酸钠、硫酸亚铁、锌盐等。

（6）减水剂主要包括糖蜜减水剂、低聚糖减水剂等。

3. 技术要点

（1）一是缓凝剂用于控制混凝土坍落度经时损失，使其在较长时间范围内能够保持良好的和易性，应首先选择能显著延长初凝时间，但初凝时间间隔较短的一类缓凝剂；二是用于降低大块混凝土的水化热，并推迟放热峰的出现，应首先选择显著影响终凝时间或初凝、终凝间隔较长但不影响后期水化和强度增长的缓凝剂；三是用于提高混凝土的密实性，改善耐久性，则应选择同前一种的缓凝剂。

(2) 缓凝剂及缓凝减水剂可用于大体积混凝土、炎热气候条件下施工的混凝土，以及需较长时间停放或长距离运输的混凝土。

(3) 缓凝剂及缓凝减水剂不宜用于日最低气温在5℃以下施工的混凝土，也不宜单独用于有早强要求的混凝土及蒸养混凝土。

(4) 柠檬酸、酒石酸钾钠等缓凝剂，不宜单独使用于水泥用量较低、水灰比比较大的贫混凝土。

(5) 在用硬石膏或工业废料石膏作调凝剂的水泥中掺加糖类缓凝剂时，应先进行水泥适应性试验，合格后方可使用。

(四) 早强剂与早强减水剂的技术要求

1. 特点

早强剂主要品种包括强电解质无机盐类早强剂，如硫酸盐、硫酸复盐、硝酸盐、亚硝酸盐、氯盐等；水溶性有机化合物，如三乙醇胺、甲酸盐、乙酸盐、丙酸盐等。由早强剂与减水剂组成的称为早强型减水剂。

2. 适用范围

(1) 早强剂及早强减水剂适用于蒸养混凝土及常温、低温和最低温度不低于5℃环境中施工的有早强或防冻要求的混凝土工程。

(2) 掺入混凝土后对人体产生危害或对环境产生污染的化学物质不得用作早强剂。含有六价铬盐、亚硝酸盐等有害成分的早强剂，严禁用于饮水工程及与食品相接触的工程。硝类不得用于办公、居住等建筑工程。

(3) 不得采用含有氯盐配制的早强剂及早强减水剂的结构如下：

1) 预应力混凝土结构。

2) 在相对湿度大于80%环境中使用的结构、处于水位变化部位的结构、露天结构及经常受水淋、受水流冲刷的结构，如给水排水构筑物、暴露在海水中的结构、露天结构等。

3）大体积混凝土。

4）直接接触酸、碱或其他侵蚀性介质的结构。

5）经常处于温度在60℃以上的结构，需经蒸养的钢筋混凝土预制构件。

6）有装饰要求的混凝土，尤其是要求色彩一致的或是表面有金属装饰的混凝土。

7）薄壁混凝土结构，中级和重级工作制吊车梁、屋架、落锤及锻锤混凝土基础结构。

8）集料具有碱活性的混凝土结构。

3. 技术要点

（1）早强剂、早强减水剂进入工地（或混凝土搅拌站）的检验项目应包括密度（或细度），1天、3天、7天抗压强度及对钢筋的锈蚀作用，早强减水剂应增测减水率，混凝土有饰面要求的还应观测硬化后混凝土表面是否析盐，符合要求后，方可入库使用。

（2）常用早强剂掺量应符合表2-22的规定。

表2-22　早强剂掺量

<table>
<tr><th colspan="2">混凝土种类及使用条件</th><th>早强剂品种</th><th>掺量（水泥质量分数,%）</th></tr>
<tr><td colspan="2" rowspan="2">预应力混凝土</td><td>硫酸钠</td><td>1</td></tr>
<tr><td>三乙醇胺</td><td>0.05</td></tr>
<tr><td rowspan="6">钢筋混凝土</td><td rowspan="4">干燥环境</td><td>氯盐</td><td>1</td></tr>
<tr><td>硫酸钠</td><td>2</td></tr>
<tr><td>硫酸钠与缓凝减水剂复合使用</td><td>3</td></tr>
<tr><td>三乙醇胺</td><td>0.05</td></tr>
<tr><td rowspan="2">潮湿环境</td><td>硫酸钠</td><td>1.5</td></tr>
<tr><td>三乙醇胺</td><td>0.05</td></tr>
</table>

续表

混凝土种类及使用条件	早强剂品种	掺量（水泥质量分数,%）
有饰面要求的混凝土	硫酸钠	1
无筋混凝土	氯盐	2

注 1 在预应力混凝土中，由其他原材料带入的氯盐总量，不应大于水泥质量的0.1%；在潮湿环境下的钢筋混凝土中，不应大于水泥质量的0.25%。

2 表中氯盐含量，以无水氯化钙计。

(3) 粉剂早强剂和早强减水剂直接掺入混凝土干料中应延长搅拌时间30s。

(4) 常温及低温下使用早强剂或早强减水剂的混凝土采用自然养护时，宜使用塑料薄膜覆盖或喷洒养护液，并应在终凝后立即浇水潮湿养护。最低气温低于0℃时，除塑料薄膜外还应加盖保温材料。最低气温低于5℃时应使用防冻剂。

(5) 掺早强剂或早强减水剂的混凝土采用蒸汽养护时，其蒸养制度宜通过实验确定。尤其是含有三乙醇胺类早强剂、早强减水剂的混凝土蒸养制度更应经试验确定。

(6) 常用复合早强剂、早强减水剂的组分和剂量，可根据表2-23选用。

表2-23　常用复合早强剂、早强减水剂的组成和剂量

类型	外加剂组分	常用剂量（以水泥的质量分数计,%）
复合早强剂	三乙醇胺＋氯化钠	(0.03～0.05)＋0.5
	三乙醇胺＋氯化钠＋亚硝酸钠	0.05＋(0.3～0.5)＋(1～2)
	硫酸钠＋亚硝酸钠＋氯化钠＋氯化钙	(1～1.5)＋(1～3)＋(0.3～0.5)＋(0.3～0.5)
	硫酸钠＋氯化钠	(0.5～1.5)＋(0.3～0.5)
	硫酸钠＋亚硝酸钠	(0.5～1.5)＋1.0
	硫酸钠＋三乙醇胺	(0.5～1.5)＋0.05
	硫酸钠＋二水石膏＋三乙醇胺	(1～1.5)＋2～0.05
	亚硝酸钠＋二水石膏＋三乙醇胺	1.0＋2＋0.05

续表

类型	外加剂组分	常用剂量(以水泥的质量分数计,%)
早强减水剂	硫酸钠＋萘系减水剂	(1～3)＋(0.5～1.0)
	硫酸钠＋木质素减水剂	(1～3)＋(0.15～0.25)
	硫酸钠＋糖钙减水剂	(1～3)＋(0.05～0.12)

（五）防冻剂的技术要求

1. 特点

（1）无机盐类防冻剂。防冻组分掺量见表2-24。

表2-24　防冻组分掺量

防冻剂类别	防冻组分掺量
氯盐类	氯盐掺量不得大于拌和水质量的7%
氯盐阻锈类	总量不得大于拌和水质量的15%。 当氯盐掺量为水泥质量的0.5%～1.5%时，亚硝酸钠与氯盐之比应大于1。 当氯盐掺量为水泥质量的1.5%～3%时，亚硝酸钠与氯盐之比应大于1.3
无氯盐类	总量不得大于拌和水质量的20%，其中亚硝酸钠，亚硝酸钙、硝酸钠、硝酸钙均不得大于水泥质量的8%，尿素不得大于水泥质量的4%，碳酸钾不得大于水泥质量的10%

1）氯盐类。以氯盐（如氯化钙、氯化钠等）为防冻组分的外加剂。

2）氯盐阻锈类。以氯盐与阻锈组分为防冻组分的外加剂。

3）无氯盐类。以亚硝酸盐、硝酸盐等无机盐为防冻组分的外加剂。

（2）有机化合物类。如以某些酸类为防冻组分的外加剂。

（3）有机化合物与无机盐复合类。

（4）复合型防冻剂。以防冻组分复合早强、引气、减水等组分的外加剂。

2. 适用范围

(1) 氯盐类防冻剂可用于混凝土工程、钢筋混凝土工程，严禁用于预应力混凝土工程，并应符合 GB 50119—2013《混凝土外加剂应用技术规范》的规定。氯盐阻锈类防冻剂可用于混凝土、钢筋混凝土工程，严禁用于预应力混凝土工程，并应符合 GB 50119—2013《混凝土外加剂应用技术规范》的规定。亚硝酸盐、硝酸盐等无机盐防冻剂严禁用于预应力混凝土及与镀锌钢材相接触的混凝土结构。

(2) 有机化合物类防冻剂可用于混凝土工程、钢筋混凝土工程及预应力混凝土工程。

(3) 有机化合物、无机盐复合防冻剂及复合型防冻剂可用于混凝土工程、钢筋混凝土工程及预应力混凝土工程。

(4) 含有六价铬盐、亚硝酸盐等有害成分的防冻剂，严禁用于饮水工程及与食品相接触的部位，严禁食用。

(5) 含有硝胺、尿素等产生刺激性气味的防冻剂，不得用于办公、居住等建筑工程。

(6) 对水工、桥梁及有特殊抗冻融性要求的混凝土工程，应通过试验确定防冻剂品种及掺量。

3. 技术要点

(1) 防冻剂的选用应符合下列规定：

1) 在日最低气温为 0～5℃，混凝土采用塑料薄膜和保温材料覆盖养护时，采用早强剂或早强减水剂。

2) 在日最低气温为－10～－5℃、－15～－10℃、－20～－15℃，采用上述保温措施时，宜分别采用规定温度为－5℃、－10℃和－15℃的防冻剂。防冻剂的规定温度为按 JC 475—2004《混凝土防冻剂》规定的试验条件成形的试件，在恒负温条件下养护的温度。施工使用的最低气温可比规定温度低 5℃。

(2) 防冻剂运至工地（或混凝土搅拌站），应先检查是否有沉淀、结晶或结块，检验项目应包括密度（或细度）R_{-7}.R_{+28}

抗压强度比，钢筋锈蚀试验，合格后方可使用。

(3) 掺防冻剂混凝土所用原材料，应符合以下要求：

1) 宜选用硅酸盐水泥、普通硅酸盐水泥。水泥存放期超过3个月时，使用前必须进行强度检验，合格后方可使用。

2) 粗集料、细集料必须清洁，不得含有冰、雪等冻结物及易冻裂的物质。

(4) 掺防冻剂混凝土的质量控制。

1) 混凝土浇筑后，在结构最薄弱和易冻的部位，应加强保温防冻措施，并应在有代表性的部位或易冷却的部位布置测温点。

2) 掺防冻剂混凝土的质量，应满足设计要求，并应在浇筑地点制作一定数量的混凝土试件进行强度试验。其中一组试件应在标准条件下养护，其余放置在工程条件下养护。

(六) 泵送剂的技术要求

1. 特点

泵送剂属于流化剂的一种，它除了能大幅度提高拌和物流动性以外，还能使新拌混凝土在60～180min时间内保持其流动性，剩余坍落度应不低于原始的55%。此外，它不是缓凝剂，缓凝时间不宜超过120min（有特殊要求除外）。

2. 适用范围

(1) 适用于各种需要采用泵送工艺的混凝土。超缓凝泵送剂用于大体积混凝土，含防冻组分的泵送剂适用于冬季施工混凝土。

(2) 泵送混凝土是在泵压作用下，经管道实行垂直及水平输送的混凝土。与普通混凝土相同，其要求具有一定的强度和耐久性指标。不同的是其必须具有相应的流动性和稳定性。

(3) 可泵性与流动性是两个不同的概念，泵送剂的组分较流化剂要复杂得多。泵送混凝土属于流化混凝土的一种，不是所有的流态混凝土都适合泵送。

3. 技术要点

（1）泵送剂的掺量随品牌而异，相差很大，使用前应仔细了解说明书的要求，超掺泵送剂也可能造成堵泵现象。

（2）掺泵送剂的混凝土性能试验与其他外加剂有所不同，泵送混凝土性能试验应用Ⅱ区中砂，水泥用量：采用卵石时为（33±5）kg/m^3，采用碎石时为（340±5）kg/m^3，砂率为42%。用水量分别以达到空白混凝土坍落度（8±1）cm>被检混凝土（18±1）cm为准。

（3）掺泵送剂的混凝土勃聚性、流动性要好，泌水率要低。坍落度试验时，坍落度扩展后的混凝土试样中心部分不得有粗集料堆积，边缘部分不得有明显的浆体和游离水分离出来。将坍落度筒倒置并装满混凝土试样，提起30cm后计算样品从筒中流空时间，短者为流动性好。

（4）应用泵送剂的混凝土温度不宜高于35℃。

（5）混凝土温度越高，运输或泵管输送距离越长，对泵送剂质量的要求也越高。

（七）膨胀剂的技术要求

1. 适用范围

膨胀剂的适用范围见表2-25。

表2-25　膨胀剂的适用范围

用途	适用范围
补偿收缩混凝土	地下、水中、海水中、隧道等构筑物、大体积混凝土（除大坝外）；配筋路面和板、屋面与厕浴间防水、构件补强、渗漏修补、预应力钢筋混凝土、回填槽等
填充用膨胀混凝土	结构后浇缝、隧洞堵头、钢管与隧道之间的填充等
填充用膨胀砂浆	机械设备的底座灌浆、地脚螺栓的固定、梁柱接头、构件补强、加固
自应力混凝土	仅用于常温下使用的自应力钢筋混凝土压力管

2. 技术要点

（1）掺膨胀剂混凝土对原材料的要求。

1）膨胀剂。应符合 GB 23439—2009《混凝土膨胀剂》标准的规定；膨胀剂运至工地（或混凝土搅拌站）应进行限制膨胀率检测，合格后方可入库、使用。

2）水泥。应符合现行通用水泥国家标准，不得使用硫铝酸盐水泥、铁铝酸盐水泥和高铝水泥。

（2）掺膨胀剂的混凝土配合比设计，水胶比不宜大于 0.5。

（3）用于抗渗的膨胀混凝土的水泥用量应不小于 $320kg/m^3$，当掺入掺和料时，其水泥用量不应小于 $280kg/m^3$。

（4）补偿收缩混凝土的膨胀剂掺量宜为 7%～12%，填充用膨胀混凝土的膨胀剂掺量宜为 10%～15%。

（5）以水泥和膨胀剂为胶凝材料的混凝土，设基准混凝土配合比中水泥用量为 C_0、膨胀剂取代水泥率为 K，则膨胀剂用量 $E=C_0K$、水泥用量 $C=C_0-E_0$。

（6）其他外加剂用量的确定方法。膨胀剂可与其他混凝土外加剂（如氯盐类外加剂）复合使用，应有好的适应性；外加剂品种和掺量应通过试验确定。

第二节　混凝土施工机具

一、混凝土搅拌机

（一）锥形反转出料混凝土搅拌机

锥形反转出料混凝土搅拌机的搅拌筒轴线始终保持水平位置，筒内设有交叉布置的搅拌叶片，在出料端设有一对螺旋形出料叶片。正转搅拌时，物料一方面被叶片提升、落下，另一方面强迫物料作轴向窜动，搅拌运动比较强烈。反转时由出料叶片将拌和料卸出。这种结构适用于搅拌塑性较高的普通混凝土和半干硬性混凝土，如图 2-1 所示。

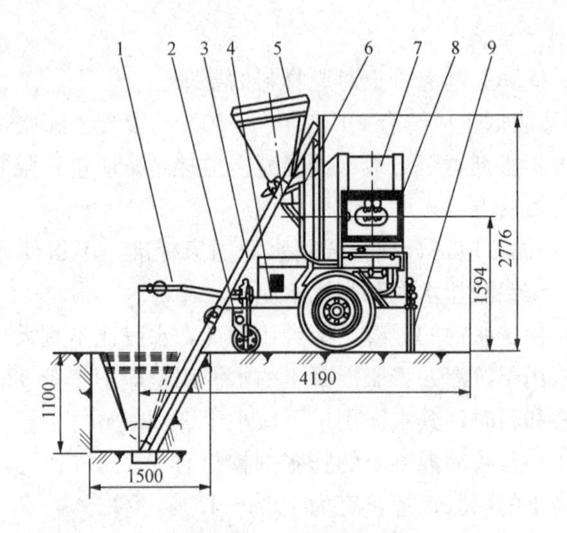

图 2-1 锥形反转出料搅拌机结构外形

1—牵引架；2—前支轮；3—上料架；4—底盘；5—料斗；6—中间料斗；7—拌筒；8—电器箱；9—支腿

（二）锥形倾翻出料混凝土搅拌机

锥形倾翻出料混凝土搅拌机的进料、出料为一个口，搅拌时锥形搅拌筒轴线具有15°仰角，出料时搅拌筒向下旋转50°～60°俯角。这种搅拌机卸料方便，速度快，生产率高，适用于混凝土搅拌站（楼）作主机使用。

（三）立轴强制式混凝土搅拌机

立轴强制式混凝土搅拌机是依靠搅拌筒内的涡桨式叶片的旋转将物料挤压、翻转、抛出而进行强制搅拌的，其具有搅拌均匀，时间短，密封性好的优点，适用于搅拌干硬混凝土和轻质混凝土，如图 2-2 所示。

（四）卧轴强制式混凝土搅拌机

卧轴强制式混凝土搅拌机分单卧轴和双卧轴两种。它兼有自落式和强制式的优点，即搅拌质量好，生产率高，耗能少，能搅拌干硬性、塑性、轻集料等混凝土以及各种砂浆、灰浆和硅酸盐

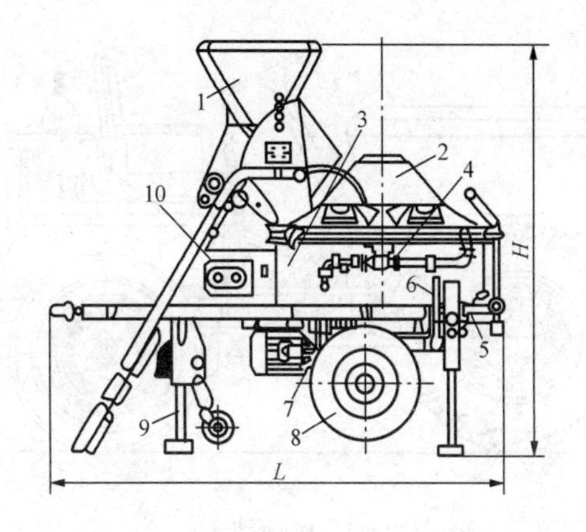

图 2-2　立轴强制式（涡桨式）

1—进料装置；2—上罩；3—搅拌筒；4—水表；5—出料口；6—操纵手柄；7—传动装置；8—行走轮；9—支腿；10—电器工具箱

等混合物，是一种多功能的搅拌机械。

二、运输工具

（一）手推车

手推车是施工工地上普遍使用的水平运输工具，手推车具有小巧、轻便等特点，不仅适用于一般的地面水平运输，还能在脚手架、施工栈道上使用；也可与塔式起重机、井架等配合使用，解决垂直运输。

（二）机动翻斗车

采用柴油机装配而成的翻斗车，功率为 7355W，最大行驶速度可达 35km/h。车前装有容量为 400L、载重 1000kg 的翻斗。机动翻斗车具有轻便灵活、结构简单、转弯半径小、速度快、能自动卸料、操作维护简便等特点。适用于短距离水平运输混凝土以及砂、石等散装材料，如图 2-3 所示。

（三）混凝土搅拌运输车

1. 混凝土运输车的使用

（1）搅拌车液压传动系统液压油的压力、油量、油质、油温

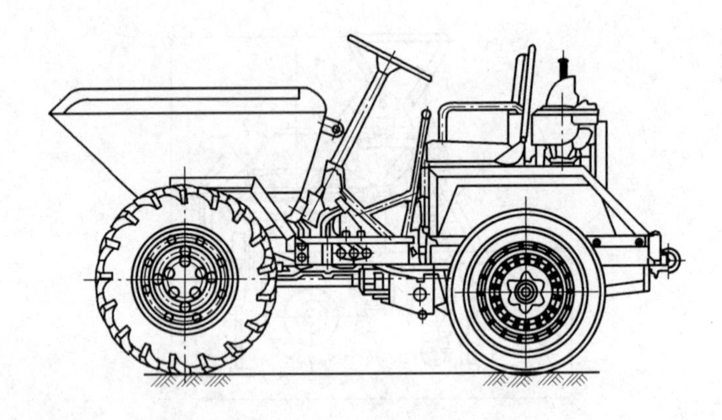

图 2-3　机动翻斗车

应达到规定要求，无渗漏现象。

（2）搅拌车在露天停放时，装料前应先将搅拌筒反转，排出筒内的积水和杂物。

（3）搅拌车在公路上行驶时，接长卸料槽必须翻转后固定在卸料槽上。再转至与车身垂直部位，用销轴与机架固定，防止其由于不固定而引起摆动，打伤行人或影响车辆运行。

（4）搅拌车通过桥、洞、库等设施时，应注意通过高度及宽度，以免发生碰撞事故。

（5）搅拌车运送混凝土的时间不得超过搅拌站规定的时间。若中途发现水分蒸发，可适当加水，以保证混凝土质量且搅拌装置连续运转时间不应超过 8h。

（6）运送混凝土途中，搅拌筒不得停转，以防混凝土产生初凝及离析现象。

（7）搅拌筒由正转变为反转时，必须先将操纵手柄放至中间位置，待搅拌筒停转后，再将操纵手柄拉至反转位置。

（8）水箱的水量要经常保持装满，以防急用。冬季停车时，要将水箱和供水系统的水放净。

（9）装料前，最好先向筒内加少量水，使进料流畅，并可防止粘料搅拌运输时，装载混凝土的质量超过允许载重量。

（10）用于搅拌混凝土时，必须在拌筒内先加入总水量 2/3 的水，然后再加入集料和水泥进行搅拌。

2. 混凝土运输车的故障排除

混凝土搅拌输送车的常见故障及排除方法见表 2-26。

表 2-26　　混凝土搅拌车常见故障及排除方法

故障	原因	排除方法
进料堵塞	进料搅拌不匀，出现生料	用工具捣通，同时加一些水
	进料速度过快	控制进料速度
搅拌筒不能转动	机械系统故障，局部卡死	检查并排除故障后，再启动
	液压系统故障	
	操纵系统失灵	
搅拌筒反转不出料	料过干，含水量小	加水搅拌
	叶片磨损严重	修复或更换叶片
搅拌筒上、下跳动	滚道和托轮磨损严重	修复或更换
	轴承座螺栓松动	拧紧螺栓
液压系统有噪声，油泵吸空，油生泡沫	吸油滤清器堵塞	更换滤清器
	进油管路渗漏	检查并排除渗漏
油温过高	空气滤清器堵塞	清洗或更换滤清器
	液压油黏度太大	更换液压油
液压系统压力不足，油量太小	油箱内油量少	添加至规定量
	油脏使液压泵磨损	清洗或更换
	滤清器失效	清洗或更换
液压系统漏油	元件磨损	修复或更换
	接头松动	拧紧接头管
操纵失灵	液压油泵伺服阀磨损	修复或更换
	轮轴接头松动	重新拧紧
	操纵机构连接接头松动	重新拧紧

三、振捣工具

（一）插入式振动器

（1）插入式振动器在使用前，应检查各部件是否完好，各连接处是否紧固，电动机绝缘是否良好，电源电压和频率是否符合铭牌规定，检查合格后，方可接通电源进行试运转。

（2）振动器的电动机旋转时，若软轴不转，振动棒不起振，是因为电动机旋转方向不对，可调换任意两相电源线即可；若软轴转动，振动棒不起振，则可摇晃棒头或将棒头嗑地面，即可起振。当试运转正常后，方可投入作业。

（3）作业时，要使振动棒自然沉入混凝土，不可用力向下猛推。一般应垂直插入，并插至下层尚未初凝层中 50～100mm，以促使上下层相互结合。

（4）振捣时，要做到“快插慢拔”。“快插”是为了防止将表层混凝土先振实，和下层混凝土之间发生分层离析现象；“慢拔”是为了使混凝土能来得及填满振动棒抽出时所形成的空间。

（5）振动棒插入混凝土的位置应均匀排列，一般可采用行列式或交叉式移动，如图 2-4 所示，以防漏振。振动棒每次移动距离不应大于其作用半径的 1.5 倍（一般为 15cm 左右）。

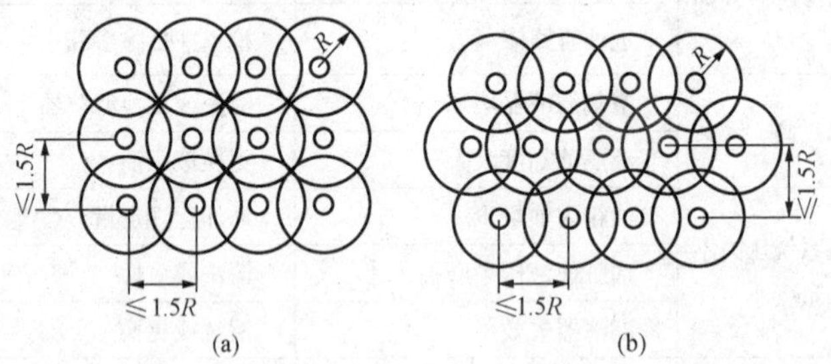

图 2-4 振动棒插入及移动位置示意

（a）行列式；（b）交叉式

（6）振动棒在混凝土内振密的时间，一般在每个插点振密 20～30s，直到混凝土不再显著下沉，不再出现气泡，表面泛出水泥浆和外观均匀为止。若振密时间过长，有效作用半径虽然能适当增加，但总的生产率反而降低，而且还可能使振动棒附近混凝土产生离析，这对塑性混凝土更为重要。此外，振动棒下部振幅要比上部大，因此在振密时，应将振动棒上下抽动5～10cm，使混凝土振密均匀。

（7）作业中要避免将振动棒触及钢筋、芯管及预埋件等，更不可采用通过振动棒振动钢筋的方式来促使混凝土振密，否则将会因振动而使钢筋位置变动，还会降低钢筋和混凝土之间的黏结力，甚至会发生相互脱离，这对预应力钢筋影响更大。

（8）作业时，振动捧插入混凝土的深度不应超过棒长的2/3～3/4。否则振动棒将不易拔出而导致软管损坏；更不可将软管插入混凝土中，以防砂浆侵蚀及渗入软管而损坏机件。

（9）振动棒在使用中若温度过高，应即停机冷却检查，若机件故障，则应及时进行修理。冬季低温下，振动棒作业前，要采取缓慢加温，使棒体内的润滑油解冻后，方可作业。

（二）附着式振动器

（1）外部振动器设计时不考虑轴承受轴向力，因此在使用时，电动机轴应呈水平状态。

（2）振动器作业前应进行检查和试运转，试运转时不可在干硬土或硬物体上运转，以免振动器振跳过甚而受损。安装在搅拌站（楼）料仓上的振动器应安置橡胶垫。

（3）附着式振动器作业时，一般安装在混凝土模板上，每次振动时间不超过1min；当混凝土在模内泛浆流动成水平状时，即可停振。不可在混凝土初凝状态时再振；也不可使周围已初凝的混凝土受振动的影响，以保证质量。

（4）在一个模板上同时用多台附着式振动器振动时，各振动器的频率必须保持一致；相对面的振动器应交叉安放。

（5）附着式振动器安装在模板上的连接必须牢靠，作业过程中应随时注意防止其由于振动而松动，应经常检查和紧固连接螺栓。

(6) 在水平混凝土表面进行振捣时，平板式振动器是利用电动机振动子所产生的惯性水平分力自行移动的，操作者只需控制移动的方向即可。但必须注意作业时应使振动器的平板和混凝土表面保持接触。

(7) 平板振动器的平板和混凝土接触，使振动有效地传递给混凝土，使其振实至表面出浆，即可缓慢向前移动。移动方向应按电动机旋转方向自动地向前或向后，移动速度以能保证振密出浆为准。

(8) 在振的振动器不可放在已凝或初凝的混凝土上，以免振伤。

(9) 平板振动器作业时，应分层分段进行大面积的振动，移动时应有列有序，前排振捣一段后可原排返回进行第二次振动或振动第二排，两排搭接以5cm为宜。

(10) 振动中移动的速度和次数，应根据混凝土的干硬程度及其浇筑厚度而定；振动的混凝土厚度不超过20cm时，振动两遍即可满足质量要求。第一遍横向振动使混凝土振实；第二遍纵向振捣，使其表面平整。对于干硬性混凝土可视实际情况，必要时可酌情增加振捣遍数。

(三) 平板式振动器

略。

(四) 振动台

(1) 振动台应安装在牢固的基础上，地脚螺栓应有足够的强度并拧紧。在基础中必须留有地下坑道，以方便调整和维修。

(2) 使用前要进行检查和试运转，检查机件是否完好，所有紧固件尤其是轴承座螺栓、偏心块螺栓、电动机和齿轮箱螺栓等，必须紧固牢靠。

(3) 振动台不宜在空载状态时做长时间运转。作业中必须安置牢固可靠的模板并锁紧夹具，以保证模板中的混凝土和台面一起振动。

（4）齿轮承受高速重负荷，因此需有良好的润滑和冷却；齿轮箱油面应保持在规定的水平面上，作业时油温不可超过 70℃。

（5）应经常检查各类轴承并定期拆洗更换润滑脂。作业中要注意检查轴承温升，发现过热应停机检修。

（6）电动机接地应良好可靠，电源线和线接头应绝缘良好，不可出现破损漏电现象。

（7）振动台台面应经常保持清洁平整，使其和模板接触良好。由于台面在高频重载下振动，容易产生裂纹，必须注意检查，及时修补。

四、混凝土喷射机

混凝土喷射机是将速凝混凝土喷向岩石或结构物表面，使结构得到加强或保护的机械。

（一）种类

混凝土喷射机按结构类型可分为以下三种：

1. 缸罐式喷射机

缸罐式喷射机输送距离远，工作可靠，结构简单，经济性好；缺点是不能连续供料，易造成堵管。

2. 螺旋式喷射机

螺旋式喷射机主要靠螺旋外缘和筒壁间的混凝土拌和料作为密封层进行输送；其结构简单，操作方便，适用于小型巷道的喷锚支护；缺点是耐压能力低，输送距离小。

3. 转子式喷射机

转子式喷射机具有生产能力大，输送距离远，出料连续稳定，上料高度低，操作方便，适合于机械化配套作业等优点，目前国内外使用较多。

（二）使用操作顺序

喷射机使用操作顺序为：

（1）开始：送风——开机——加料。

（2）停止：停止加料——停机——停风。

（三）使用操作要点

（1）检查电路、气路、输料管路须安装正确，连接可靠。

（2）首次使用应向减速器加注20号机械油或齿轮油。

（3）清除料斗及转子料杯内杂物。

（4）点动电动机，检查转子转动方向应与指示牌方向一致，转子转动为逆时针方向。

（5）安装结合板，将结合板及转子衬板平面擦洗干净，将扇形结合板侧向压紧，其外径应与衬板外径吻合，不得偏心，然后向下平衡压紧。

（6）检查清扫板与衬板接触是否良好，可通过压紧螺栓进行调节。

（7）开机前，打开气路系统阀，让压气吹2～3min。

（8）开机，此时应听到有节奏的“扑！扑！”余气泄放声。若无此现象，说明气路系统密封不良，应查明原因，调整后方可使用。

（9）喷射前先用清水喷射、冲洗受喷面，使其表面湿润。

（10）加料时应保持料斗内有50%的余料。

（11）喷嘴轨迹呈螺旋形，喷嘴与受喷面应保持垂直，距离在500～1000mm之间。

（12）喷边墙时，一次喷厚为50～100mm；喷拱部时，一次喷厚为50～70mm，两次喷厚间隔时间应大于5min。

（13）喷头不得随意放置，应一直有专人掌握。

（14）喷射时其压力在0.03MPa范围内摆动。若发现压力迅速升高，则应停止加料、停机、停风，查明原因并排除后再行开机。

（15）上、下座必须用楔销紧固，再进行结合板和清扫板的压紧。

（16）清扫板处为非压风区，只需轻微压紧，达到清扫板与衬板保持良好接触即可。发生堵管故障时，应停机、停止加料、停风。

（17）喷射完毕，先停止加料，待料斗及料杯内的混合料全部吹送干净，确认喷嘴已无料喷出，再停机，最后停风。

（18）喷射混凝土应表面平整，呈湿润光滑、黏性好、无干斑及滑移流淌现象。

（四）保养

（1）每次喷射完毕，应用风吹喷射机气路系统及输料管路中余料，清扫机体外部残留的余料及杂物。拆卸出料弯头和结合板，清除粘结料，并擦干净。取下筛网、料斗、拨料器、定量板、配料盘和给料轴（给料轴逆时针转动一定角度，再往上抽），打开紧固楔销，将上座翻转100°，清除衬板、料杯和清扫板上的粘结料，并擦干净。最后按相反顺序复位固紧。

（2）机器正常使用一年时，应全面检修一次。另外，还应将机器定期润滑。

五、混凝土施工机具使用安全要点

（一）混凝土搅拌机

（1）固定式搅拌机的操纵台应使操作人员能看到各部工作情况，仪表、指示信号准确可靠，电动搅拌机操纵台应垫上橡胶板或干燥木板。

（2）搅拌机传动机构、工作装置、制动器等，均应紧固可靠，保证正常工作。

（3）空车运转，检查搅拌筒或搅拌叶的转动方向，各工作装置的操作、制动，确认正常，方可作业。

（4）所搅拌混凝土的骨料规格应与搅拌机的性能相符，超出许可范围的不得使用。

（5）进料时，严禁将头或手伸入料斗与机架之间察看或探摸进料情况，运转中不得将手或工具等物伸入搅拌筒内扒料出料。

（6）料斗升起时，严禁在其下方工作或穿行。料坑底部要设料斗的枕垫，清理料坑时必须将料斗用链条扣牢。

（7）向搅拌筒内加料应在运转中进行；添加新料必须先将搅拌机内原有的混凝土全部卸出后才能进行。不得中途停机或在满载荷时启动搅拌机，反转出料者除外。

（8）作业中，当发生故障不能继续运转时，应立即切断电源，将搅拌筒内的混凝土清除干净，然后进行检修。

（9）作业后，应对搅拌机进行全面清洗，操作人员如需进入筒内清洗，则必须切断电源，设专人在外监护，或卸下熔断器并锁好电闸箱，然后方可进入。作业后，应将料斗降落至料斗坑，若须升起则应用链条扣牢。

（10）移动式搅拌机长期停放或使用时间超过三个月以上时，应将轮胎卸下妥善保管，轮胎端部应做好清洁和防锈工作。

（二）混凝土泵

（1）泵送设备放置应与基坑边缘保持一定距离。在布料杆动作范围内应无障碍物，无高压线。水平泵送的管道敷设线路应接近直线，少弯曲，管道与管道支撑必须紧固可靠，管道接头处应密封可靠。“Y”形管道应装接锥形管。

（2）严禁将垂直管道直接装接在泵的输出口上，应在垂直管架设的前端装接长度不小于10m的水平管，水平管近泵处应装止回阀。否则，应采用弯管等办法，加大阻力。如倾斜度较大，必要时可在坡度上端装设排气活阀，以利排气。

（3）砂石粒径、水泥强度等级及配合比应按原厂规定满足泵机可泵性的要求。

（4）风力大于6级及以上时，泵机不得使用布料杆。天气炎热时应用湿麻袋、湿草包等遮盖管路。

（5）泵送设备的停车制动和锁紧制动应同时使用，轮胎应楔紧。水源供应正常，水箱应储满清水，料斗内应无杂物，各润滑点应润滑正常。

（6）泵送设备的各部螺栓应紧固，管道接头应紧固密封，防护装置应齐全可靠。

(7) 各部位操作开关、调整手柄、手轮、控制杆、旋塞等均应处于正确位置。液压系统应正常无泄漏。

(8) 泵的支腿应全部伸出并支固，未支固前不得起动布料杆。布料杆升离支架后方可回转。布料杆伸出时应按顺序进行。严禁用布料杆起吊或拖拉物件。

(9) 当布料杆处于全伸状态时，严禁移动车身。作业中若需移动时，应将上段布料杆折叠固定，移动速度不得超过 10km/h。若布料杆使用超过规定直径的配管，则装接的软管应系防脱安全绳带。

(10) 工作人员应随时监视各种仪表和指示灯，发现有不正常的应及时调整或处理。若出现输送管道堵塞，则应进行逆向运转使混凝土返回料斗，必要时应拆管排除堵塞。

(11) 连续作业，必须暂停时应每隔 5～10min（冬季 3～5min）泵送一次。若停止较长时间再泵送，则应逆向运转一至两个行程，然后顺向泵送。泵送时料斗内应保持一定量的混凝土，不得吸空。

(12) 应保持泵水箱内储满清水，发现水质混浊并有较多砂粒时应及时检查处理。

(13) 泵送系统受压力时，不得开启任何输送管道和液压管道。液压系统的安全阀不得任意调整，蓄能器只许充入氮气。

(14) 作业后，必须将料斗内和管道内的混凝土全部输出，然后对泵机、料斗、管道进行冲洗。用压缩空气冲洗管道时，管道出口端前方 10m 内不许站人，并应用金属网篮等收集冲出的泡沫橡胶及砂石粒。

(15) 严禁用压缩空气冲洗布料杆配管。布料杆的折叠收缩应按顺序进行。

(16) 作业后应将两侧活塞运转至清洗室，并涂刷润滑油。

(17) 作业后应将各部位操作开关、调整手柄、手轮、控制杆、旋塞等复位，液压系统卸荷。

（三）混凝土振动器

（1）振动器使用前应检查各部连接是否牢固，旋转方向是否正确。

（2）振动器不得放在初凝的混凝土、地板、脚手架、道路和干硬的地面上进行试振。如检修或作业间断时，应切断电源。

（3）插入式振捣器软轴的弯曲半径不得小于50cm，并不得多于两个弯，操作时振动棒应自然垂直地沉入混凝土中，不得用力硬插、斜推或使用钢筋夹住棒头，也不得全部插入混凝土中。

（4）用绳拉平板振动器时，拉绳应干燥绝缘，移动或转向时不得用脚踢电动机。

（5）在一个构件上同时使用几台附着式振捣器工作时，所有振捣器的频率必须相同。

（6）操作人员必须穿戴绝缘胶鞋和绝缘手套。

（7）作业转移时，电动机的导线应保持足够的长度和松度。严禁用电源线拖拉振动器。

（8）振动器与平板应保持紧固，电源线必须固定在平板上，电器开关应装在手把上。

（9）振动器应保持清洁，不得有混凝土粘结在电动机外壳上妨碍散热。

（10）作业后，必须做清洗、保养工作。振捣器要放在干燥处。

第三章

第一节　混凝土配合比设计应满足的基本要求

（1）混凝土配合比设计应满足混凝土配制强度、拌合物性能、力学性能、长期性能和耐久性能的设计要求。混凝土拌合物性能、力学性能、长期性能和耐久性能的试验方法应分别符合GB/T 50080《普通混凝土拌合物性能试验方法标准》、GB/T 50081《普通混凝土力学性能试验方法标准》和GB/T 50082《普通混凝土长期性能和耐久性能试验方法标准》的规定。

（2）混凝土配合比设计应采用工程实际使用的原材料；配合比设计所采用的细骨料含水率应小于0.5%，粗骨料含水率应小于0.2%。

（3）混凝土的最大水胶比应符合GB 50010《混凝土结构设计规范》的规定。

（4）除配制C15及其以下强度等级的混凝土外，混凝土的最小胶凝材料用量应符合表3-1的规定。

表3-1　　混凝土的最小胶凝材料用量

最大水胶比	最小胶凝材料用量（kg/m³）		
	素混凝土	钢筋混凝土	预应力混凝土
0.60	250	280	300
0.55	280	300	300
0.50	320		
≤0.45	330		

（5）矿物掺合料在混凝土中的掺量应通过试验确定。采用硅酸盐水泥或普通硅酸盐水泥时，钢筋混凝土中矿物掺合料最大掺量宜符合表3-2的规定，预应力混凝土中矿物掺合料最大掺量宜符合表3-3的规定。对基础大体积混凝土，粉煤灰、粒化高炉矿渣粉和复合掺合料的最大掺量可增加5%。采用掺量大于30%的C类粉煤灰的混凝土应以实际使用的水泥和粉煤灰掺量进行安定性检验。

表3-2　钢筋混凝土中矿物掺合料最大掺量

矿物掺合料种类	水胶比	最大掺量（%）	
		采用硅酸盐水泥时	采用普通硅酸盐水泥时
粉煤灰	≤0.40	45	35
	>0.40	40	30
粒化高炉矿渣粉	≤0.40	65	55
	>0.40	55	45
钢渣粉	—	30	20
磷渣粉	—	30	20
硅灰	—	10	10
复合掺合料	≤0.40	65	55
	>0.40	55	45

注　1　采用其他通用硅酸盐水泥时，宜将水泥混合材掺量20%以上的混合材量计入矿物掺合料。

2　复合掺合料各组分的掺量不宜超过单掺时的最大掺量。

3　在混合使用两种或两种以上矿物掺合料时，矿物掺合料总掺量应符合表中复合掺合料的规定。

表3-3　预应力混凝土中矿物掺合料最大掺量

矿物掺合料种类	水胶比	最大掺量（%）	
		采用硅酸盐水泥时	采用普通硅酸盐水泥时
粉煤灰	≤0.40	35	30
	>0.40	25	20

续表

矿物掺合料种类	水胶比	最大掺量（%）	
		采用硅酸盐水泥时	采用普通硅酸盐水泥时
粒化高炉矿渣粉	≤0.40	55	45
	>0.40	45	32
钢渣粉	—	20	10
磷渣粉	—	20	10
硅灰	—	10	10
复合掺合料	≤0.40	55	45
	>0.40	45	35

注 见表3-2。

（6）混凝土拌和物中水溶性氯离子最大含量应符合表3-4的规定，其测试方法应符合JTJ 270《水运工程混凝土试验规程》中混凝土拌和物中氯离子含量的快速测定方法的规定。

表3-4　　混凝土拌合物中水溶性氯离子最大含量

环境条件	水溶性氯离子最大含量（%，水泥用量的质量百分比）		
	钢筋混凝土	预应力混凝土	素混凝土
干燥环境	0.30	0.06	1.00
潮湿但不含氯离子的环境	0.20		
潮湿且含有氯离子的环境、盐渍土环境	0.10		
除冰盐等侵蚀性物质的腐蚀环境	0.06		

（7）长期处于潮湿或水位变动的寒冷和严寒环境以及盐冻环境的混凝土应掺用引气剂。引气剂掺量应根据混凝土含气量要求经试验确定，混凝土最小含气量应符合表3-5的规定，最大不宜超过7.0%。

表 3-5　　混凝土最小含气量

粗骨料最大公称粒径 (mm)	混凝土最小含气量（%）	
	潮湿或水位变动的寒冷和严寒环境	盐冻环境
40.0	4.5	5.0
25.0	5.0	5.5
20.0	5.5	6.0

注　含气量为气体占混凝土体积的百分比。

（8）对于有预防混凝土碱骨料反应设计要求的工程，宜掺用适量粉煤灰或其他矿物掺合料，混凝土中最大碱含量不应大于 3.0kg/m^3；对于矿物掺合料碱含量，粉煤灰碱含量可取实测值的 1/6，粒化高炉矿渣粉碱含量可取实测值的 1/2。

第二节　混凝土配制强度设计规定

一、混凝土配制强度计算公式

混凝土配制强度应按下列规定确定：

（1）当混凝土的设计强度等级小于 C60 时，配制强度应按式（3-1）确定：

$$f_{cu,o} \geqslant f_{cu,k} + 1.645\sigma \tag{3-1}$$

式中　$f_{cu,o}$——混凝土配制强度，MPa；

$f_{cu,k}$——混凝土立方体抗压强度标准值，MPa；

σ——混凝土强度标准差，MPa。

（2）当设计强度等级不小于 C60 时，配制强度应按式（3-2）确定：

$$f_{cu,o} \geqslant 1.15\ f_{cu,k} \tag{3-2}$$

二、混凝土强度标准差的计算公式及确定

（1）当具有近 1～3 个月的同一品种、同一强度等级混凝土的强度资料，且试件组数不小于 30 时，其混凝土强度标准差 σ

应按式（3-3）计算：

$$\sigma=\sqrt{\frac{\sum_{i=1}^{n}f_{cu,i}^{2}-nm_{fcu}^{2}}{n-1}} \tag{3-3}$$

式中　σ——混凝土强度标准差；

$f_{cu,i}$——第 i 组的试件强度，MPa；

m_{fcu}——n 组试件的强度平均值，MPa；

n——试件组数。

对于强度等级不大于 C30 的混凝土，当混凝土强度标准差计算值不小于 3.0MPa 时，应按上式计算结果取值；当混凝土强度标准计算值小于 3.0MPa 时，应取 3.0MPa。

对于强度等级大于 C30 且小于 C60 的混凝土，当混凝土强度标准差计算值不小于 4.0MPa 时，应按上述标准差公式计算结果取值；当混凝土强度标准差计算值小于 4.0MPa 时，应取 4.0MPa。

（2）当没有近期的同一品种、同一强度等级混凝土强度资料时，其强度标准差 σ 可按表 3-6 取值。

表 3-6　　**强度标准差 σ 值**　　MPa

混凝土强度标准值	≤C20	C25～C45	C50～C55
Σ	4.0	5.0	6.0

第三节　混凝土配合比的计算方法

一、混凝土水胶比设计要求及计算方法

（一）设计要求

水胶比是指水和胶凝材料的比值，它是影响混凝土和易性、强度和耐久性的主要因素。水胶比的大小根据混凝土的强度和耐久性来确定，在满足混凝土强度和耐久性要求的前提下，选用较

大的水胶比有利于节约胶凝材料。

（二）计算方法

(1) 当混凝土强度等级小于 C60 时，混凝土水胶比宜按式（3-4）计算：

$$W/B=\frac{\alpha_a f_b}{f_{cu,o}+\alpha_a\alpha_b f_b} \tag{3-4}$$

式中 W/B——混凝土水胶比；

α_a、α_b——回归系数；

f_b——胶凝材料 28 天胶砂抗压强度（MPa），可实测，且试验方法应按 GB/T 17671—1999《水泥胶砂强度检验方法（ISO 法）》执行。

(2) 回归系数（α_a、α_b）宜按下列规定确定：

1）根据工程所使用的原材料，通过试验建立的水胶比与混凝土强度关系式来确定。

2）当不具备上述试验统计资料时，可按表 3-7 选用。

表 3-7　回归系数（α_a、α_b）取值表

系数 \ 粗骨料品种	碎石	卵石
α_a	0.53	0.49
α_b	0.20	0.13

3）当胶凝材料 28 天胶砂抗压强度值（f_b）无实测值时，可按式（3-5）计算：

$$f_b=\gamma_f\gamma_s f_{ce} \tag{3-5}$$

式中 γ_f、γ_s——粉煤灰影响系数和粒化高炉矿渣粉影响系数，可按表 3-8 选用；

f_{ce}——水泥 28 天胶砂抗压强度，可实测，MPa。

表 3-8　粉煤灰影响系数（γ_f）和粒化高炉矿渣粉影响系数（γ_s）

掺量（%）＼种类	粉煤灰影响系数 γ_f	粒化高炉矿渣粉影响系数 γ_s
0	1.00	1.00
10	0.85～0.95	1.00
20	0.75～0.85	0.95～1.00
30	0.65～0.75	0.90～1.00
40	0.55～0.65	0.80～0.90
50	—	0.70～0.85

注　1　采用Ⅰ级、Ⅱ级粉煤灰宜取上限值。

2　采用S75级粒化高炉矿渣粉宜取下限值，采用S95级粒化高炉矿渣粉宜取上限值，采用S105级粒化高炉矿渣粉可取上限值加0.05。

3　当超出表中的掺量时，粉煤灰和粒化高炉矿渣粉影响系数应经试验确定。

4）当水泥28天胶砂抗压强度（f_{ce}）无实测值时，可按下式计算：

$$f_{ce}=\gamma_c f_{ce,g} \tag{3-6}$$

式中　γ_c——水泥强度等级值的富余系数，可按实际统计资料确定；当缺乏实际统计资料时，也可按表3-9选用；

$f_{ce,g}$——水泥强度等级值，MPa。

表 3-9　水泥强度等级值的富余系数（γ_c）

水泥强度等级值	32.5	42.5	52.5
富余系数	1.12	1.16	1.10

二、混凝土用水量、外加剂用量设计要求及计算方法

（一）用水量

（1）每立方米干硬性或塑性混凝土的用水量（m_{W0}）应符合下列规定：

1）混凝土水胶比在0.40～0.80范围时，可按表3-10和表

3-11 选取。

2）混凝土水胶比小于 0.40 时，可通过试验确定。

表 3-10　　干硬性混凝土的用水量

拌合物稠度（kg/m³）		卵石最大公称粒径（mm）			碎石最大公称粒径（mm）		
项目	指标	10.0	20.0	40.0	16.0	20.0	40.0
维勃稠度（s）	16～20	175	160	145	180	170	155
	11～15	180	165	150	185	175	160
	5～10	185	170	155	190	180	165

表 3-11　　塑性混凝土的用水量

拌合物稠度（kg/m³）		卵石最大公称粒径（mm）				碎石最大公称粒径（mm）			
项目	指标	10.0	20.0	31.5	40.0	16.0	20.0	31.5	40.0
坍落度（mm）	10～30	190	170	160	150	200	185	175	165
	35～50	200	180	170	160	210	195	185	175
	55～70	210	190	180	170	220	205	195	185
	75～90	215	195	185	175	230	215	205	195

注 1 本表用水量是采用中砂时的取值。采用细砂时，每立方米混凝土用水量可增加 5～10kg；采用粗砂时，可减少 5～10kg。

2 掺用矿物掺合料和外加剂时，用水量应相应调整。

（2）掺外加剂时，每立方米流动性或大流动性混凝土的用水量（m_{w0}）可按式（3-7）计算：

$$m_{W0} = m'_{w0}(1-\beta) \tag{3-7}$$

式中 m_{w0} ——计算配合比每立方米混凝土的用水量，kg/m³；

m'_{w0} ——未掺外加剂时推定的满足实际坍落度要求的每立方米混凝土用水量（kg/m³），以表 3-11 中 90mm 坍落度的用水量为基础，按每增大 20mm 坍落度相应增加 5kg/m³ 用水量来计算，当坍落度增大到180mm以上时，随坍落度相应增加的用水量可减少；

β——外加剂的减水率，应经混凝土试验确定，%。

（二）外加剂掺量

每立方米混凝土中外加剂用量（m_{a0}）应按式（3-8）计算：

$$m_{a0} = m_{b0}\beta_a \tag{3-8}$$

式中 m_{a0}——计算配合比每立方米混凝土中外加剂用量，kg/m³；

m_{b0}——计算配合比每立方米混凝土中胶凝材料用量，kg/m³；

β_a——外加剂掺量，应经混凝土试验确定，%。

三、胶凝材料、矿物掺合料和水泥用量的计算

（一）胶凝材料

每立方米混凝土的胶凝材料用量（m_{b0}）应按式（3-9）计算，并应进行试拌调整，在拌和物性能满足的情况下，取经济合理的胶凝材料用量。

$$m_{b0} = \frac{m_{w0}}{W/B} \tag{3-9}$$

式中 m_{b0}——计算配合比每立方米混凝土中胶凝材料用量，kg/m³；

m_{w0}——计算配合比每立方米混凝土的用水量，kg/m³；

W/B——混凝土水胶比。

（二）矿物掺合料

每立方米混凝土的矿物掺合料用量m_{f0}应按式（3-10）计算：

$$m_{f0} = m_{b0}\beta_f \tag{3-10}$$

式中 m_{f0}——计算配合比每立方米混凝土中矿物掺合料用量，kg/m³；

β_f——矿物掺合料的掺量，%。

（三）水泥

每立方米混凝土的水泥用量（m_{c0}）应按式（3-11）计算：

$$m_{c0}=m_{b0}-m_{f0} \tag{3-11}$$

式中 m_{c0}——计算配合比每立方米混凝土中水泥用量，kg/m^3。

四、砂率

砂率是指砂子占砂总量的百分比。砂率对混凝土混合料的和易性影响较大，如选择不恰当，对混凝土的强度和耐久性都有影响。所以在保证混凝土工作性能的条件下，砂率应取较小值，也有利于节约水泥。

（1）坍落度为10～60mm的混凝土，其砂率可根据混凝土的坍落度、粗骨料的品种、粒径及水灰比确定，见表3-12。

（2）坍落度大于60mm的混凝土砂率，可经试验确定，也可在表3-12的基础上，按坍落度每增加20mm，砂率增大1%的幅度予以调整。

（3）坍落度小于10mm的混凝土，其砂率应根据试验确定。

表3-12　　混凝土的砂率　　%

水胶比（W/B）	卵石最大公称粒径（mm）			碎石最大公称粒径（mm）		
	10.0	20.0	40.0	16.0	20.0	40.0
0.40	26～32	25～31	24～30	30～35	29～34	27～32
0.50	30～35	29～34	28～33	33～38	32～37	30～35
0.60	33～38	32～37	31～36	36～41	35～40	33～38
0.70	36～41	35～40	34～39	39～44	38～43	36～41

五、粗、细骨料用量的计算

（1）当采用质量法计算混凝土配合比时，粗、细骨料用量应按下式计算：

$$m_{f0}+m_{c0}+m_{g0}+m_{s0}+m_{w0}=m_{cp} \tag{3-12}$$

砂率计算公式为

$$\beta_s=\frac{m_{s0}}{m_{g0}+m_{s0}}\times 100\% \tag{3-13}$$

式中 m_{g0}——计算配合比每立方米混凝土的粗骨料用量，kg/m³；

m_{s0}——计算配合比每立方米混凝土的细骨料用量，kg/m³；

β_s——砂率，%；

m_{cp}——每立方米混凝土拌和物的假定质量，可取 2350～2450kg/m³，kg。

（2）当采用体积法计算混凝土配合比时，粗、细骨料用量应按下面公式计算。

$$\frac{m_{c0}}{\rho_c}+\frac{m_{f0}}{\rho_f}+\frac{m_{g0}}{\rho_g}+\frac{m_{s0}}{\rho_s}+\frac{m_{w0}}{\rho_w}+0.01\alpha=1 \tag{3-14}$$

式中 ρ_c——水泥密度（kg/m³），可按 GB/T 208—1994《水泥密度测定方法》测定，也可取 2900～3100kg/m³；

ρ_f——矿物掺合料密度（kg/m³），可按 GB/T 208—1994《水泥密度测定方法》测定；

ρ_g——粗骨料的表观密度（kg/m³），应按 JGJ 52—2006《普通混凝土用砂、石质量及检验方法标准》测定；

ρ_s——细骨料的表观密度（kg/m³），应按 JGJ 52—2006《普通混凝土用砂、石质量及检验方法标准》测定；

ρ_w——水的密度，可取 1000kg/m³，kg/m³；

α——混凝土的含气量分数，在不使用引气剂或引气型外加剂时，α 可取 1。

第四节 混凝土配合比的试配、调整及确定

一、试配

(1) 混凝土试配应采用强制式搅拌机进行搅拌，并应符合JG 244—2009《混凝土试验用搅拌机》的规定，搅拌方法宜与施工采用的方法相同。

(2) 试验室成型条件应符合GB/T 50080—2002《普通混凝土拌和物性能试验方法标准》的规定。

(3) 每盘混凝土试配的最小搅拌量应符合表3-13的规定，并不应小于搅拌机公称容量的1/4且不应大于搅拌机公称容量。

表3-13 混凝土试配的最小搅拌量

粗骨料最大粒径（mm）	拌和物数量/L
≤31.5	20
40.0	25

(4) 在计算配合比的基础上应进行试拌。计算水胶比宜保持不变，并应通过调整配合比其他参数使混凝土拌和物性能符合设计和施工要求，然后修正计算配合比，提出试拌配合比。

(5) 在试拌配合比的基础上应进行混凝土强度试验，并应符合下列规定：

1) 应采用三个不同的配合比，其中一个变为试拌配合比，另外两个配合比的水胶比宜较试拌配合比分别增加和减少0.05，用水量应与试拌配合比相同，砂率可分别增加和减少1%。

2) 进行混凝土强度试验时，拌和物性能应符合设计和施工要求。

3) 进行混凝土强度试验时，每个配合比应至少制作一组试件，并应标准养护到28天或设计规定龄期时试压。

二、配合比的调整与确定

(1) 配合比调整应符合下列规定：

1) 根据JGJ 55—2011《普通混凝土配合比设计规程》混凝土强度试验结果，宜绘制强度和胶水比的线性关系图或插值法确定略大于配制强度对应的水胶比。

2) 在试拌配合比的基础上，用水量（m_w）和外加剂用量（m_a）应根据确定的水胶比做调整。

3) 胶凝材料用量（m_b）应以用水量乘以确定的胶水比计算得出。

4) 粗骨料和细骨料用量（m_g 和 m_s）应根据用水量和胶凝材料用量进行调整。

(2) 混凝土拌和物表观密度和配合比校正系数的计算应符合下列规定：

1) 配合比调整后的混凝土拌和物的表观密度应按式(3-15)计算：

$$\rho_{c,c} = m_c + m_f + m_g + m_s + m_w \tag{3-15}$$

式中 $\rho_{c,c}$——混凝土拌和物的表观密度计算值，kg/m^3；

m_c——混凝土的水泥用量，kg/m^3；

m_f——混凝土的矿物掺合料用量，kg/m^3；

m_g——混凝土的粗骨料用量，kg/m^3；

m_s——混凝土的细骨料用量，kg/m^3；

m_w——混凝土的用水量，k/m^3。

2) 混凝土配合比校正系数应按式（3-16）计算：

$$\delta = \frac{\rho_{c,t}}{\rho_{c,c}} \tag{3-16}$$

式中 δ——混凝土配合比校正系数；

$\rho_{c,t}$——混凝土拌和物的表观密度实测值，kg/m^3。

(3) 当混凝土拌和物表观密度实测值与计算值之差的绝对值不超过计算值2%时，调整的配合比可维持不变；当二者之差超过2%时，应将配合比中每项材料用量均乘以校正系数（δ）。

（4）配合比调整后，应测定拌和物水溶性氯离子含量。

（5）对耐久性有设计要求的混凝土应进行相关耐久性试验验证。

（6）生产单位可根据常用材料设计出常用混凝土配合比备用，并应在启用过程中予以验证或调整。遇有下列情况之一时，应重新进行配合比设计。

1）对混凝土性能有特殊要求时。

2）水泥、外加剂或矿物掺合料等原材料品种、质量有显著变化时。

第五节　特殊混凝土配合比设计

一、抗渗混凝土

（1）抗渗混凝土的原材料应符合下列规定：

1）水泥宜采用普通硅酸盐水泥。

2）粗骨料宜采用连续级配，其最大公称粒径不宜大于40.0mm，含泥量不得大于1.0%，泥块含量不得大于0.5%。

3）细骨料宜采用中砂，含泥量不得大于3.0%，泥块含量不得大于1.0%。

4）抗渗混凝土宜掺用外加剂和矿物掺合料，粉煤灰等级应为Ⅰ级或Ⅱ级。

（2）抗渗混凝土配合比应符合下列规定。

1）最大水胶比应符合表3-14的规定。

2）每立方米混凝土中的胶凝材料用量不宜小于320kg。

3）砂率宜为35%～45%。

表3-14　抗渗混凝土最大水胶比

设计抗渗等级	最大水胶比	
	C20～C30	C30以上
P6	0.60	0.55

续表

设计抗渗等级	最大水胶比	
	C20～C30	C30 以上
P8～P12	0.55	0.50
>P12	0.50	0.45

（3）配合比设计中混凝土抗渗技术要求应符合下列规定：

1）配制抗渗混凝土要求的抗渗水压值应比设计值提高 0.2MPa。

2）抗渗试验结果应满足下式要求：

$$P_{t} \geqslant \frac{P}{10} + 0.2 \tag{3-17}$$

式中　P_{t}——6 个试件中不少于 4 个未出现渗水时的最大水压值，MPa；

P——设计要求的抗渗等级值。

（4）掺用引气剂或引气型外加剂的抗渗混凝土，应进行含气量试验，含气量宜控制在 3.0%～5.0%。

二、抗冻混凝土

（1）抗冻混凝土的原材料应符合下列规定：

1）水泥应采用硅酸盐水泥或普通硅酸盐水泥。

2）粗骨料宜选用连续级配，其含泥量不得大于 1.0%，泥块含量不得大于 0.5%。

3）细骨料含泥量不得大于 0.3%，泥块含量不得大于1.0%。

4）粗、细骨料均应进行坚固性试验，并应符合 JGJ 52—2006《普通混凝土用砂、石质量及检验方法与标准》的规定。

5）抗冻等级不小于 F100 的抗冻混凝土宜掺用引气剂。

6）在钢筋混凝土和预应力混凝土中不得掺用含有氯盐的防冻剂；在预应力混凝土中不得掺用含有亚硝酸盐或碳酸盐的防冻剂。

（2）抗冻混凝土配合比应符合下列规定：

1）最大水胶比和最小胶凝材料用量应符合表3-15的规定。

2）复合矿物掺合料最大掺量宜符合表3-16的规定。

3）掺用引气剂的混凝土最小含气量应符合JGJ 55—2011《普通混凝土配合比设计规程》的规定。

表3-15　　最大水胶比和最小胶凝材料用量

设计抗冻等级	最大水胶比		最小胶凝材料用量（kg/m³）
	无引气剂时	掺引气剂时	
F50	0.55	0.60	300
F100	0.50	0.55	320
不低于F150	—	0.50	350

表3-16　　复合矿物掺合料最大掺量

水胶比	最大掺量（%）	
	采用硅酸盐水泥时	采用普通硅酸盐水泥时
≤0.40	60	50
>0.40	50	40

三、高强混凝土

（1）高强混凝土的原材料应符合下列规定：

1）水泥应选用硅酸盐水泥或普通硅酸盐水泥。

2）粗骨料宜采用连续级配，其最大公称粒径不宜大于25.0mm，针片状颗粒含量不宜大于5.0%，含泥量不应大于0.5%，泥块含量不应大于0.2%。

3）细骨料的细度模数宜为2.6～3.0，含泥量不应大于2.0%，泥块含量不应大于0.5%。

4）宜采用减水率不小于25%的高性能减水剂。

5）宜复合掺用粒化高炉矿渣粉、粉煤灰和硅灰等矿物掺合料；粉煤灰等级不应低于Ⅱ级；对强度等级不低于C80的高强混凝土宜掺用硅灰。

（2）高强混凝土配合比应经试验确定，在缺乏试验依据的情况下，配合比设计宜符合下列规定：

1）水胶比、胶凝材料用量和砂率可按表 3-17 选取，并应经试配确定。

表 3-17　　水胶比、胶凝材料用量和砂率

强度等级	水胶比	胶凝材料用量（kg/m³）	砂率（%）
≥C60，<C80	0.28～0.34	480～560	35～42
≥C80，<C100	0.26～0.28	520～580	
C100	0.24～0.26	550～560	

2）外加剂和矿物掺合料的品种、掺量，应通过试配确定；矿物掺合料掺量宜为 25%～40%；硅灰掺量不宜大于 10%。

3）水泥用量不宜大于 500kg/m³。

（3）在试配过程中，应采用三个不同的配合比进行混凝土强度试验，其中一个可为依据表 3-12 计算后调整拌合物的试拌配合比，另外两个配合比的水胶比，宜较试拌配合比分别增加和减少 0.02。

（4）高强混凝土设计配合比确定后，尚应采用该配合比进行不少于三盘混凝土的重复试验，每盘混凝土应至少成型一组试件，每组混凝土的抗压强度不应低于配制强度。

（5）高强混凝土抗压强度测定宜采用标准尺寸试件，使用非标准尺寸试件时，尺寸折算系数应经试验确定。

四、泵送混凝土

（1）泵送混凝土所采用的原材料应符合下列规定：

1）水泥宜选用硅酸盐水泥、普通硅酸盐水泥、矿渣硅酸盐水泥和粉煤灰硅酸盐水泥。

2）粗骨料宜采用连续级配，其针片状颗粒含量不宜大于 10%；粗骨料的最大公称粒径与输送管径之比宜符合表 3-18 的规定。

表 3-18 粗骨料的最大公称粒径与输送管径之比

粗骨料品种	泵送高度（m）	粗骨料最大公称粒径与输送管径之比
碎石	<50	≤1∶3.0
	50～100	≤1∶4.0
	>100	≤1∶5.0
卵石	<50	≤1∶2.5
	50～100	≤1∶3.0
	>100	≤1∶4.0

3）细骨料宜采用中砂，其通过公称直径为 315μm 筛孔的颗粒含量不宜少于 15%。

4）泵送混凝土应掺用泵送剂或减水剂，并宜掺用矿物掺合料。

（2）泵送混凝土配合比应符合下列规定：

1）胶凝材料用量不宜小于 300kg/m³。

2）砂率宜为 35%～45%。

（3）泵送混凝土试配时应考虑坍落度经时损失。

五、大体积混凝土

（1）大体积混凝土所用的原材料应符合下列规定：

1）水泥宜采用中、低热硅酸盐水泥或低热矿渣硅酸盐水泥，水泥的 3 天和 7 天水化热应符合 GB 200—2003《中热硅酸盐水泥低热硅酸盐水泥低热矿渣硅酸盐水泥》规定。当采用硅酸盐水泥或普通硅酸盐水泥时，应掺加矿物掺合料，胶凝材料的 3 天和 7 天水化热分别不宜大于 240kJ/kg 和 270kJ/kg。水化热试验方法应按 GB/T 12959—2008《水泥水化热测定法》执行。

2）粗骨料宜为连续级配，最大公称粒径不宜小于 31.5mm，含泥量不应大于 1.0%。

3）细骨料宜采用中砂，含泥量不应大于 3.0%。

4）宜掺用矿物掺合料和缓凝型减水剂。

（2）当采用混凝土60天或90天龄期的设计强度时，宜采用标准尺寸试件进行抗压强度试验。

（3）大体积混凝土配合比应符合下列规定：

1）水胶比不宜大于0.55，用水量不宜大于175kg/m^3。

2）在保证混凝土性能要求的前提下，宜提高每立方米混凝土中的粗骨料用量；砂率宜为38%～42%。

3）在保证混凝土性能要求的前提下，应减少胶凝材料中的水泥用量，提高矿物掺合料掺量。

（4）在配合比试配和调整时，控制混凝土绝热温升不宜大于50℃。

（5）大体积混凝土配合比应满足施工对混凝土凝结前时间的要求。

第四章

普通混凝土施工

第一节　混凝土搅拌施工

一、搅拌要求

搅拌混凝土前，应加水空转数分钟，将积水倒净，使拌筒充分润湿。搅拌第一盘时，考虑到筒壁上的砂浆损失，石子用量应按配合比规定减半。

搅拌好的混凝土要做到基本卸尽。在全部混凝土卸出之前不得再投入拌和料，更不得采用边出料边进料的方法。严格控制水灰比和坍落度，未经试验人员同意不得随意加减用水量。

二、材料配合比的确定

严格掌握混凝土材料配合比。在搅拌机旁挂牌公布，便于检查。

混凝土原材料按重量计的允许偏差，不得超过下列规定：

(1) 水泥、外加掺和料：±2%。

(2) 粗细集料：±3%。

(3) 水、外加剂溶液：±2%。

各种衡器应定时校验，并经常保持准确。集料含水率应经常测定。雨天施工时，应增加测定次数。

三、搅拌时间

(一) 搅拌时间的确定

从原料全部投入搅拌机筒时起，至混凝土拌和料开始卸出时止，所经历的时间称为搅拌时间。通过充分搅拌，应使混凝土的各种组成材料混合均匀，颜色一致；高强度等级混凝土、干硬性混凝土更应严格执行。搅拌时间随搅拌机的类型及混凝土拌和料和易性的不同而异。在生产中，应根据混凝土拌和料要求的均匀性、混凝土强度增长的效果及生产效率等几种因素，规定合适的搅拌时间。但混凝土搅拌的最短时间，应符合表 4-1 规定。

表 4-1　　混凝土搅拌的最短时间　　s

混凝土坍落度	搅拌机类型	搅拌机容积		
		＜250L	250～500L	＞500L
≤30mm	自落式	90	120	150
	强制式	60	90	120
＞30mm	自落式	90	90	120
	强制式	60	60	90

（二）混凝土搅拌时间控制

（1）混凝土搅拌的最短时间是指自全部材料装入搅拌筒中起，至开始卸料时止的时间。

（2）当掺有外加剂时，搅拌时间应适当延长。在拌和掺有掺和料（如粉煤灰等）的混凝土时，宜先以部分水、水泥及掺和料在机内拌和后，再加入砂、石及剩余水，并适当延长拌和时间。

（3）全轻混凝土宜采用强制式搅拌机搅拌，轻混凝土可采用自落式搅拌机搅拌，但搅拌时间应延长 60～90s。

（4）采用强制式搅拌机搅拌轻集料混凝土的加料顺序为：当轻集料在搅拌前预湿时，先加粗、细集料和水泥搅拌 30s，再加水继续搅拌；当轻集料在搅拌前未预湿时，先加 1/2 的总用水量和粗、细集料搅拌 60s，再加水泥和剩余用水量继续搅拌。

（5）当采用其他形式的搅拌设备时，搅拌的最短时间应按设备说明书的规定或经试验确定。

（6）混凝土的搅拌时间，每一工作班至少抽查两次。

（7）混凝土搅拌完毕后应在搅拌地点和浇筑地点分别取样检测坍落度，每一工作班不应少于两次，评定时应以浇筑地点的测值为准。

四、原材料

（1）在混凝土每一工作班正式称量前，应先检查原材料质量，必须使用合格材料；各种衡器应定期校核，每次使用前进行零点校核，保持计量准确。

（2）施工中应测定集料的含水率，当雨天施工含水率有显著变化时，应增加测定系数，依据测试结果及时调整配合比中的用水量和集料用量。

（3）混凝土原材料每盘称量的偏差不得超过表 4-2 中的规定。

表 4-2　原材料每盘称量的允许偏差

材料名称	允许偏差	材料名称	允许偏差
水泥、掺和料	±2%	水、外加剂	2%
粗、细集料	±3%	—	—

注　1　各种衡器应定期校验，每次使用前应进行零点校核，保证计量准确。

2　当遇雨天或含水率有显著变化时，应增加含水率检测次数并及时调整水和集料的用量。

为了保证称量准确，水泥、砂、石子、掺和料等干料的配合比，应采用重量法计量，严禁采用容积法；水的计量是在搅拌机上配置的水箱或定量水表上按体积计量；外加剂中的粉剂可按比例稀释为溶液，按用水量加入，也可将粉剂按比例与水泥拌匀，按水泥计量。施工现场要经常测定施工用的砂、石料的含水率，将实验室中的混凝土配合比换算成施工配合比，然后进行配料。

五、搅拌要点

搅拌装料顺序为：石子→水泥→砂。每盘装料数量不得超过搅拌筒标准容量的 10%。

在每次用搅拌机拌和第一罐混凝土前，应先开动搅拌机空车运转，运转正常后，再加料搅拌。拌第一罐混凝土时，宜按配合比多加入10%的水泥、水、细集料的用量或减少10%的粗集料用量，使多余的砂浆布满鼓筒内壁及搅拌叶片，防止第一罐混凝土拌合物中的砂浆偏少。

在每次使用搅拌机开拌之始，应注意监视与检测开拌初始的前二、三罐混凝土拌合物的和易性。如不符合要求时，应立即分析情况并处理，直至拌合物的和易性符合要求，方可持续生产。

当开始按新的配合比进行拌制或原材料有变化时，也应注意开拌鉴定与检测工作。

使用外加剂时，应注意检查核对外加剂剂名、生产厂名、牌号等。使用时一般宜先将外加剂制成外加剂溶液，并预加入拌用水中，当采用粉状外加剂时，也可采用定量小包装外加剂另加载体的掺用方式。当用外加剂溶液时，应经常检查外加剂溶液的浓度，并应经常搅拌外加剂溶液，使溶液浓度均匀一致，防止沉淀。溶液中的水量，应包括在拌和用水量内。

混凝土用量不大，而又缺乏机械设备时，可采用人工拌制。拌制一般应在钢板或包有镀锌薄钢板的木制拌板上进行操作，如用木制拌板时，宜将表面刨光，镶拼严密，使之不漏浆。拌和要先干拌均匀，再按规定用水量随加水随湿拌至颜色一致，达到石子与水泥浆无分离现象为止。当水灰比不变时，人工拌制要比机械搅拌多耗10%～15%的水泥。

六、特殊季节混凝土拌制

冬季施工时，投入混凝土搅拌机中各种原材料的温度往往不同，要通过搅拌，使混凝土内温度均匀一致。因此，搅拌时间应比表4-1中的规定时间延长50%。

投入混凝土搅拌机中的集料不得带有冰屑、雪团及冻块。否则，会影响混凝土中用水量的准确性和破坏水泥石与集料之间的粘结。当水需加热时，还会消耗大量热能，降低混凝土的温度。

当需加热原材料以提高混凝土的温度时，应优先采用将水加热的方法。这是因为水的加热简便，且水的热容量大，其比热容约为砂、石的4.5倍，因此将水加热是最经济、最有效的方法。只有当加热水达不到所需的温度要求时，才可依次对砂、石进行加热。水泥不得直接加热，使用前宜事先运入暖棚内存放。

水可在锅或锅炉中加热，或直接通入蒸汽加热。集料可用热炕、钢板、通汽蛇形管或直接通入蒸汽等方法加热。水及集料的加热温度应根据混凝土搅拌后的最终温度要求，通过热工计算确定，其加热最高温度不得超过表4-3的规定。

表4-3　　拌和水及集料加热最高温度　　℃

项　　目	拌和水	集料
强度等级小于52.5级的普通硅酸盐水泥、矿渣硅酸盐水泥	80	60
强度等级等于或大于52.5级的硅酸盐水泥、普通硅酸盐水泥	60	40

当集料不加热时，水可加热至100℃。但搅拌时，为防止水泥“假凝”，水泥不得与80℃以上的水直接接触。因此，投料时，应先投入集料和已加热的水，稍加搅拌后，再投入水泥。

采用蒸汽加热时，蒸汽与冷的混凝土材料接触后放出热量，本身凝结为水。混凝土要求升高的温度越高，凝结水也越多。该部分水应该作为混凝土搅拌用水量的一部分来考虑。

雨期施工期间要勤测粗细集料的含水量，随时调整用水量和粗细集料的用量。夏期施工时砂石材料应尽量加以遮盖，至少在使用前不受烈日暴晒，必要时可采用冷水淋洒，使其蒸发散热。冬季施工要防止砂石材料表面冻结，并应清除冰块。

七、泵送混凝土的拌制

泵送混凝土宜采用混凝土搅拌站供应的预拌混凝土，也可在现场设置搅拌站，供应泵送混凝土；但不得采用手工搅拌的混凝土进行泵送。

泵送混凝土的交货检验，应在交货地点，按GB 14902《预拌混凝土》的有关规定，进行交货检验；现场拌制的泵送混凝土供料检验，宜按 GB 14902《预拌混凝土》的有关规定执行。

在寒冷地区冬季拌制泵送混凝土时，除应满足 JGJ/T 10《混凝土泵送施工技术规程》的规定外，还应制定冬季施工措施。

八、混凝土搅拌的质量要求

在搅拌工序中，拌制的混凝土拌合物的均匀性应按要求进行检查。在检查混凝土均匀性时，应在搅拌机卸料过程中，从卸料流出的 1/4～3/4 之间部位取样。检测结果应符合下列规定：

（1）混凝土中砂浆密度，两次测值的相对误差不应大于 0.8%。

（2）单位体积混凝土中粗集料含量，两次测值的相对误差不应大于 5%。

（3）混凝土搅拌的最短时间应符合表 4-1 的规定，混凝土的搅拌时间，每一工作班至少应抽查两次。混凝土搅拌完毕后，应按下列要求检测混凝土拌合物的各项性能：

1）混凝土拌合物的稠度，应在搅拌地点和浇筑地点分别取样检测。每工作班不应少于一次。评定时应以浇筑地点为准。

在检测坍落度时，还应观察混凝土拌和物的黏聚性和保水性，全面评定拌合物的和易性。

2）根据需要，如果应检查混凝土拌合物的其他质量指标时，检测结果也应符合各自的要求，如含气量、水灰比和水泥含量等。

第二节　混凝土运输施工

一、运输时间

混凝土应以最少的转载次数和最短的时间，从搅拌地点运载至浇筑地点。混凝土从搅拌机中卸出后至浇筑完毕的延续时间应符合表 4-4 的要求。

表 4-4　混凝土从搅拌机中卸出后到浇筑完毕的延续时间

气温	延续时间（min）			
	采用搅拌车		其他运输设备	
	≤C30	＞C30	≤C30	＞C30
≤25℃	120	90	90	75
＞25℃	90	60	60	45

注　掺有外加剂或采用快硬水泥时延续时间应通过试验确定。

二、运输要求

混凝土在运输过程中，应保持其均匀性，避免产生分层离析现象，混凝土运至浇筑地点，应符合浇筑时所规定的坍落度，见表 4-5；运输工作应保证混凝土的浇筑工连续进行；运送混凝土的容器应严密，其内壁应平整光洁，不吸水，不漏浆，粘附的混凝土残渣应经常清除。

表 4-5　混凝土浇筑时的坍落度

结构种类	坍落度（mm）
基础或地面等的垫层、无配筋的厚大结构（挡土墙、基础或厚大的块体等）或配筋稀疏的结构	10～30
板、梁和大型及中型截面的柱子等	30～50
配筋密列的结构（薄壁、斗仓、筒仓、细柱等）	50～70
配筋特密的结构	70～90

注　1　本表是指采用机械振捣的坍落度，采用人工捣实时可适当增大。
2　需要配制大坍落度混凝土时，应掺用外加剂。
3　曲面或斜面结构的混凝土，其坍落度值应根据实际需要另行选定。
4　轻集料混凝土的坍落度，宜比本表中数值少 10～20mm。
5　自密实混凝土的坍落度另行规定。

三、运输工具的选择

1. 地面水平运输

当采用商品混凝土或运距较远时，宜采用混凝土搅拌运输车。在运输过程中，该车的搅拌筒可缓慢转动进行拌和，防止了混凝土的离析。当距离过远时，可事先装入干料，在到达浇筑现场前15～20min再放入搅拌水，边行走边进行搅拌。

若现场搅拌混凝土，则可采用载重在1t左右、容量为400L的小型机动翻斗车或手推车运输。运距较远、运量又较大时可采用皮带运输机或窄轨翻斗车。

2. 垂直运输

垂直运输可采用塔式起重机、混凝土泵、快速提升斗和井架。

3. 混凝土楼面水平运输

混凝土楼面水平运输多采用双轮手推车，塔式起重机也可兼顾楼面水平运输，如用混凝土泵则可采用布料杆布料。

四、运输道路

（1）场内输送道路应尽可能平坦，以减少运输时的振荡，避免造成混凝土分层离析。

（2）还应考虑布置环形回路，施工高峰时宜设专人管理指挥，以免车辆互相拥挤阻塞。

（3）临时架设的桥道要牢固，桥板接头必须平顺。

（4）浇筑基础时，可采用单向输送主道和单向输送支道的布置方式。

（5）浇筑柱子时，可采用来回输送主道和盲肠支道的布置方式。

（6）浇筑楼板时，可采用来回输送主道和单向输送支管道相结合的布置方式。

（7）对于大型混凝土工程，还必须加强现场指挥和调度。

五、运输质量要求

（1）混凝土运送至浇筑地点，若混凝土拌合物出现离析或分层现象，则应对混凝土拌合物进行二次搅拌。

（2）混凝土运至浇筑地点时，应检测其稠度，所测稠度值应符合设计和施工要求。其允许偏差应符合有关标准的规定。

(3) 混凝土拌合物运至浇筑地点时的温度宜为5～35℃。

第三节 混凝土浇筑施工

一、一般结构混凝土浇筑施工操作要点

(一) 浇筑前施工准备

(1) 混凝土浇筑前，应对其模板及支架、钢筋和预埋件进行细致地检查，并做好自检和工序交接记录。

(2) 大型设备基础浇筑，还应进行各专业综合检查和会签，将基土上的污泥、杂物、钢筋上的锈蚀、油污、模板内的垃圾等清除干净。

(3) 木模板洒水应充分湿润，缝隙应堵严，基坑内的积水应排除干净，如有地下水，应采取排水措施。

(二) 一般浇筑操作

(1) 混凝土自高处倾落时，其自由倾落高度不宜超过2m，若高度超过2m，则应设置溜槽或串筒，如图4-1所示。也可在

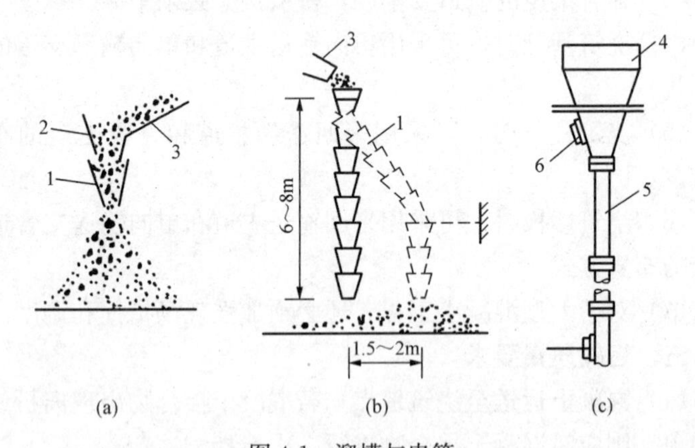

图4-1 溜槽与串筒

(a) 溜槽；(b) 串筒；(c) 节管振动串筒

1—串筒；2—挡板；3—溜槽；4—漏斗；5—节管；6—振动器

柱、墙模板上的适当部位留置上料孔，在往狭而深的模板内下料时，其顶部应设置轻便的卸料斗、漏斗或挡板。

（2）混凝土浇筑应分段、分层连续进行时，每层浇筑厚度要根据工程结构特点、配筋情况、浇筑及振捣方法等确定，一般不得超过表 4-6 的规定。

（3）为了保证混凝土结构的整体性，混凝土应连续浇筑，原则是不留或少留施工缝，若必须间歇，则间隙时间应尽量缩短，并在上一层混凝土初凝前将混凝土浇筑完毕。混凝土运输、浇筑和间歇最长时间无试验资料时，不应超过表 4-7 的规定。

表 4-6　　混凝土的浇筑层厚度

振捣混凝土的方法		浇筑层的厚度（mm）
插入式振捣		振捣器作用部分长度的 1.25 倍
表面振捣		200
人工捣固	在基础、无筋混凝土或配筋稀疏的结构中	250
	在梁、柱、墙板结构中	200
	在配筋密列的结构中	150
轻骨料混凝土	插入式振捣	300
	表面振动（振动时需加荷）	200

表 4-7　　混凝土运输、浇筑和间歇的允许时间　　min

混凝土强度等级	气温	
	≤25℃	＞25℃
≤C30	210	180
＞C30	180	150

注　当混凝土中掺有促凝或缓凝型外加剂时，其允许时间应根据试验结果确定。

如间歇时间超过表 4-7 的规定时，应按施工缝的措施进行处理。

（4）浇筑竖向结构混凝土，应先在底部垫有 50～100mm 厚的与混凝土强度等级相同的水泥砂浆。当浇筑高度超过 3m 时，应采用溜槽或串筒。混凝土的水灰比和坍落度应随浇筑高度的上升而酌情递减。

（5）浇筑与柱和墙连成整体的梁和板时，应在柱和墙浇筑完毕后，停 1～1.5h，使混凝土获得初步沉实后，再继续浇筑，以防接缝处出现裂缝。梁和板应同时浇筑，较大尺寸的梁（梁的高度大于 1.0m）、拱和壳的结构，可单独浇筑，但施工缝的位置应符合有关规定。

（6）浇筑混凝土过程中，应经常观察模板、支架、钢筋、预埋件和预留孔洞的情况，当发现有变形、移位时，应立即停止浇筑，并应在已浇筑的混凝土凝结前修整好。

（7）在降雨、雪时，不宜露天浇筑混凝土，若必须浇筑，则应采取有效的防雨、雪措施，以确保混凝土质量。

混凝土下料、浇筑、振捣的方法如图 4-2～图 4-4 所示。

二、整体结构分部工程浇筑

（一）基础浇筑

1. 柱基础梁筑

（1）杯形基础浇筑。

1）浇筑时，先将杯口底混凝土振实并稍待片刻。

2）使其有一个下沉的时间，然后对称、均衡地浇筑杯口模四周混凝土。

3）当浇筑高杯口基础时，宜采用后安装杯口模的工艺，即当混凝土浇捣至接近杯口底后再安装杯口芯模，然后继续浇筑混凝土。

4）为加快杯口芯模的周转和利用，应在混凝土终凝前将杯口芯模拔出，并随即将杯壁混凝土划毛。

（2）锥形基础的浇筑。

1）在浇筑锥形基础时，应注意斜坡部位混凝土的振捣密实。

2）振捣完后，再用人工将斜面修正、拍平、拍实，使其符

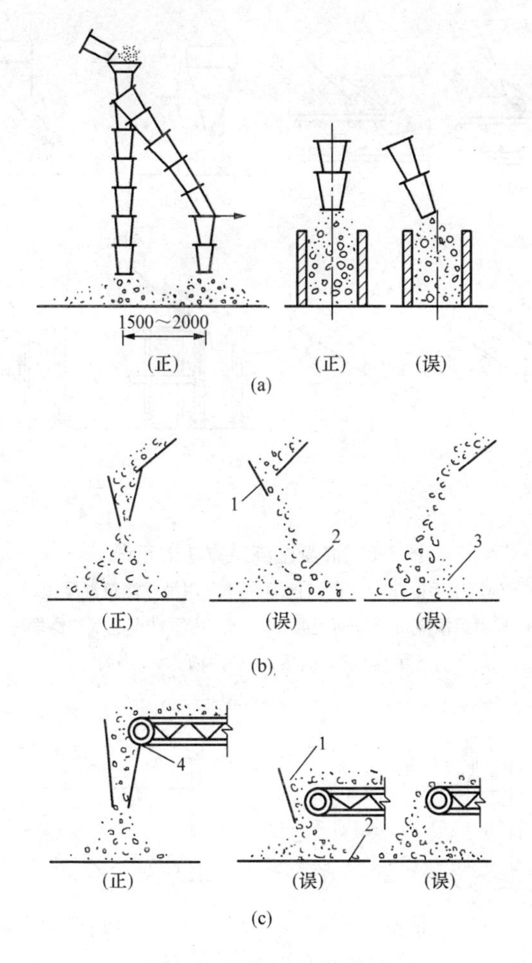

图 4-2 混凝土下料方法

（a）串筒浇筑混凝土方法；（b）溜槽浇筑混凝土方法；

（c）带式运输机浇筑混凝土方法

1—挡板；2—石子；3—砂浆；4—橡胶刮板

合设计要求。

（3）台阶式基础浇筑。

1）浇筑台阶式基础时，按台阶分层一次浇筑完毕，不宜留

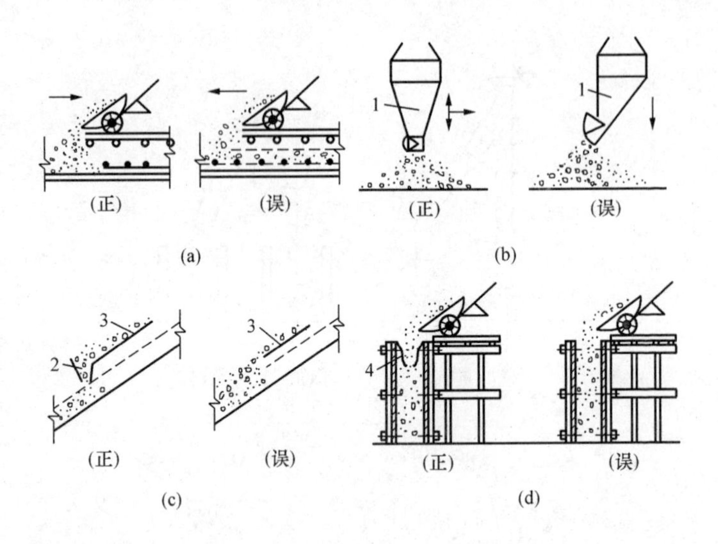

图 4-3 混凝土浇筑方法的正误

(a) 用手推车浇筑楼、地面；(b) 用吊斗浇筑混凝土；

(c) 用溜槽浇筑斜坡面混凝土；(d) 用手推车浇筑狭深墙壁

1—吊斗；2—挡板；3—溜槽；4—串筒

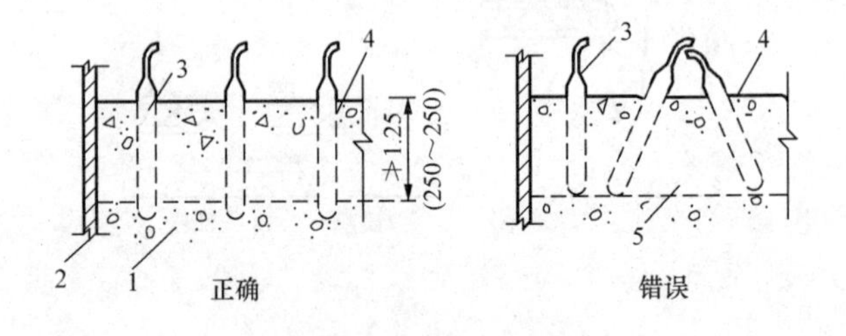

图 4-4 混凝土捣实方法

1—下层已捣实为初凝的混凝土；2—模板；3—振动棒；

4—新浇筑的混凝土；5—分层接缝

置施工缝，每层混凝土应一次性卸足，顺序是先浇筑边角、后浇筑中间，务必使混凝土充满模板的边角。

2）浇筑时应注意防止垂直交角阴角处混凝土出现脱空、蜂窝（即吊脚或烂根）现象，措施是将第一台阶混凝土捣固下沉20～30mm后暂不填平。

3）在继续浇筑第二台阶前，先用铁锹沿第二台阶模板底圈做成内外坡，然后在分层浇筑将第二台阶混凝土灌满后，再将第一台阶外圈混凝土铲平、拍实，也可在第一台阶混凝土灌满振实拍平之后，在第二台阶模板外先压有尺寸为200mm×100mm的压角混凝土，再继续浇筑第二台阶混凝土，待压角混凝土接近初凝时，将其铲平重新搅拌后利用。

有条件时，宜以2～3个柱基为一级进行流水作业，顺序是先浇筑第一台阶混凝土，再回转顺序浇筑第二台阶混凝土，这样对已浇筑好的第一台阶混凝土将有一个充足的时间，但必须保证每个柱基混凝土在初凝前连续施工。

（4）柱下基础的浇筑。

1）在浇筑现浇柱下基础时，应特别注意柱子插筋位置的准确性，防止其产生位移和倾斜。在浇筑开始时，先满铺一层50～100mm厚混凝土并捣实，使柱子插筋下端与钢筋网片的位置基本固定。

2）然后再继续对称的浇筑，在浇筑下料过程中，注意避免碰撞钢筋，浇筑时应指派钢筋工进行监测，有偏差时应及时进行纠正。

2. 条形基础浇筑

（1）在浇筑条形基础时，应根据条形基础的高度分段、分层连续浇筑。

（2）各段应相互衔接，每段的浇筑长度为2～3m，做到逐段逐层呈阶梯形向前推进，并注意使混凝土充满模板的边角。

（3）最后浇筑中间部分。

3. 设备基础浇筑

（1）一些特殊部位，如地脚螺栓、预留螺栓孔、预埋管道等，在浇筑时应控制好混凝土的上升速度，使两边匀速上升，同时应避免碰撞地脚螺栓，以免使其发生歪斜或位移。

（2）各层在浇筑时宜从低处开始，顺着长边方向由一端向另一端推进，也可采取由中间向两边或由两边向中间推进。

（3）对地脚螺栓及预埋管下部应仔细捣实，必要时可采用同强度等级的细石混凝土。

（4）预留螺栓孔的木盒要在混凝土初凝后及时拔出，以免硬化后再拔将会损坏预留孔四周的混凝土。对于大直径地脚螺栓，应在混凝土浇捣过程中，用经纬仪进行跟踪观测，发生偏差时应及时纠正。

4. 大体积混凝土基础浇筑

（1）全面分层。采用全面分层浇筑时，应做到第一层全面浇筑完毕后，回过头来浇筑第二层时，第一层的混凝土还未初凝。施工时要分层振捣密实，并须保证上下层之间的混凝土在初凝之前结合，不致形成施工缝。该方法适用于平面尺寸不大的结构，如图 4-5（a）所示。

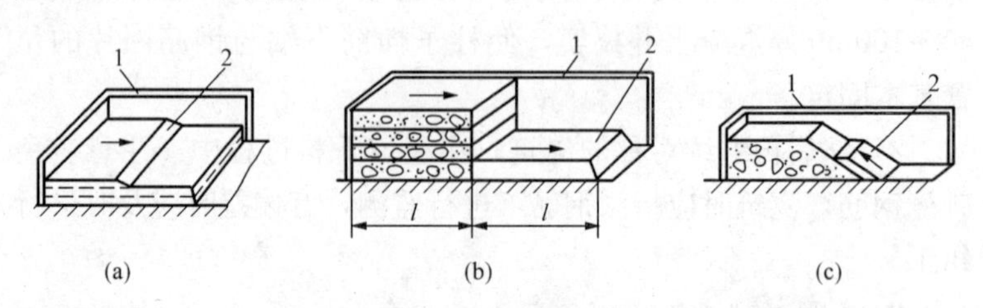

图 4-5　大体积混凝土的浇筑方案

（a）全面分层；（b）分段分层；（c）斜面分层

1—模板；2—新浇筑的混凝土

（2）分段分层。该方法适用于厚度不大，但面积和长度较大的结构。混凝土从底层开始浇筑，进行至一定距离后再回过头来浇筑底层混凝土，如图 4-5（b）所示。

（3）斜面分层。该方法适用于结构的长度超过厚度三倍的基础。浇筑仍从基础的下部开始，然后逐渐斜面分层上移，如图

4-5（c）所示。

（二）框架柱、梁、板等的浇筑

（1）多层框架混凝土的浇筑，应按结构层次和结构平面分层分段流水作业。一般水平方向以伸缩缝或后浇带分段，垂直方向以结构层次分层，每层中应先浇筑柱子，后浇筑梁板。

（2）柱子混凝土的浇筑宜在梁、板的模板安装完毕，钢筋未绑扎之前进行，这样可利用梁、板的模板稳定柱模，并利用其作为浇筑柱混凝土的操作平台。

1）浇筑一排柱子的顺序，应从两端同时开始向中间推进，不可从一端推向另一端，以免因浇筑混凝土后吸水膨胀而产生横向推力，累积到最后使柱子发生弯曲变形。

2）柱子应沿高度方向一次浇筑完毕。当柱高不超过 3m 时，可直接从柱顶向下浇筑，若超过 3m，则应采用串筒下料，或在柱的侧面开设门子洞作为浇筑口，分段进行浇筑，每段浇筑高度不得超过 2m，如图 4-6 所示。

（3）浇筑每层柱子时，为避免柱脚产生蜂窝、吊脚、烂根等现象，应在其底部先铺设一层 50～100mm 厚减半石子的混凝土或 50～100mm 厚水泥砂浆作交接浆。

（4）在浇筑剪力墙、薄墙、深梁等狭窄结构时，为避免结构上部由于大量泌水而造成混凝土强度降低，在浇筑至一定高度后，应将混凝土的水胶比做适当的调整。

（5）肋形楼（屋）盖的梁和板应同时浇筑。先将梁的混凝土分层浇筑成阶梯形向前推进，当起始点的混凝土达到板底位置时，即与板的混凝土一起浇筑，随着阶梯的不断推进，板的浇筑也不断向前推进。倾倒混凝土的方向应与浇灌方向相反，不得顺倾倒方向浇筑，当梁的高度大于 1.0m 时，可将梁单独浇筑至距板底以下 20～30mm 处留施工缝。

（6）当浇筑柱、梁及主次梁交接处的混凝土时，由于该处钢筋较为密集而应加强振捣，以防石子被钢筋卡住，必要时该处还改用同强度等级的细石混凝土浇筑，与此同时，振动棒头可改用片式，并辅以人工捣固。

（7）当柱（墙）与梁板或柱与基础的混凝土同时浇筑时，应在柱（墙）或基础浇筑完毕后，停歇 1.5h，使混凝土初步沉实，然后再继续浇筑，以防止接缝处出现裂缝，柱脚出现烂根现象。

（8）浇筑无梁楼盖时，在距离柱帽下 50mm 处暂停，然后分层浇筑柱帽，下料应对准柱帽中心，待混凝土接近楼板底面时，再连同楼板一起浇筑。大面积楼板浇筑可分条分段由一端向另一端进行。

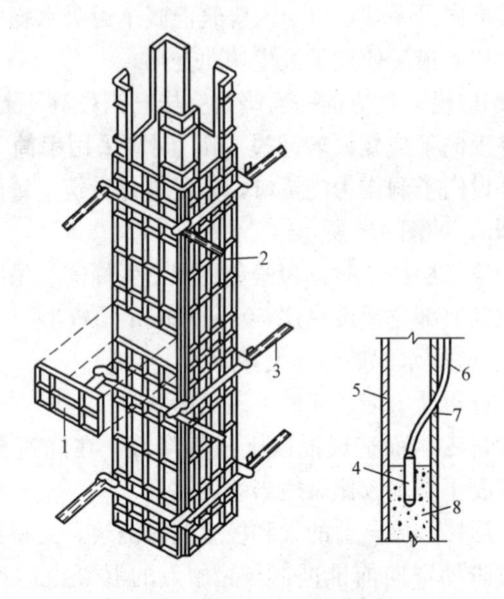

图 4-6　柱模、门子洞施工

1—浇筑孔盖板；2—平面钢模板；3—柱箍；4—振动棒；5—模板；6—软轴；7—门子洞；8—混凝土

（9）在混凝土浇筑过程中，要保证钢筋的保护层厚度和位置的正确性，不得踩踏钢筋、移动预埋件和预留孔洞位置，若发现偏差，则应及时校正。要重视竖向结构钢筋的保护层以及板、阳台、雨篷等结构负弯矩钢筋的位置。

(10) 当浇筑柱混凝土强度等级比梁的混凝土强度等级高，浇筑至梁柱节点时，应先浇筑柱的混凝土，并延伸至梁中形成一斜面，然后再浇筑梁的混凝土，如图 4-7 所示。

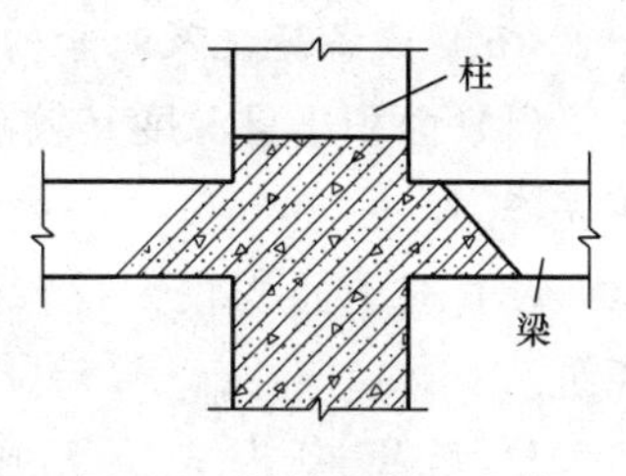

图 4-7 梁柱混凝土浇筑

(三) 剪力墙浇筑

(1) 开始浇筑前，先在剪力墙根部浇筑 50～100mm 厚的与混凝土强度等级和成分相同的水泥砂浆，再分层浇筑混凝土，每层浇筑厚度宜为 500mm。

(2) 浇筑过程中，不得随意挪动钢筋，要经常加强检查钢筋保护层的厚度和所有预埋件的牢固程度，以及位置的准确性。

(3) 门、窗洞口等部位，应由洞口的两侧同时下料，高差不能太大，以防止洞口模板变形。应先浇筑窗台下部混凝土，后浇筑窗间墙混凝土，以防止窗台下部出现蜂窝或孔洞。

(四) 拱、壳结构混凝土的浇筑

(1) 在浇筑混凝土时，应以拱、壳结构的外形构造和施工特点为基础，并特别注意施工荷载的对称性和施工作业的连续性。

(2) 浇筑壳的混凝土时，应严加控制壳的厚度，具体措施如下：

1) 当模板的最大坡度大于 300～400 时，应支设双层模板。

2) 当壳体不同位置的厚度不同时，应在相应位置设置与壳体相同强度等级、相同厚度的混凝土立方体块，固定在模板上，沿着壳体的纵、横两个方向摆成间距为 1～2m 的控制网，以保证壳体混凝土的设计厚度。

3) 在选择混凝土坍落度时，应按机械振捣条件进行试验，以保证混凝土浇筑时，在模板上不致有坍流现象。

4) 用扁钢和螺栓制成弧度控制尺，用螺栓调节控制净高度，以控制混凝土各部位浇筑厚度。

（五）设备地坑及池子的浇筑

（1）面积小且深度又较浅的地坑，可将底板和池壁一次性浇筑完毕。

（2）对于面积较大且较深的地坑，一般将底板和坑壁分别浇筑。

1）坑壁模板先支到施工缝处（距离坑底板面 300～500mm），或外模一次性支到顶，内模支到施工缝处。

2）待施工缝以下的坑壁和底板混凝土浇筑完毕后，再支设施工缝以上的坑壁模板，接缝处可做成企口缝或埋置 2mm 厚钢板止水片。

3）当浇筑高度超过 3m 时，在内模的适当高度留设浇筑口，或将内模分层支设，混凝土分层浇筑。

（3）坑底板混凝土的浇筑顺序有两种：一种是在坑底沿长边方向从一端向另一端推进浇筑；另一种是由两端向中间进行浇筑。坑壁混凝土应成环形回路分层浇筑，根据坑壁的长度采用单向循环或双向循环浇筑。

（4）池子混凝土的浇筑和地坑基本相同，但应特别注意的是，池壁预埋套管四周的混凝土必须振捣密实。

（六）施工现场预制构件的浇筑

（1）浇筑前，应检查模板尺寸是否准确，支撑是否牢固。

（2）检查钢筋骨架有无歪斜、扭曲、绑扎（点焊）松脱等现象。

（3）检查预埋件和预留孔洞的数量、规格、位置是否符合设计图样要求，保护层垫块是否适当等。

（4）认真做好隐蔽验收记录，清除模板内的垃圾和杂物等。

（5）浇筑时，先将运来的混凝土倒在拌和板上，再用铁铲铲入模内，或在构件上部搭设临时脚手架平台，用手推车通过串筒或溜槽下料。

(6) 混凝土在开始搅拌后，应尽快浇筑完毕，使混凝土保持一定的和易性，以免操作困难。在浇筑过程中，注意保持钢筋、预埋件、预留孔道等位置的准确，根据构件的厚度一次或分层连续施工，不允许留置施工缝。

(7) 对于预制构件各节点处、锚固钢板与混凝土之间，以及柱牛腿部位钢筋密集处，应慢浇、轻振、多捣，可用带刀片的振动棒进行捣实。

(8) 柱、梁、板类构件，一般采用赶浆法浇筑，由一端向另一端进行浇筑；较大构件，也可由中间向两端浇筑或由两端向中间浇筑；对预制桩类构件，应由桩尖向桩头方向浇筑；对厚度大于400mm的构件，应分层进行浇筑，上下两层浇筑距离约为3～4m，用插入式振动器仔细捣实，振动器不能达到的部位，辅以人工捣实。

(9) 每根构件应一次浇筑，不得留置施工缝。采用重叠法浇筑构件时，在底层构件浇筑完毕，其表面抹平后，并待混凝土强度等级达到30%以上时，再铺设隔离层、支模、浇筑上层构件混凝土，重叠高度一般不超过3～4层。

(10) 屋架混凝土浇筑一般由两个班组同时进行，分别浇筑上弦和下弦，由一端向另一端进行，对腹杆浇筑则应共同分担一半，若腹杆为预制，可由一端向另一端进行，或由两端开始向中间进行，也可由上弦顶点开始至下弦，每榀屋架应一次性浇筑完毕。

三、混凝土浇筑时施工缝的留设与处理

(一) 施工缝留设要求

(1) 柱子施工缝。柱子施工缝一般应留置在基础顶面水平面上，也可留置在梁和吊车梁牛腿的下面或吊车梁的上面，还可留置在无梁楼盖柱帽的下面。若梁的负钢筋弯入柱内，施工缝则可留在这些钢筋的下端，如图4-8所示。

(2) 与板连成整体的大截面梁的施工缝，应留置在板底面以

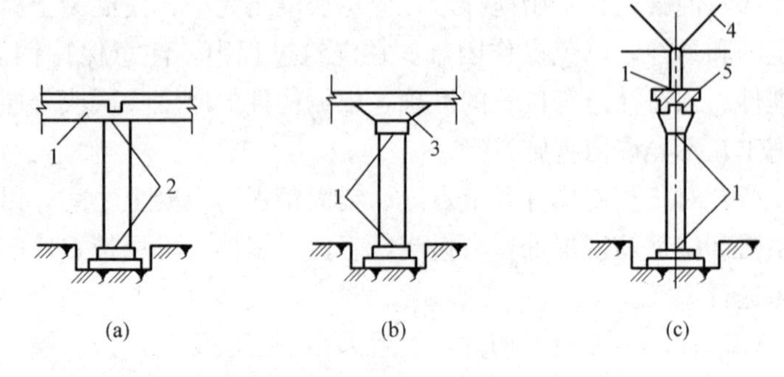

图 4-8 柱子施工缝的位置

(a) 肋形楼板柱；(b) 无梁楼板柱；(c) 吊车梁柱

1—梁；2—施工缝；3—柱帽；4—屋架；5—吊车梁

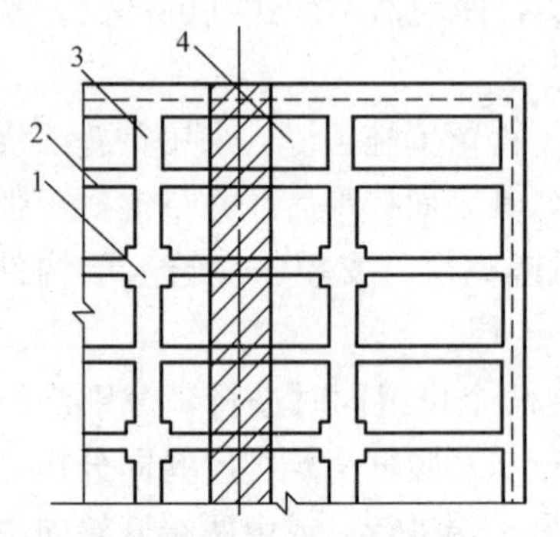

图 4-9 肋梁楼盖梁板的施工缝位置

1—柱；2—次梁；3—主梁；4—板

下 20～30mm 处；当板下有梁托时，留置在梁托的下部。单向板的施工缝可留置在平行于短边的任何位置，但为方便施工缝的处理，一般留置在跨中 1/3 跨度范围内，如图 4-9 所示。

(3) 墙的施工缝应留置在门洞口过梁跨中 1/3 范围内，也可留置在纵横墙的交接处。

(4) 圈梁施工缝应留置在非砖墙交接处，墙角、墙垛及门窗洞范围内。

(5) 若上一层混凝土楼面未浇筑，则楼梯施工缝可留置在梯段跨中 1/3 跨度范围内无负弯矩钢筋的部位，如图 4-10 所示。若上、下两层楼面混凝土已浇筑完毕，则不可留置施工缝。

(6) 双向肋形楼板、厚大结构、拱、穹拱、薄壳、蓄水池、斗仓、多层框架以及其他复杂结构的工程，施工缝的位置应按设

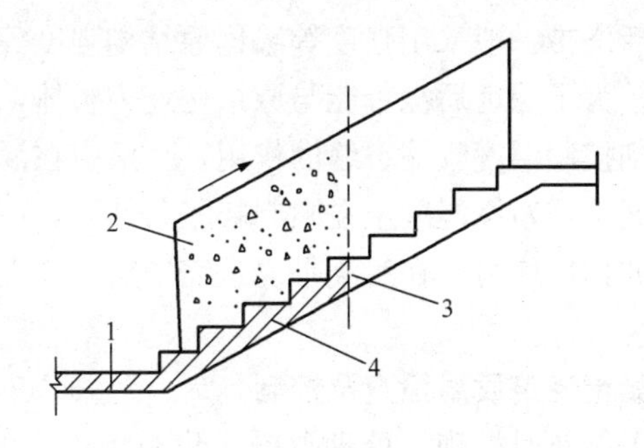

图 4-10 楼梯的施工缝位置

1—平台；2—栏板；3—施工缝；4—踏步

计要求留置。

(7) 承受动力作用的大型设备基础以及地下设施，为保证其整体性，一般要求整体浇筑，若必须间歇要留置施工缝，应征得设计单位的同意。

(二) 施工缝的浇筑

(1) 在施工缝处继续浇筑混凝土时，已浇筑混凝土的抗压强度不应小于 1.2MPa。

(2) 在施工缝处继续浇筑混凝土前，将施工缝表面混凝土凿毛，并清除表面的水泥浆薄膜（约 1mm）、松动石子以及软弱混凝土层，再充分浇水湿润至少 24h，不得有积水；施工缝附近的钢筋应校正，钢筋上的油污及浮浆应清除干净；对设备基础的地脚螺栓进行观测校正。

(3) 在施工缝处继续浇筑混凝土时，先在施工缝处铺设一层与混凝土强度等级相同的水泥砂浆，厚度为 10～15mm，或先铺设一层半石子的混凝土（施工配合比将石子用量减半的混凝土），再继续浇筑混凝土，仔细捣实，以保证新旧混凝土能够紧密结合。

(4) 后浇带宜做成平直缝或阶梯缝，钢筋不得切断，后浇带的保留时间应根据设计而定，若设计无要求，一般至少保留 6 个星期以上。后浇带一般采用强度等级比原结构强度等级高一级的混凝土浇筑。为了保证后浇带能与原结构连为整体，并且能对已浇混凝土起到控制温度收缩裂缝的作用，一般应在混凝土内掺入适量的膨胀剂，使新浇混凝土在限制膨胀条件下，可在结构内产生一定数量的预压应力。在后浇带浇筑完毕后，应立即覆盖，养护 14 天以上。

四、混凝土浇筑质量检查及控制

（1）为了能及时发现、处理混凝土浇筑施工中的质量事故，应派专人对混凝土浇筑过程进行跟踪检查和监控，若发现有不按标准要求施工的情况，应立即制止或改正。遇到下列情况之一时应立即向有关部门、人员报告，并及时处理：

1）混凝土料供应不上或运输设备发生故障，时间过长，造成混凝土大面积初凝，难以恢复浇筑。

2）混凝土浇筑仓面出现下错料、浇筑超温等现象。

3）现场出现模板走样、钢筋变形，预埋件损坏等现象。

4）现场出现振捣设备故障，振捣能力跟不上等现象。

（2）每一工程部位的混凝土浇筑过程，必须有专人详细记录，记录内容如下：

1）建筑物各构件及块体的浇筑手段、顺序、方法，浇筑起止时间，施工期间发生的质量事故及处理结果，养护及表面保护时间、方式，模板和钢筋及各种预埋件情况。

2）每一浇筑部位的高程、桩号和混凝土数量、混凝土所用原材料的品种、质量、混凝土强度等级和混凝土配合比。

3）浇筑地点的气温、各种原材料的温度、混凝土浇筑温度、重要部位混凝土入模温度。

4）混凝土裂缝的部位、长度、宽度、深度、发现日期及发展情况、处理方法及材料。

5）混凝土试件的试验结果及其分析。

6）施工监测仪器的埋设部位、埋设日期及观测数据。

第四节 混凝土振捣施工

（1）每一振点的振捣延续时间，应以混凝土表面呈现浮浆和不再沉落为宜。

（2）当采用插入式振动器时，捣实普通混凝土的移动间距，不宜大于振动器作用半径的 1.5 倍，如图 4-11 所示。捣实轻集料混凝土的移动间距，不宜大于其作用半径；振动器与模板的距离，不应小于其作用半径的 0.5 倍，应避免碰撞钢筋、模板、预埋件等；振动器插入下层混凝土内的深度应不小于 50mm。一般每点振捣时间为 20～30s，使用高频振动器时，最短时间不应少于 10s，应以混凝土表面成水平不再显著下沉，不再出现气泡，表面泛出灰浆为准。振动器插点应均匀排列，可采用“行列式”或“交错式”（见图 4-12）的次序移动，不应混用，以免造成混乱而发生漏振。

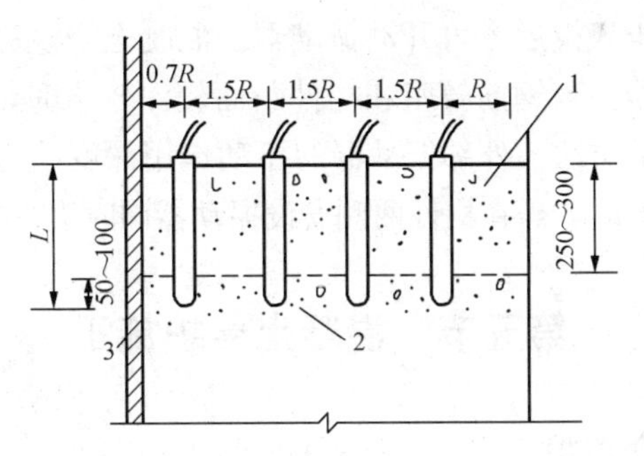

图 4-11 插入式振动器的插入深度

1—新浇筑的混凝土；2—下层已振捣但尚未初凝的混凝土

（3）采用表面振动器时，在每一位置上应连续振动一定时间，正常情况下为 25～40s，以混凝土面均匀出现浆液为准，移动时应成排依次振动前进，前后位置和排与排之间相互搭接应有 30～50mm，防止漏振。振动倾斜混凝土表面时，应从低处逐渐向高处

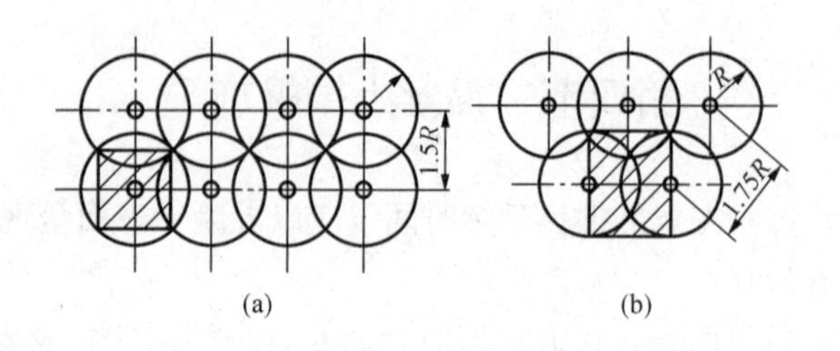

图 4-12 振捣点的布置
(a) 行列式；(b) 交错式
R—振动棒的有效作用半径

移动，以保证混凝土振实。表面振动器的有效作用深度，在无筋及单筋平板中为 200mm，在双筋平板中约为 120mm。

(4) 采用外部振动器时，振动时间和有效作用由结构形状、模板坚固程度、混凝土坍落度及振动器功率大小等各项因素而定。一般每隔 1～1.5m 的距离设置一个振动器。当混凝土成一水平面并不再出现气泡时，可停止振动。必要时可通过试验确定振动时间，待混凝土入模后方可开动振动器。混凝土浇筑高度要高于振动器安装部位。当钢筋较密和构件断面较深较窄时，也可采用边浇筑边振动的方法。外部振动器的振动作用深度约为 250mm，如构件尺寸较厚时，需在构件两侧安设振动器同时进行振捣。

第五节 混凝土养护施工

一、覆盖养护

(1) 覆盖材料可采用麻袋、草垫、锯末和砂等。

(2) 对于竖向构件如墙、柱等，宜用麻袋、草帘等做成帘式覆盖物，贴挂在墙、柱面上，并浇水保持湿润。

(3) 在一般气候条件下 (气温约为 15℃)，浇水次数在浇筑后的最初 3 天里，白天应每隔 2h 浇水一次，夜间至少浇水两次。在以后的期间内，每昼夜应至少浇水四次，在干燥的气候条件下浇水次数要适当增加，以确保覆盖物能够经常保持湿润状态为准。

(4) 混凝土的养护用水应与拌制混凝土所用的水相同。

(5) 当日平均气温低于5℃时，不得浇水养护。

(6) 对较大面积的混凝土，如地坪、楼（屋）面、公路等，可在混凝土达到一定强度后（一般经24h后），遇水不再脱皮离析时，在其四周筑起临时小堤，进行蓄水养护，蓄水深度维持在40～60mm，蒸发后应及时补充。对于池、坑结构，可在内模拆除后进行灌水养护。

(7) 覆盖养护开始时间，对于普通混凝土，应在混凝土浇筑完毕后12h内（炎热夏季可适当缩减）；对于干硬性混凝土，应在混凝土浇筑后1～2h内，即进行覆盖养护。

(8) 混凝土浇水养护时间，对于采用硅酸盐水泥、普通硅酸盐水泥或矿渣硅酸盐水泥拌制的混凝土，浇水时间不得少于7天；对于火山灰水泥、粉煤灰水泥拌制的混凝土及对掺用缓凝剂和有抗渗要求的混凝土，浇水养护时间不得少于14天。

二、蒸汽养护

蒸汽养护一般是在构件预制厂的养护窑内铺设蒸汽管道，然后放置预制构件，也可在现场结构构件周围采用临时围护，上盖护罩或简易的帆布、油布等。再接通低压饱和蒸汽，使混凝土在较高湿度和高温度条件下迅速硬化，达到设计要求的强度，以缩短养护时间或预制构件设备的周转，提高生产效率。

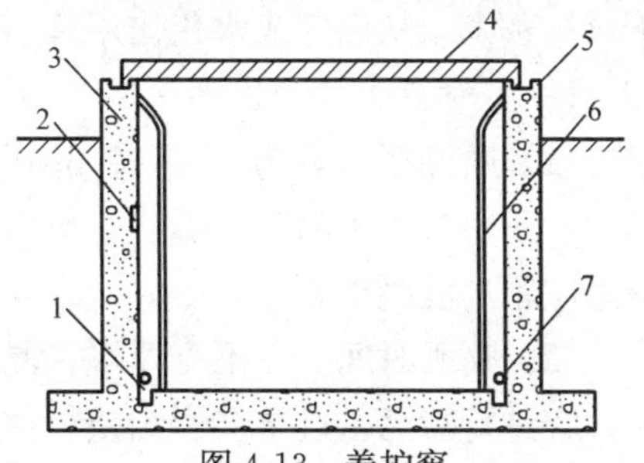

图4-13 养护窑
1—排水沟；2—测温计；3—坑壁；4—池盖；5—水封；6—池区；7—蒸汽管

蒸汽养护在寒冷地区可做到常年生产与施工，如图4-13所示。

蒸汽养护过程通常分

四个阶段进行，具体如下：

（1）静停阶段。是指构件浇筑完毕至升温前在室温下放置一段时间，以增加混凝土对升温时破坏作用的抵抗能力，一般需要2～6h，干硬性混凝土为1h。

（2）升温阶段。是指混凝土由原始温度上升至恒温阶段。若温度急速上升，则会使混凝土表面因体积膨胀过快而产生裂缝。必须控制升温速度，一般为10～25℃/h，干硬性混凝土为35～40℃/h。升温时间一般需要约2～3h。

（3）恒温阶段。该阶段是混凝土强度增长最快的阶段。温度随水泥品种的不同而异，普通水泥的恒温温度不得超过80℃；矿渣水泥、火山灰水泥为90～95℃，并保持90%～100%的相对湿度，恒温时间为5～8h。

（4）降温阶段。在降温阶段，若降温过快，则混凝土表面会产生裂缝。因此，降温速度应加以控制。一般情况下，构件厚度在100mm左右时，降温速度控制应不大于30℃/h，降温时间为2～3h。

三、喷膜养护法

喷膜养护是指在混凝土表面喷洒1～2层塑料薄膜。是将塑料溶液喷洒在混凝土表面上，待溶剂挥发后，塑料与混凝土表面形成一层薄膜，使混凝土表面与空气隔绝，封闭混凝土中的水分不再被蒸发，从而完成水化作用。

（一）喷膜养护操作要点

（1）喷洒压力宜为0.2～0.3MPa，喷出来的塑料溶液宜为雾状。压力过小不易形成雾状，压力过大会破坏混凝土表面，喷洒时应距离混凝土表面50cm。

（2）喷洒时间。在不见浮水，混凝土表面以手指轻按无指印时，宜进行喷洒。过早会影响塑料薄膜与混凝土表面结合，过迟则会影响混凝土强度。

（3）喷洒厚度。以溶液的耗用量衡量，通常以每1m^{2}耗用养护剂 2.5kg 为宜，喷洒厚度应均匀一致。

(4) 一般需喷洒两遍，待第一遍成膜后再喷第二遍。喷洒时要有规律，固定一个方向，前后两遍的走向应互相垂直。

(5) 为达到养护目的，必须确保薄膜的完整性，不得有损坏破裂，不得在薄膜上行走、拖拉工具，若发现损坏则应及时补喷。当气温较低时，还应设法保温。

(二) 喷膜养护适用范围

喷膜养护方法的特点使它适用于表面积大的混凝土施工或异常缺水的地区。

四、干热养护法

干热养护是近几年发展起来的一种混凝土养护方法，它利用太阳能、远红外线等方法，并依据混凝土本身所含的水分及外加热源，达到养护的目的。

干热养护法有远红外线养护和太阳能养护。

(一) 远红外线养护

远红外线养护是在散热器表面涂刷远红外线辐射材料，涂料分子受热后，便向四周发射电磁波，电磁波被混凝土吸收，成为分子运动动能，引起混凝土内部的分子振荡而使混凝土的温度能内外同步升高，从而达到养护的目的。

远红外线养护的热源有电、煤气、液化气以及蒸汽等。

混凝土在远红外线养护过程中，由于内部有游离水存在，水对红外线有较宽的吸收带，混凝土在 60～1000℃时，对红外线的吸收率约为 90%。

用远红外线养护混凝土，可使混凝土内部温度匀速升高，并取得养护时间短、强度高、节约能源等效果。

(二) 太阳能养护

太阳能养护是用塑料薄膜作为覆盖物，四周用砖石等物压紧，使其不漏风即可，也可用塑料罩罩住构件，混凝土在薄膜内靠本身的水分和透过薄膜集取的太阳热量，使混凝土发生水化作用。

利用太阳能养护，成本低、操作简单、质量好、强度均匀，相对其他养护有一定的优越性。

五、内养护法

内养护法是一种不需进行外部养护，也无需向混凝土额外加水的养护方法。

采用该方法时，在搅拌过程中，加入水溶性化学用品，以降低混凝土硬化过程中的水分蒸发和底层混凝土的水分损失。加入的外加剂由水溶性聚合物组成，含有羟基和醚功能基团，可提高混凝土的保水性，改变混凝土凝胶形态，降低混凝土的吸收性，从而增加水化程度。氢结合键出现在这些功能基团之间，可降低水的蒸发压力，减少水分的蒸发。

内养护法既能十分有效地防止混凝土的收缩和干裂，又能促进混凝土的合理水化。目前多个国家在进行此方法的研究。

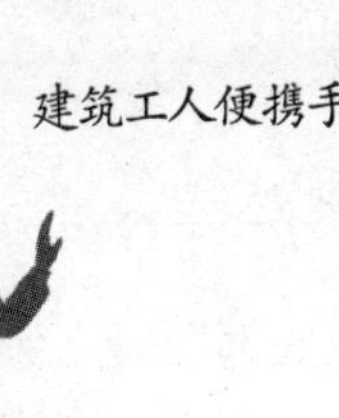

第五章

混凝土工程施工

第一节 普通结构混凝土工程施工

一、混凝土基础施工

（一）独立基础的浇筑

常见的独立基础有桩基承台、柱基础和小型设备基础等。按形状可分为台阶式基础和杯形基础，二者浇筑工艺基本相同。

独立基础浇筑的操作工艺顺序如下：浇筑前的准备工作→混凝土的灌筑→振捣→基础表面的修整→混凝土的养护→模板的拆除。

1. 浇筑前的准备工作

（1）浇筑前，必须对模板安装的几何尺寸、标高及轴线位置进行检查，是否与设计相一致。

（2）检查模板及支撑的牢固程度，严禁边加固边浇筑。检查模板拼接的缝隙是否漏浆。

（3）基础底部钢筋网片下的保护层垫块应铺垫正确，对于有垫层的钢筋，其保护层厚度为 35mm，无垫层的保护层厚度为 70mm。

（4）清除模板内的木屑、泥土等杂物，混凝土垫层表面需清洗干净，不留积水。木模板应浇水充分湿润。

（5）基础周围应做好排水准备工作，防止施工水、雨水流入基坑或冲刷新浇筑的混凝土。

2. 操作技巧

（1）对只配置钢筋网片的基础，可先浇筑保护层厚度的混凝土，再铺钢筋网片。这样可保证底部混凝土保护层的厚度，防止地下水腐蚀钢筋网，提高耐久性。在钢筋网铺设完毕的同时，应立即浇筑上层混凝土，加强振捣，保证上下层混凝土紧密结合。

（2）当基础钢筋网片或柱钢筋相连时，应采用拉杆固定性的钢筋，避免其产生位移和倾斜，保证柱筋的保护层厚度。

（3）浇筑顺序。先浇钢筋网片底部，再浇边角；每层厚度视振捣工具而定。同时应注意各种预埋件和杯形基础或设备基础预埋螺栓模板底的标高，便于安装模板或预埋件。

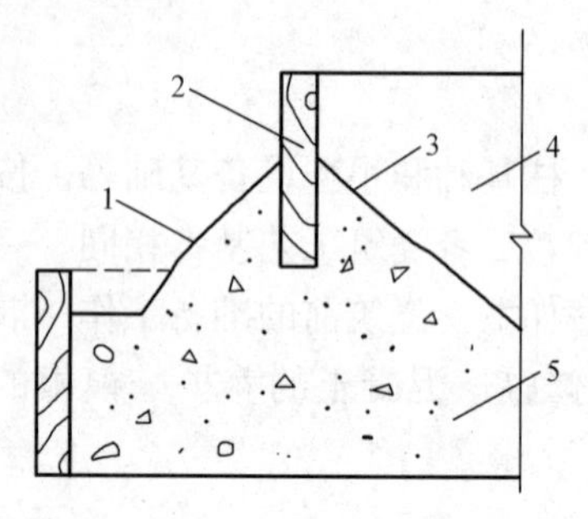

图 5-1　台阶式基础浇筑方法
1—外坡；2—模板；3—内坡；
4—后浇混凝土；5—已浇混凝土

（4）继续浇筑时应先浇筑模板或预埋件周边的混凝土，使它们定位后再浇筑其他。

（5）若为台阶式基础，则浇筑时应注意阴角位的饱满，如图 5-1 所示，先在分级模板两侧将混凝土浇筑成坡状，再振捣至平正。

（6）若为杯形基础或有预埋螺栓模板的设备基础，为防止杯底或螺栓模板底出现空鼓，可在杯底或螺栓模板预钻出排气孔，如图 5-2 所示。

（7）预留模板安装固定完毕后，布料时，先在模板外对称布

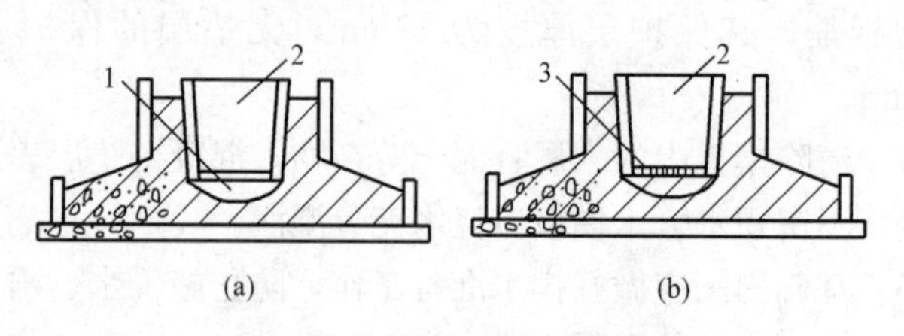

图 5-2　杯形基础的内模装置
(a) 内模无排气孔；(b) 内模有排气孔
1—杯底有空鼓；2—内模；3—排气孔

料。将模板位检查一次，方可继续在其他部位浇筑。为防止预留模板出现位移、挤斜、浮起，振捣时应小心操作，避免过振。

（8）杯口及预留孔模板在初凝后可稍微抽松，仍应保留在原位，避免意外坍落，待达到拆模强度时，方可全部拆除。

（9）整个布料和捣固过程，应防止离析。

3. 混凝土的灌注

（1）深度小于2m的基坑，在基坑上铺脚手板并放置薄钢板拌盘，将运输来的混凝土料先卸在拌盘上，用铁锹采用“带浆法”向模板内灌注，当灌注至基础表面时则应反锹下料。

（2）深度大于2m的基坑，从边角开始采用串筒或溜槽向中间灌注混凝土，按基础台阶分层灌注，分层厚度为25～30cm。每层混凝土应一次卸足，振捣完毕后，再进行第二层混凝土的灌注。

4. 混凝土的振捣

（1）基础的振捣应采用插入式振捣器以行列式进行插点振捣。每个插点振捣时间控制在20～30s，以混凝土表面泛浆、无气泡为准。边角等不易振捣密实处，可用插扦配合捣实。

（2）对于锥式杯形基础，浇筑至斜坡处时，一般在混凝土平下阶模板上口后，再继续浇捣上一台阶混凝土；以下阶模板的上口和上阶模板的下口为准，用大铲收成斜坡状，不足部分可随时补加混凝土并拍实、抹平，使之符合设计要求。

（3）浇筑台阶式杯形基础时，应防止在台阶交角处发生吊脚（上层台阶与下层台阶混凝土脱空）现象。

5. 基础表面的修整

（1）浇筑完毕后，要对混凝土表面进行铲填、拍平等修整工作，使之符合设计要求。

（2）铲填工作由低处向高处进行，铲岛填低。对于低洼和不足模板尺寸部分应补加混凝土填平、拍实，斜坡坡面不平处应加以修整。

（3）基础表面压光时随拍随抹，局部砂浆不足时应补浆收光。斜坡面收光，应由高处向低处进行。

（4）混凝土在初凝后至终凝前，及时清理、铲除、修整杯芯模板内多余的混凝土。

（5）杯形基础模板拆除后，对其外观出现的蜂窝、麻面孔洞和露筋等缺陷，应根据其修补方案及时进行修补。

（二）条形基础的浇筑

条形基础一般为墙壁等围护结构的基础，四周连通或与内部横墙相连，通常利用地槽土壁作为两侧模板。条形基础的混凝土，分为支模浇筑和原槽浇筑两种施工方法，通常以原槽浇筑为多见。对于土质较差，不支模难以满足基础外形和尺寸的情况，应采用支模浇筑。

条形基础操作工艺顺序：浇筑前的准备工作→混凝土的浇筑→混凝土的振捣→基础表面的修整→混凝土的养护。

1. 浇筑前的准备工作

（1）浇筑前，经测设并在两侧土壁上交错打入水平桩，桩面高度为基础顶面设计标高。水平桩长约10cm，间距约为3m、水平桩外露2～3cm。若采用支模浇筑，其浇筑高度则以模板上口高度或高度线为准。

（2）清理干净基底表面的浮土、木屑等杂物。对于无垫层的基底表面应修整铲平；对于有垫层的，应用清水清扫干净并排除积水；干燥的非黏性地基土应适量洒水润湿。

（3）有钢筋网片的，应绑扎牢固、保证间距，按规定加垫好混凝土保护层垫块。

（4）模板缝隙，应用泥袋纸堵塞。模板支撑应合理、牢固，并满足浇筑要求。木模板在浇筑前应浇水润湿。

（5）做好通道、拌料铁盘的设置、施工水的排除等其他准备工作。

2. 混凝土的灌注

（1）从基槽最远一端开始浇筑，逐渐缩短混凝土的运输距离。

（2）条形基础灌注时，按基础高度分段、分层连续浇筑，每段浇灌长度宜控制在3m左右。第一层灌注并集中振捣后再进行第二层的灌注和振捣。

（3）基槽深度小于2m且混凝土工程量不大的条形基础，应将混凝土卸在拌盘上，用铁锹集中投料。混凝土工程量较大，且施工场地通道条件不太好时，可在基槽上铺设通道桥板，用手推车直接向基槽投料。

（4）基槽深度大于2m时，为防止混凝土离析，必须用溜槽下料。投料时均采用先边角、后中间的方法，以保证混凝土的浇筑质量。

3. 混凝土的振捣

条形基础的振捣宜选用插入式振捣器并以交错式布置插点。控制好每个插点的振捣时间，一般以混凝土表面泛浆、无气泡为准并遵守快插慢拔的操作要领。同时应注意分段、分层结合处、基础四角及纵横基础交接处的振捣，以保证混凝土的密实。

4. 基础表面的修整

混凝土分段浇筑完毕后，应立即用大铲或铁铲背将混凝土表面拍平、压实，或反复搓平，坑凹处用混凝土补平。

二、混凝土柱、墙板施工

（一）混凝土柱的浇筑

1. 混凝土浇筑

（1）先在底部铺设与构件混凝土同强度、同品质的50～100mm厚的水泥砂浆层。

（2）为了避免用泵送或料斗投送或人工布料时的混乱，每个工作点仅能由一人专职布料。

（3）当泵送或吊斗布料的出口尺寸较大，柱的短边长度较小时，为避免拌合物散落在模外或冲击模具变形，不得直接布料入模，可在柱上口旁设置布料平台，先将拌合物卸在平台的拌板上，再用人工布料。

（4）若有条件直接由布料杆或吊斗卸料入模时，应注意两点：一是拌和物不可直接冲击模型，避免模型变形；二是卸料时不可集中一点，避免造成离析，应采用移动式布料，如图 5-3 所示。

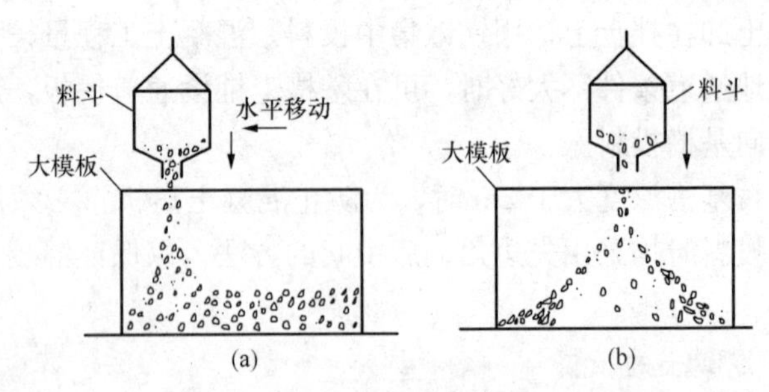

图 5-3　料斗移动对混凝土浇筑质量的影响

（a）正确，料斗沿大模板移动混凝土均匀；

（b）错误，固定一点浇筑混凝土，产生离析

（5）需要说明的是，插入式振捣器/振动棒长度一般约为 300mm，但其实际工作的作用部分不超过 250mm；另外，为了保护振捣棒与软轴接合处的耐用性，在使用时插入混凝土的长度不应超过振捣棒长度的 3/4。对于用软轴式振捣器的混凝土，其浇灌厚度每层可定为 300mm。

（6）捣固工作由两人负责，一人用振捣器或用手工工具对中心部位进行捣固，另一人用刀式插棒（见图 5-4）对构件外周进行捣固，以保证周边的饱满平正。

（7）使用软轴式振捣器宜选用软轴较长的。操作时，待振捣棒就位后方可通电，避免振捣棒打乱钢筋或预埋件。

（8）振捣棒宜由上口垂直伸入，易于控制。

(9) 在浇筑大截面柱时，若模板安装较为牢固，则可在模板外悬挂轻型外部振捣器振捣。

(10) 浇筑竖向构件时，在模板外面应指派专人观察模板的稳定性，也可用木锤轻轻敲打模板，使外表砂浆饱满。

(11) 竖向构件混凝土浇筑成型后，粗集料下沉，有浮浆缓慢上浮，在柱、墙上表面将出现浮浆层，待其静停 2h 后，应派人将浮浆清出，方可继续浇筑新混凝土。

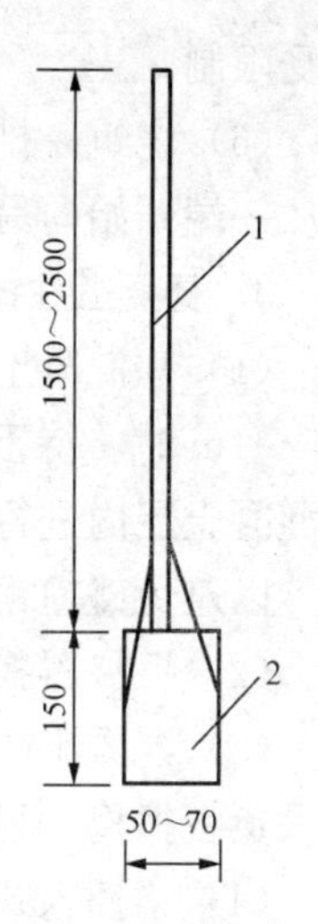

图 5-4 刀式插棒
1—ϕ16 空心钢管；
2—δ=1.5～2.5mm 薄钢板

2. 混凝土的灌注

(1) 柱高不大于 3m，柱断面大于 40cm×40cm 且又无交叉箍筋时，混凝土可自柱模顶部直接倒入。当柱高大于 3m 时，必须分段灌注，每段的灌注高度不大于 3m。

(2) 柱断面在 40cm×40cm 以内或有交叉箍筋的分段灌注混凝土，每段的高度不大于 2m。若柱箍筋妨碍斜溜槽的装置，则可将箍筋一端解开向上提起，混凝土浇筑后，门子板封闭前将箍筋重新按原位置绑扎，并将门子板封上，用柱箍箍紧。使用斜溜槽下料时，可将其轻轻晃动，加快下料速度。分层浇筑时切忌一次投料过多，以免影响浇筑质量。

(3) 柱混凝土灌注前，柱基表面应先填有 5～10cm 厚与混凝土内砂浆成分相同的水泥砂浆，然后再灌注混凝土。

(4) 在灌注断面尺寸狭小且混凝土柱又较高时，为防止混凝土灌至一定高度后，柱内聚积大量浆水而可能造成混凝土强度不均的现象。在灌注至一定高度后，应适量减少混凝土配合比的用水量。

(5) 采用竖向串筒、溜管导送混凝土时，柱子的灌注高度可不受限制。

（6）浇筑一排柱子的顺序应由两端同时开始向中间推进，不可从一端开始向另一端推进。

3. 混凝土柱的振捣

（1）柱混凝土多采用插入式振捣器。当振捣器的软轴比柱长0.5～1m时，待下料达到分层厚度后，即可将振捣器从柱顶伸入混凝土层内进行振捣。注意插入深度，振捣器软轴不要振动过大，以避免碰撞钢筋。

（2）振捣器找好振捣位置后，方可合闸振捣。

（3）混凝土的浇捣，需三至四人协同操作，两人负责卸料，一人负责振捣，另一人负责开关振捣器。

（4）当插入式振捣器的软轴短于柱高时，则应从柱模板侧面的门洞将振捣器插入。

（5）振捣时，每个插点的振捣时间不宜过长，若振捣时间过长，在分层浇筑时，振捣器的棒头应伸入至下层混凝土内5～10cm，以保证上下层混凝土结合处的密实性。操作时应采用“快插慢拔”的方法，以保证混凝土振捣密实。

（6）当柱断面较小，钢筋较密时，可将柱模一侧全部配成横向模板，由下至上，每浇筑一节模板封闭一节。

4. 柱模板拆除顺序

柱模板的拆除顺序应为后装先拆、先装后拆。拆模时切忌用力过猛过急，以免造成柱边角缺棱掉角，影响混凝土的外观质量。

5. 模板的拆除时间

当混凝土强度能保证其表面及棱角不因拆除模板而受损坏时，方可拆模。

6. 混凝土捣实的观察

用肉眼观察振捣过的混凝土，具有下列情况者，可认为已达到沉实饱满的要求：

（1）模型内混凝土不再下沉。

（2）表面基本形成水平面。

（3）边角无空隙。

（4）表面泛浆。

（5）不再冒出气泡。

（6）模板的拼缝处，在外部可见水迹。

（二）混凝土墙的浇筑

1. 混凝土的灌注

（1）墙体混凝土灌注时应遵循先边角后中部，先外部后内部的顺序，以保证外部墙体的垂直度。

（2）高度在 3m 以内，且截面尺寸较大的外墙与隔墙，可从墙顶向模板内卸料。卸料时须安装料斗缓冲，以防混凝土离析。对于截面尺寸狭小且钢筋较密集的墙体，以及高度大于 3m 的任何截面墙体混凝土的灌注，均应沿墙高度每 2m 开设门子洞、装上斜溜槽卸料。

（3）若泵送或吊斗布料的出口尺寸较大，而墙厚时，不可直接布料入模，避免拌合物散落在模外或冲击模具变形。若在墙体的上口旁设置布料平台，应先将拌合物卸在平台的拌板上，再用人上布料。

（4）灌注截面较狭且深的墙体混凝土时，为避免混凝土浇筑至一定高度后，由于积聚大量的浆水，可能造成混凝土强度不匀的现象，宜在灌至适当高度时，适当减少混凝土用水量。

（5）墙壁上有门、窗及工艺孔洞时，应在其两侧同时对称下料，以确保孔洞位置。

（6）墙模灌注混凝土时，先在模底铺一层厚度 50～80mm 的与混凝土内成分相同的水泥砂浆，再分层灌注混凝土。

2. 混凝土的振捣

（1）对于截面尺寸厚大的混凝土墙，可使用插入式振捣器振捣。而一般钢筋较密集的墙体，可采用附着式振捣器振捣，其振捣深度约为25cm。

（2）墙体混凝土应分层灌注，分层振捣。下层混凝土初凝前，应进行上层混凝土的浇捣，同一层段的混凝土应连续浇筑。

（3）在墙角、墙垛、悬臂构件支座、柱帽等结构节点的钢筋密集处，可采用小口径振动棒或人工捣固，保证密实。

（4）在浇筑较厚墙体时，若模板安装较为牢固，可在模板外悬挂轻型外部振捣器振捣。

（5）使用插入式振捣器，若遇门、窗洞口时，应两侧对称振捣，避免将门、窗洞口挤偏。

（6）对于设计有方形孔洞的墙体，为防止孔洞底模下出现空鼓，通常浇至孔洞底标高后，再安装横板，继续向上浇筑混凝土。

（7）墙体混凝土使用插入式振捣器振捣时，若振捣器软轴较墙高长时，待下料达到分层厚度后，即可将振捣器从墙顶伸入墙内振捣。

若振捣器软轴较墙高短时，应从门子洞伸入墙内振捣。首先找到振捣位置，然后再合闸振捣，以避免振捣器撞击钢筋。使用附着式振捣器振捣时，可分层灌注、分层振捣，也可边灌注、边振捣等。

（8）当顶板与墙体整体现浇时，顶板端部分的墙体混凝土应单独浇捣，以保证墙体的整体性和抗震能力。同一层的剪力墙、筒体墙、与柱连接的墙体，均属一个层段的整体结构，其浇筑方法应与进度同步进行。

（9）竖向构件混凝土浇筑成形后，粗集料下沉，有浮浆缓慢上浮，在墙上表面将出现浮浆层，待其静停2h后，应将浮浆清出，方可继续浇筑新混凝土。

（10）对柱、墙、梁捣插时，宜轻插、密插，捣插点应呈螺旋式均匀分布，由外围向中心先靠拢。边角部位宜多插，上下抽动幅度在100～200mm之间，并应与布料深度同步。截面较大的构件，应由两人或三人同时捣插，也可同时在模板外面轻轻敲打，以免出现蜂窝等缺陷。

三、混凝土梁结构施工

梁是水平构件，主要是受弯结构，浇筑工艺要求较高，其架构形式，如图 5-5 所示。各种荷载先由楼板 1 传递至次梁 2，再传递至主梁 3，再传递至柱 4，是自上而下传递的。混凝土浇筑程序则自下而上，同时要在下部结构浇筑后体积有一定的稳定后方可逐步向上浇筑。

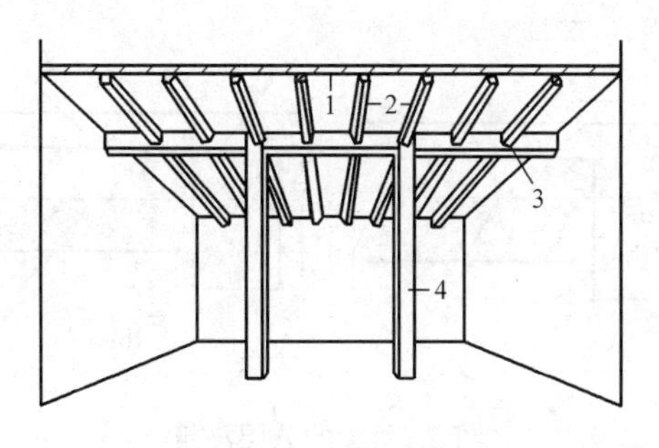

图 5-5　柱、梁、楼板结构组合

1—楼板；2—次梁；3—主梁；4—柱子

安装工作平台后，即可开始工作。工作中严禁踩踏钢筋。

（1）为保证工程的整体性，主梁和次梁应同时浇筑，若有现浇楼板的也应同时浇筑。

（2）为保证钢筋骨架保护层垫块的数量和完好性，应采用留置保护层的做法。禁止采用先布料后提钢筋网的办法。

（3）为避免因卸料或摊平料堆而导致钢筋位移，布料时，混凝土应卸在主梁或少筋的楼板上，不应卸在边角或有负筋的楼板上。

（4）布料时，因在运输途中振动，拌和物可能集料下沉、砂浆上浮；或搅拌运输车卸料不均，均可能使拌合物出现“这车浆多，那车浆少”的现象。施工中应注意卸料时不应叠高，而是用一车压半车，或一斗压半斗（见图 5-6），做到卸料均匀。

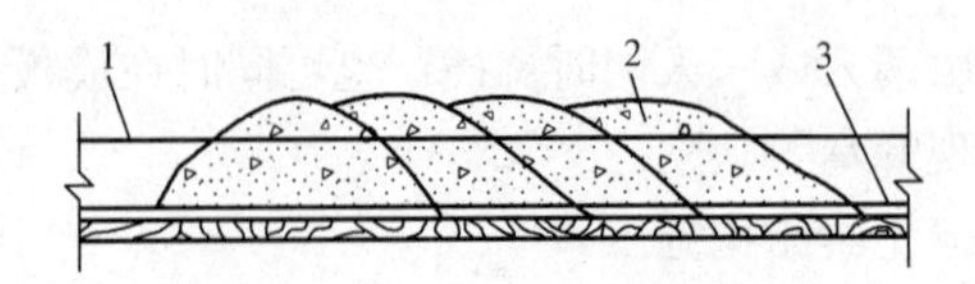

图 5-6 小车下料一车压半车法

1—楼板厚度线；2—混凝土；3—钢筋网

（5）若用人工布料和捣固，可先用赶浆捣固法浇筑梁。应分层浇筑，第一层浇至距离后再回头浇筑第二层，成阶梯状前进，如图 5-7 所示。

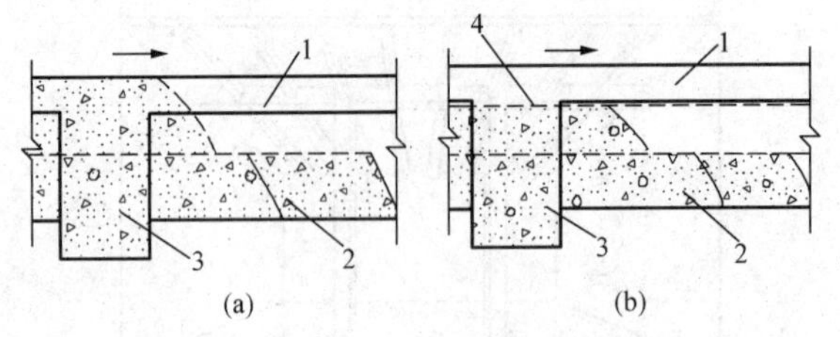

图 5-7 梁的分层浇筑

（a）主梁高小于 1m 的梁；（b）主梁高大于 1m 的梁

1—楼板；2—次梁；3—主梁；4—施工缝

（6）堆放的拌合物，可先用插入式振捣器摊平混凝土的方法将之摊平（见图 5-8），再用平板振捣器或人工进行捣固。

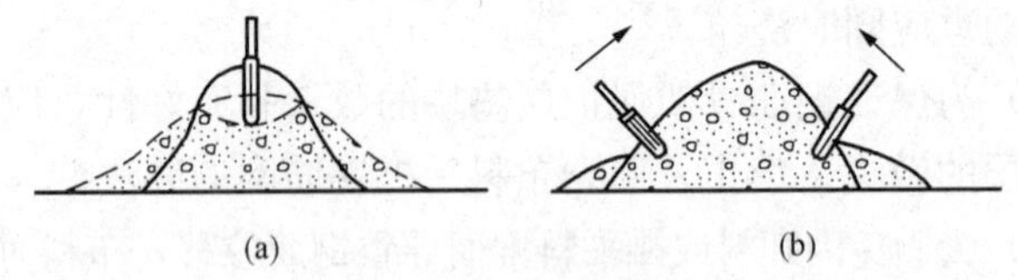

图 5-8 摊平混凝土

（a）正确；（b）错误

（7）主次梁交接部位或梁的端部是钢筋密集区，浇筑操作较困难时，通常采用下列技巧：

1）在钢筋稀疏的部位，用振动棒斜插振捣，如图 5-9 所示。

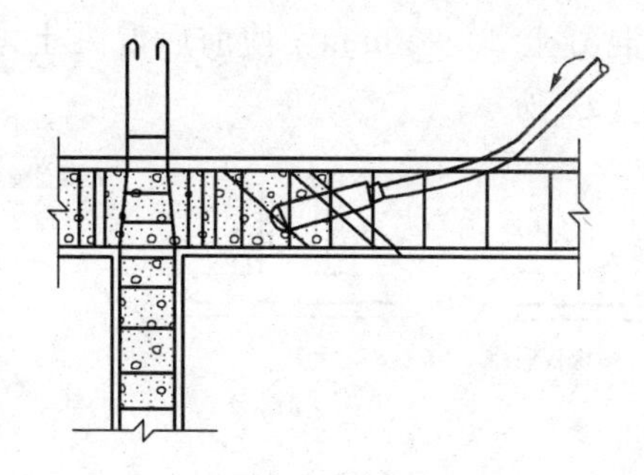

图 5-9 插入式振动器钢筋密集处斜插振捣

2）在振捣棒端部焊上厚 8mm、长 200～300mm 的扁钢片，做成剑式振捣棒进行振捣，如图 5-10 所示。剑式振捣棒的作用半径较小，振点应加密，在模板外部用木锤轻轻敲打。

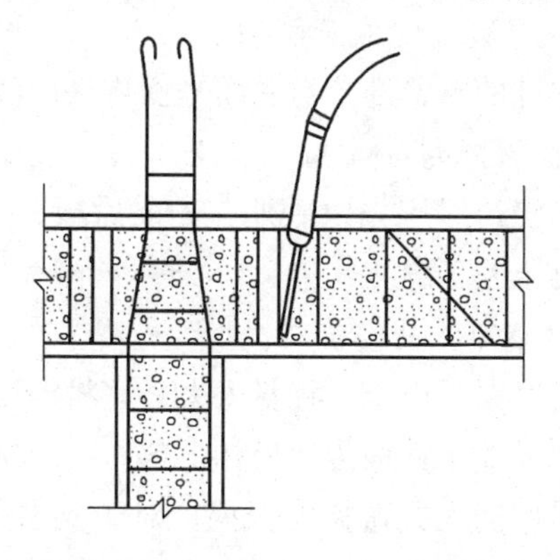

图 5-10 剑式插入式振动器作用

（8）反梁的浇筑。反梁的模板通常采用悬空支撑，用钢筋将反梁的侧模板支离在楼板面上。若浇筑混凝土时将反梁与楼板同时浇筑，因反梁的混凝土仍处在塑性状态，将向下流淌，形成断脖子现象，如图 5-11 所示。正确的方法是浇筑楼板时，先浇筑反梁下的混凝土楼板，并将其表面保留凹凸不平，如图 5-11（b）所示。待楼板混凝土至初凝，约在出搅拌机 40～60min 后，再继续按分层布料、捣固的方法浇筑反梁混凝土，捣固时插入式振捣棒应伸入混凝土 30～50mm，使前后混凝土紧密凝结成一体，如图 5-11（c）所示。

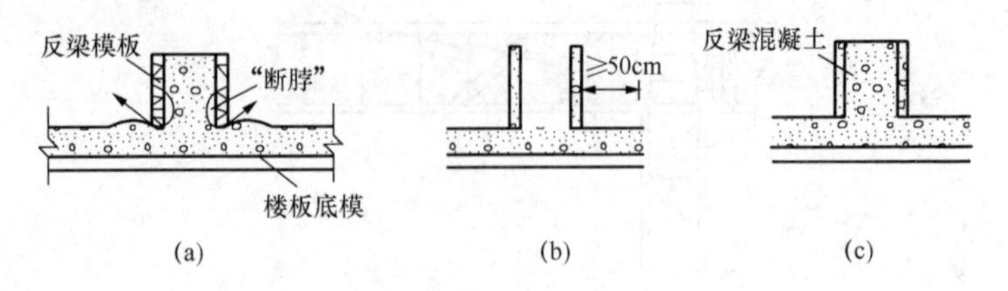

图 5-11 反梁浇筑次序

（a）板梁同时浇筑；（b）先浇筑楼板；（c）后浇筑反梁

四、混凝土特殊部位施工

（一）悬挑构件混凝土施工

1. 悬挑构件混凝土的施工程序

（1）悬挑构件的悬臂部分与后面平衡构件的浇筑必须同时进行，以保证悬挑构件的整体性。

（2）混凝土浇筑时应先内后外、先梁后板、一次连续浇筑，不允许留置混凝土施工缝。

2. 悬挑构件混凝土的浇筑与振捣

（1）对于悬臂梁，由于工程量太大，宜将混凝土卸在薄钢板拌板上，再用铁锹或小铁桶传递反扣下料。可一次性将混凝土料下足后，集中采用插入式振捣器振捣。对于支点外的悬挑部分，若钢筋太密集，可采用带薄片的插入式振捣器振捣，也可配合人工捣实方式使混凝土密实。

（2）对于悬臂板，应顺支撑梁的方向，先浇筑梁，待混凝土浇到平板底后，梁板同时浇筑，切忌待梁混凝土浇筑完后再来浇板。

（二）圈梁混凝土的施工

圈梁一般设置在砖墙上，圈梁的厚度通常为 12～24cm，宽度与墙厚相同。圈梁是浇筑在砖墙上的，其工作面狭长，容易漏浆。因此，圈梁混凝土在浇筑前一定要将模板的板缝和模板的接头处缝隙堵严实，防止漏浆。

圈梁混凝土在浇筑前应检查钢筋的规格、搭接长度及箍筋的间距等，要垫好混凝土保护层垫块。浇筑圈梁用的脚手架及板的铺设应符合施工要求，并安全可靠。圈梁混凝土的浇筑可先将混凝土拌和料卸至薄钢板上，再用铁锹或小铁桶传递反扣下料。下料时应先两边后中间，分段浇满后用插入式振捣器集中振捣，分段的长度一般为2～3m。由于圈梁较长，一次无法浇筑完，可留设施工缝。施工缝的位置不宜留设在砖墙的十字、丁字、转角、墙垛处及门窗、大中型管道、预留孔洞上部等位置。混凝土浇筑顺序应由远而近，由高到低进行。

（三）楼梯混凝土的施工

楼梯混凝土浇筑时因施工面狭小，其操作位置在不断变化，操作人员要少。混凝土的浇筑可先将混凝土拌和料卸至薄钢板上，再用铁锹或小铁桶传递下料。为减少运料困难，混凝土浇筑可按下述顺序进行：休息平台以下的踏步可由低层进料；休息平台以上，由楼面进料，由下向上逐步浇筑完毕。楼梯栏杆为混凝土制件时，应同时浇筑；若为其他材料，则应有预埋件，预埋件的位置必须正确，预埋件处的混凝土浇筑要饱满，预埋件应被混凝土包裹密实。

（四）混凝土地坪的施工

混凝土地坪在施工前应先做好地坪的垫层。垫层材料为强度不低于C10的混凝土，厚度不小于60mm。

垫层混凝土在浇筑前应进行分仓，即用木板条在基层上分成若干个区段，每段宽度一般为3～4m，区段划分要考虑地面变形缝的位置和设备基础的位置情况，在每个区段四角及中央要钉上标高桩（钢筋桩或木桩），并用水准仪抄平，使标高顶的高程等于垫层面的标高。

浇筑垫层混凝土时，应先洒水湿润基层，然后浇筑混凝土，用平板式振捣器振实，振实后的混凝土面层与标高桩顶面相平。

待检查无误后随手将桩拔掉。

分仓浇筑混凝土时，应间隔进行，即浇一块，空一块。剩下一半分仓在浇筑混凝土时应先去掉分仓木板条，以浇筑的混凝土面作为标高控制。

室内、室外混凝土垫层宜设置纵向、横向缩缝，室外混凝土垫层还宜设置伸缝。缩缝间距应与分格间距取得一致。纵向缩缝应做成平头缝，若垫层厚度大于150mm，也可做成企口缝；横向缩缝应做成假缝，如图 5-12 所示。

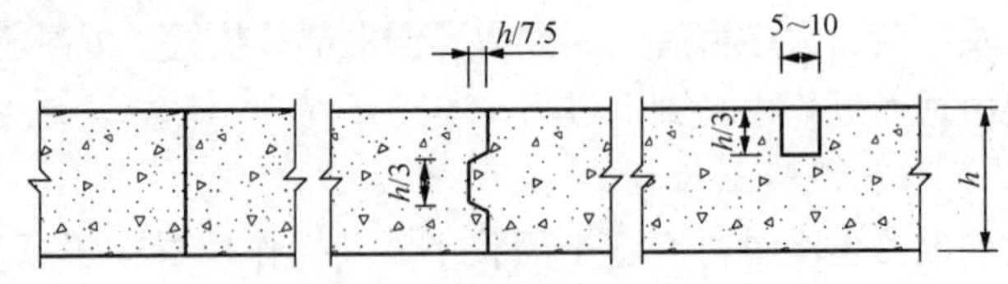

图 5-12　纵向、横向缩缝图

纵向缩缝间距一般为 3～6m，横向缩缝间距为 6～12m；伸缝间距一般为 30m。纵向缩缝内不放隔离材料，浇筑混凝土时必须相互紧贴。横向缩缝内应填水泥砂浆。伸缝的宽度为 20～30mm，上下贯通，缝内填沥青材料。

地面面层混凝土浇筑前，应提前 1 天对垫层表面洒水湿润。当天施工时应先在垫层上均匀涂刷一层水泥浆，然后按预先做好的标桩或冲筋高度摊铺混凝土，用长刮杠刮平，再用铁滚筒滚压至出浆，对表面塌陷处随即补平。若遇大面积地面没有分仓缝时，混凝土应一次浇筑完毕，不要留设混凝土施工缝。

第二节　复杂结构混凝土施工

一、框架结构混凝土施工

（一）原材料检验

1. 水泥

若对来料水泥的性能有怀疑，可抽取不同部位 20 处（如随机抽 20 袋，每袋抽 1kg 左右），总量至少 12kg，送试验室做强度测试和安全性试验。待试验结果合格后方可使用。

2. 砂、石

使用前对砂、石进行抽样检验，即在来料堆上的中间和四角等不同部位抽取 10kg 以上送试验室进行测试。测试内容：级配情况是否合格；含泥量、有机有害物质的含量是否超标；表观密度为多少；对高强混凝土的石子可能还要做强度试验，可用压碎指标来反映。

3. 水

当采用非饮用水、非自来水时，有必要对水进行化验。测定其 pH 值和有机含量，确认对水泥、砂、石无害后才可使用。

4. 外加剂

若混凝土要掺加外加剂，也应进试验室经试配得出掺量的结果后，确定在混凝土中如何掺用。

5. 掺和料

用掺和料（如粉煤灰）时，必须弄清来料等级，从外观检盘细度，其掺量应按试验室试配确定的掺量为准，在施工时加入搅拌材料中进行搅拌。

（二）机具及劳动力的准备

（1）检查原材料的质量、品种与规格是否符合混凝土配合比设计要求，各种原材料应满足混凝土一次连续浇筑的需要。

（2）检查施工用的搅拌机、振动器、水平及垂直运输设备、料斗及串筒、备品及配件设备的情况。所有机具在使用前应试转运行，以确保其在使用过程中运转良好。

（3）浇筑混凝土用的料斗、串筒应在浇筑前安装就位，浇筑用的脚手架、桥板、通道应提前搭设好，并保证安全可靠。

（4）对砂、石料的称量器具应检查校正，保证其称量的准确性。

（5）准备好浇捣点的混凝土振动器、临时堆放由小车推来的混凝土的钢板（1～2mm 厚，1m×2m 的黑钢板）、流动电闸箱（给振动器送电用）、铁锹和夜间施工需要的照明或行灯（有些过深的部位仅上部照明看不见，还要有手提的照射灯）等。

（三）模板及钢筋的检查

（1）检查模板安装的轴线位置、标高、尺寸与设计要求是否一致，模板与支撑是否牢固可靠，支架是否稳定，模板拼缝是否严密，锚固螺栓和预埋件、预留孔洞位置是否准确，发现问题应及时处理。

（2）检查钢筋的规格、数量、形状、安装位置是否符合设计要求，钢筋的接头位置，搭接长度是否符合施工规范要求，控制混凝土保护层厚度的砂浆垫块或支架是否按要求铺垫，绑扎成型后的钢筋是否有松动、变形、错位等，检查发现的问题应及时要求钢筋工处理。检查后应填写隐蔽工程记录。

（四）混凝土开拌前的清理工作

（1）将模板内的木屑、绑扎丝头等杂物清理干净。木模在浇筑前应充分浇水润湿，模板拼缝缝隙较大时，应用水泥袋纸、木片或纸筋灰填塞，以防漏浆影响混凝土质量。

（2）对黏附在钢筋上的泥土、油污及钢筋上的水锈应清理干净。

（五）混凝土的运输

混凝土从搅拌机出料后到浇筑地点，必须经过运输。目前混凝土的运输有以下两种情况：

（1）工地搅拌，工地浇筑要求应以最少的转载次数、最短的时间运至浇筑点。施工工地内的运输一般采用手推车或机动翻斗车。要求容器不吸水、不漏浆，容器使用前其表面要先润湿。对车斗内的残余混凝土要清理干净，运石灰之类的车不能用来运输混凝土。运输时间一般应不超过规定的最早初凝时间，即 45min。

运输过程中要保持混凝土的均匀性，做到不分层、不离析、不漏浆。不能因发现干硬了而任意加水。此外要求混凝土运至浇筑的地点时，还应具有规定的坍落度。若运至浇筑地点后发现混凝土出现离析或初凝现象，必须在浇筑前进行二次搅拌，待达到均匀后方可入模。

（2）采用商品混凝土的工地浇筑要求运送的搅拌车能满足泵送的连续工作。因此，根据混凝土厂至工地的路程要制定出用多少搅拌车运送，估计每辆车的运输时间，防止因间隙过大而造成输送管道阻塞。在工地上，从泵车至浇筑点的运输，全部依靠管道进行。因此，要求输送管线要直，转弯宜缓，接头严密。若管道向下倾斜，应防止混入空气产生阻塞。泵送前应先用适量的与混凝土内成分相同的水泥砂浆润滑输送管内壁。万一泵送间歇时间超过 45min，或混凝土出现离析现象时，应立即用压力水或其他方法冲洗出管内残留的混凝土。由于目前商品混凝土均掺有缓凝型外加剂，间歇时间超过 45min 时，也不一定会发生问题。但必须注意并积累经验，便于处理出现的问题。

（六）混凝土的浇筑和振捣

浇筑多层框架混凝土时，要分层分段组织施工。水平方向以结构平面的伸缩缝或沉降缝为分段基准，垂直方向则以每一个使用层的柱、墙、梁、板为一结构层，先浇筑柱、墙等竖向结构，后浇筑梁和板。因此，框架混凝土的施工实际上是除基础外的柱、墙、梁、板的施工。

（1）混凝土向模板内倾倒下落的自由高度，不应超过 2m。超过的要用溜槽或串筒送落。

（2）浇筑竖向结构的混凝土，第一车应先在底部浇填与混凝土内砂浆成分相同的水泥砂浆，即第一盘为按配合比投料时不加石子的砂浆。

（3）每次浇筑所允许铺设的混凝土厚度：振捣时，用插入式，允许铺设的厚度为振动器作用部分长度的 1.25 倍，一般约为 50cm；用平板振动器（振楼板或基础），允许铺设的厚度为

200mm。若有些地区实在没有振动器，用人捣固的，则一般铺200mm左右，或根据钢筋稀密程度确定。

(4) 在浇捣混凝土过程中，应密切观察模板、支架、钢筋、预埋件和预留孔洞的情况，当发现有变形、位移时应及时采取措施进行处理。

(5) 当竖向构件柱、墙与横向梁板整体连接时，柱、墙浇筑完毕后应使其自沉2h左右，才能浇筑梁板与其结合。若没有间歇地连续浇捣，往往会由于竖向构件模板内的混凝土自重下沉还未稳定，上部混凝土又浇下来，从而导致拆模后结合部出现横向水平裂缝，这是不利的。

(七) 框架柱的混凝土浇筑

框架结构施工中，一般在柱模板支撑牢固后，先行浇筑混凝土。这样做可保证上部模板支撑的稳定性。浇筑时可单独一个柱搭一架子进行。或在梁、板支撑好后先浇筑混凝土，然后绑扎梁、板钢筋。

(1) 浇筑前先清理柱内根部的杂物，并用压力水冲净湿润，封好根部封口模板，准备下料。

(2) 用与混凝土内砂浆配比相同的水泥砂浆先填铺5～10cm，用铁锹在柱根处均匀撒开，再根据柱子高度下料：若超过3m，需用一串筒挂入送料；不超过3m时，可直接用小车倒入，如图5-13所示。

(3) 当柱高不超过3.5m，柱断面大于40cm×40cm且无交叉钢筋时，混凝土可从柱模顶直接倒入。当柱高超过3.5m时，必须分段浇筑混凝土，每段高度不得超过3.5m。

(4) 凡柱断面在40cm×40cm以内或有交叉箍筋的任何断面的混凝土柱，均应在柱模侧面开设的门子洞上装设斜溜槽分段浇筑，每段高度不得大于2m。若箍筋妨碍斜溜槽安装，则可将箍筋一端解开提起，待混凝土浇至门子洞下口时，卸掉斜溜槽，将箍筋重新绑扎好，用门子板封口，柱筋箍紧，继续浇上段混凝

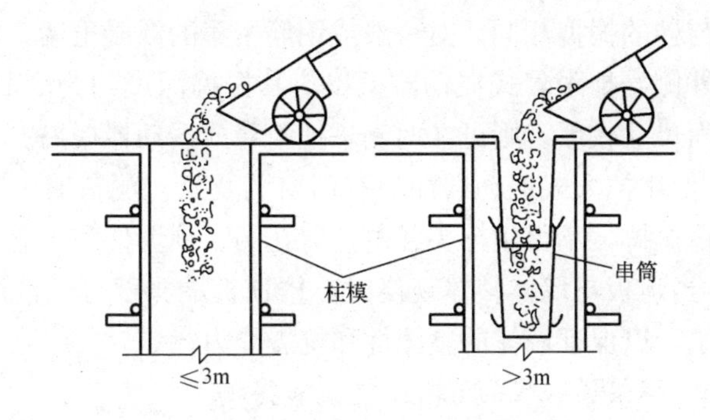

图 5-13 框架柱的混凝土浇筑

土。采用斜溜槽下料时，可将其轻轻晃动，加快其下料速度。采用串筒下料时，柱混凝土的浇筑高度可不受限制。

（5）浇捣中要注意柱模不可胀模或鼓肚；要保证柱子钢筋的位置，即在全部完成一层框架后，到上层放线时，钢筋应在柱子边框线内。

（八）墙体混凝土的浇筑和振捣

（1）墙体混凝土浇筑，应遵循先边角后中部，先外墙后内墙的顺序，以保证外部墙体的垂直度。

（2）混凝土灌筑时应分层。分层厚度：人工振捣不大于35cm；振动器振捣不大于50cm；轻集料混凝土不大于30cm。

（3）高度在3m以下的外墙和内墙，混凝土可从墙顶向板内卸料，卸料时必须在墙顶安装料斗缓冲，以防混凝土产生离析。对于截面尺寸狭小且钢筋密集的墙体，应在侧模上开门子洞，大面积的墙体，均应每隔2m开门子洞，装斜溜槽投料。

（4）墙体上开有门窗洞或工艺洞口时，应从两侧同时对称投料，以防将门窗洞或工艺洞口模板挤变形。

（5）墙体在灌注混凝土前，必须先在底部铺设5～10cm厚与混凝土内成分相同的水泥砂浆。

（6）混凝土的振捣。

1）对于截面厚大的混凝土墙，可采用插入式振动器振捣，其方法与柱的振捣相同。对一般或钢筋密集的混凝土墙，宜采用在模板外侧悬挂附着式振动器振捣，其振捣深度约为25cm。若墙体截面尺寸较厚，则可在两侧悬挂附着式振动器振捣。

2）使用插入式振动器如遇有门窗洞及工艺洞口时，应两边同时对称振捣，不得用棒头猛击预留孔洞、预埋件和闸盒等。

3）当顶板与墙体整体现浇时，楼顶板端头部分的混凝土应单独浇筑，以保证墙体的整体性和抗震能力。

（九）框架梁、板的混凝土浇筑和振捣

（1）施工准备。清理梁、板模上的杂物；对缺少的保护层垫块，应补加垫好。模板要浇水湿润，大面积框架楼层的湿润工作，可随浇筑进行随时湿润。

根据混凝土量确定浇筑台班，组织劳动力。框架梁、板宜连续浇筑施工，确实有困难时应留置施工缝。

（2）一般从最远端开始，以逐渐缩短混凝土运距，避免捣实后的混凝土受到扰动。浇筑时应先低后高，即先浇捣梁，待浇捣至梁上口后，再一起浇捣梁、板，浇筑过程中尽量使混凝土面保持水平状态。深于1m的梁，可单独先浇捣，再与别处拉平。

（3）向梁内下混凝土料时，应采用反馈下料，这样可避免混凝土离析。当梁内下料有30～40cm深时，开始进行振捣，振捣时直插、斜插、移点等均应按前面介绍的规定实施。

（4）梁板浇捣一段后（一个开闸或一柱网），应采用平板振动器，按浇筑方向拉动机器振实面层。平板振捣后，由操作人员随后按楼层结构标高面，用木杠及木抹子搓抹混凝土表面，使之达到平整。

（十）梁、柱节点混凝土浇筑

（1）框架梁、柱节点的特点。框架的梁、柱交叉的位置称为梁、柱节点，由于其受力的特殊性，主筋的连接接头的加强以及箍筋的加密造成钢筋密集，采用一般的浇筑施工方法，混凝土难以保证其密实度。

（2）混凝土中的粗集料要适应钢筋密集的要求。按施工图设计的要求，采用强度等级相同或高一级的细石混凝土浇筑。

（3）混凝土的振捣。用较小直径的插入式振动器进行振捣，必要时可用人工振捣辅助，以保证其密实性。

（4）为了防止混凝土初凝阶段在自重作用以及模板横向变形等因素的影响下导致高度方向的收缩，柱子浇捣至箍筋加密区后，可停1～1.5h（不能超过2h）后再浇筑节点混凝土。节点混凝土必须一次性浇捣完毕，不得留有施工缝。

二、地下室混凝土施工

（一）施工准备

1. 材料要求

（1）水泥。品种应按设计要求选用，其强度等级不应低于32.5级，不得使用过期或受潮结块水泥，并不得将不同品种或不同强度等级的水泥混合使用。

（2）砂。宜采用中砂，水泥量不得大于3.0%，泥块含量不得大于1.0%，不得使用碱性集料，泵送混凝土砂率宜为38%～45%。

（3）碎石或卵石。粒径宜为5～40mm，含泥量不得大于1.0%，泥块含量不得大于0.5%、针、片状颗粒含量不大于10%。泵送混凝土时，颗粒最大粒径应不大于输送管径的1/4；不大于混凝土最小断面的1/4；不大于钢筋最小净间距的3/4。吸水率不应大于1.5%。不得使用碱性集料。

（4）水。拌制混凝土所用水，应不含有害物质。

（5）掺和料。粉煤灰的级别不应低于二级，掺量不宜大于20%，硅粉掺量不应大于3%，其他掺和料的参量应经过试验确定。

（6）外加剂。防水混凝土可根据工程需要掺入减水剂、膨胀剂、密实剂、引气剂、泵送剂、复合型外加剂等，其品种和掺量应经过试验确定，复合型外加剂掺入程序要有明确要求，防止外加剂之间先自行化学反应。所有外加剂应符合国家和行业标准一等品及其以上质量要求。

(7) 效果试验。每立方米防水混凝土中各类材料的总碱量(Na_2O含量)不大于3kg。

2. 主要机具

混凝土搅拌机、自动上料系统或手推车、混凝土输送泵或吊斗、插入式振捣器、铁锹。

3. 施工作业必备条件

(1) 完成钢筋的隐检、钢筋模板的预验工作，地下防水已做好甩槎和经过验收，注意检查固定模板的钢丝、螺栓是否穿过混凝土外墙，若必须穿过，则应采取止水措施。尤其应注意管道或预埋件穿过处是否已做好防水处理。木模板提前浇水润湿（竹胶板、复合模板可硬拼缝不用浇水，但要刷脱模剂），并将落入模板内的杂物清理干净。

(2) 根据施工方案做好技术交底工作。

(3) 各项原材料须经检验，经试验提出混凝土配合比。试配的抗渗等级应按设计要求提高0.2MPa。混凝土水泥用量不得少于300kg/m^3，掺有活性掺和料时，水泥用量不得少于280kg/m^3，水灰比不大于0.55，坍落度不大于50mm。若用泵进混凝土时，入泵坍落度宜为100～140mm，随楼高度选择坍落度。

若地下水位高，则地下防水工程期间继续做好降水、防水、排水。

(二) 操作工艺

1. 工艺流程

作业准备→混凝土搅拌→混凝土运输→柱、梁、板、剪力墙、楼梯混凝土浇筑与振捣→拆模、混凝土养护。

2. 混凝土搅拌

(1) 搅拌投料顺序：石子→砂→水→水泥→外加剂→水。

(2) 投料砂石先干拌0.5～1min，再加1/2水。加水后搅拌

1~2min（比普通混凝土搅拌时间延长 0.5min）。然后加水泥和外加剂，再加另外 1/2 水搅拌均匀。

（3）混凝土搅拌前必须严格按试验室配合比通知单操作，不得擅自修改。配合比标牌要标明每罐混凝土砂、石、水泥、外加剂、掺和料用量；砂石要测含水率（搅拌前 1h 测出）。加水量要根据电子秤每秒代表重量换算成秒数（把砂石含水量扣除），砂石、水泥上料需要一样重（有互换性），配合比要算出每罐混凝土砂、石秤砣砝码重量（包括小车、秤盘重及分几次上料）。外加剂掺和料一律用小台秤提前 1 天称好，装塑料袋（并做抽查）；散装水泥罐应同时设两个，轮流进水泥才能保证每罐水泥用完清罐，并有等待进场水泥 3 天复试合格的时间。

（4）散装水泥。泥、砂、石要经过严格计量，袋装水泥必须抽查整袋质量的 5%~10%，水泥库或水泥罐必须设有标识牌，标明厂家、品牌、品种、等级、生产时间、进场时间、试验结果，并和水泥出厂证、进场复试资料相吻合，外加剂的掺加方法应符合所送外加剂的使用要求。雨后砂、石必须补测含水率，调整用水量。电子计量器测出的每秒出水量必须标在配比牌上，换算成电子计量器的加水秒数，精确至小数点后一位。

3. 混凝土运输

（1）混凝土运输供应要保持均衡，夏季或运距较远时可适当掺入缓凝剂。考虑运输时间、浇捣时间确定混凝土初凝时间，必须保证，并做效果试验。

（2）混凝土在运输后若出现离析，则必须进行二次搅拌。当坍落度损失后不能满足施工要求时，应加入原水灰比的水泥砂浆或二次掺加减水剂进行搅拌，事先经试验室验证可行，严禁直接加水。

4. 混凝土浇筑

（1）混凝土应连续浇筑，宜不留或少留施工缝。抗渗混凝土底板一般按规范要求不留施工缝或留在后浇带上。底板浇筑前应画好浇筑流程图，以确保分层分段浇筑时不出现冷缝。一般按规范要求不留施工缝或留在后浇带上。底板浇筑前应画好浇筑流程图，以确保分层分段浇筑时不出现冷缝。

（2）墙体水平施工缝留在高出底板表面至少300mm的墙体上，施工缝宜采用止水板或膨胀止水条；垂直施工缝宜采用止水板或止水带，配以齿型模板解决。

（3）施工缝在浇筑混凝土前，应将混凝土软弱层全部清除，冲洗干净露出石子，且不留明水，先铺净浆，再铺30～50mm厚的1∶1水泥砂浆或浇同一混凝土配合比的无石子砂浆50～100mm；对垂直缝涂刷混凝土界面处理剂，并及时浇筑混凝土。浇筑每步分层厚度，按实测本工地振动棒有效作用长度的1.25倍制成的尺杆浇筑，插距为实际振动棒作用半径的1.5倍。严格按施工方案规定的顺序浇筑。混凝土由高处自由倾落不应大于2m，若高度超过2m，则要用串桶、溜槽下落。

（4）混凝土必须采用高频机械振捣密实，不应漏振或过振，振捣时间应使混凝土表面全部泛浆、无气泡、不下沉为止。门洞口要对称下料和振捣，防止模板移动。结构断面较小，钢筋密集的部位可用小振捣棒，小分层尺杆，按分层浇捣或在模板外用附着式振捣器振捣。浇筑至最上层表面，必须用木抹子找平，使表面密实平整。墙体顶标高宜比楼板高一个浮浆厚度，即+5mm。

5. 混凝土养护

混凝土浇筑完毕后12h内应立即进行养护，要保持混凝土表面湿润，并防止过早上人踩坏混凝土表面。养护不得少于14天。

6. 质量标准

（1）主控项目。

1）防水混凝土的原材料、外加剂、掺和料、配合比、坍落度及初凝时间必须符合设计要求和施工规范有关标准的规定，检查出厂合格证、试验报告、试配单、开盘鉴定和外加剂效果试验，并对搅拌站及料场、料库进行核对。

2）防水混凝土的抗压强度和抗渗压力必须符合设计要求，检查混凝土抗压、抗渗试验报告。

3）防水混凝土的变形缝、施工缝、后浇带、穿墙管道、埋设件等设置和构造，均需符合规范和设计特点的要求，严禁渗漏。

（2）一般项目。

1）混凝土结构表面应坚实平整，不得出现露筋、蜂窝等缺陷，埋件位置应正确。

2）混凝土结构表面的裂缝宽度不应大于0.2mm，并不得贯通。

3）结构迎水面钢筋保护层厚度不应小于50mm，其允许偏差为±10mm。

4）迎水面保护层设计若未达到地下防水规范的50mm，则应与设计单位办理变更洽商报告。

三、剪力墙混凝土施工

（一）施工准备

1. 材料要求

（1）水泥。采用32.5级以上普通硅酸盐水泥或矿渣硅酸盐水泥。当采用矿渣硅酸盐水泥时，应视具体情况采取早强措施，确保墙体拆模及扣板强度。

（2）砂。宜用粗砂或中砂，含泥量不大于3%。

（3）石。卵石或碎石，粒径5～32mm，含泥量不大于1%。

（4）水。不含杂质的洁净水。

（5）掺和料。粉煤灰，其掺量应通过试验确定，并应符合有关标准。

（6）外加剂。应符合相应技术规范要求，其掺量应根据施工要求，通过试验室确定。

（7）配合比标牌、半自动搅拌站、料场要求。配合比标牌要标明每罐混凝土砂、石、水泥、外加剂、掺和料用量；砂石要测含水率（搅拌前 1h 测出）。加水量要根据电子秤每秒代表重量换算成秒数（把砂石含水量扣除），配合比要算出每罐混凝土砂、石秤砣砝码重量（包括小车、秤盘重及分几次上料）。外加剂掺和料一律用小台秤提前 1 天称好，装塑料袋（并做抽查）；散装水泥罐应同时设有两个，轮流进水泥才能保证每罐水泥用完清罐，并有等待进场水泥 3 天复试合格的时间。散装水泥、砂、石要经过严格计量，袋装水泥必须抽查整袋质量的 5%～10%，水泥库或水泥罐必须设有标识牌，标明厂家、品牌、品种、等级、生产时间、进场时间、试验结果并和水泥出厂证、进场复试资料相吻合，外加剂的掺加方法应符合所送外加剂的使用要求。雨后砂、石必须补测含水率，调整用水量。电子计量器测出的每秒出水量必须标在配比牌上，换算成电子计量器的加水秒数，精确至小数点后一位。

现场的砂、石料场要有混凝土硬底。料堆离挡墙顶边至少大于 100mm。砂石料车进场在门口应有 3m×5m×0.1m 水塘，清洗车轮。从门口到料场路面要硬化，不含泥，装载机上料时，机轮、机斗要保持每天清洗干净。主机不漏油。装砂石入搅拌台大斗时，要保证不会混堆。

2. 主要机具

塔式起重机及混凝土搅拌机、砂石配料系统、电子计量装置、铲车、混凝土输送泵、布料杆、插入式振捣棒（分层尺杆，充电电筒）铁锹、铁盘、木模等或采用吊斗、磅秤、手推车等。

3. 施工必备条件

（1）办完钢筋隐检手续，注意检查支铁、钢筋定距框（水平、垂直）垫块厚度正确，绑扎牢固、到位，以保证保护厚度。核实墙内预埋件、预留孔洞、水电预埋管线、盒槽的位置、数量及固定情况。

（2）检查模板下口、洞口及角模处拼接是否严密，边角柱加固是否可靠。

（3）检查并清理模板内残留杂物，用水冲净。外砖内模的砖墙及木模，常温时已浇水湿润。

（4）混凝土搅拌机、计量器具、振捣器等已经检查、维修。计量器具已经定期校核。

（5）检查电源、线路，并做好夜间施工照明准备。

（6）由试验室已试配混凝土配合比及外加剂用量，自动上料系统（磅秤）经检查核定计量准确，现场已做开盘鉴定（加含水率调整换算用量）。

（7）技术交底工作已经完成，混凝土浇筑申请书已被批准。

（二）操作工艺

1. 工艺流程

作业准备→混凝土搅拌→混凝土运输→混凝土浇筑、振捣→拆模、混凝土养护。

2. 混凝土搅拌

采用自落式搅拌机，投料顺序宜为，先加1/2用水量，然后加石子、水泥、砂搅拌1min，再加1/2用水量继续搅拌，搅拌时间不小于1.5min，掺外加剂时搅拌时间适当延长。各种材料计量要准确，计量精度要求：水泥、水、外加剂为±2%，集料为±3%，每次搅拌混凝土前测定砂石含水率，雨后应立即补测，以保证水灰比的准确。

3. 混凝土运输

混凝土从搅拌地点运送至浇筑地点，延长时间尽量缩短，根据气温宜控制在0.5～1h以内。当采用商品混凝土时，应充分搅拌后再卸车，不允许任意加水。当混凝土发生离析时，浇筑前应做两次搅拌。与商品混凝土供应单位签订技术合同，保证混凝土供应速度要求。已初凝的混凝土不应使用，凡与技术合同有重大偏差的混凝土不应使用。

4. 混凝土浇筑振捣

（1）墙体浇筑混凝土前，在底部接槎处先浇50～100mm厚与墙体混凝土成分相同的石子水泥砂浆。甩铁锹均匀入模，不应用吊斗直接灌入模内。混凝土分层浇筑的高度应为振捣棒作用部分长度的1.25倍。实测现场振捣棒后，制作分层尺杆发给混凝土班组，并配有充电电筒。振捣棒移动间距不大于振捣棒作用半径的1.5倍。实测作用半径后，做出插距交底。分层浇筑、振捣。混凝土下料应分散均匀布料。墙体连续浇筑，应保证混凝土初凝前，下层混凝土上覆盖完上层混凝土，并振捣完。墙体混凝土的施工缝宜设置在门洞过梁跨中1/3区段。当采用平模时或留在内纵横墙的交界处，墙应留垂直缝，支齿形模。接槎处应振捣密实。浇筑时应随时清理落地灰。

（2）洞口浇筑时，使洞口两侧浇筑高度对称均匀，振捣棒距离洞边满足振捣棒作用半径，尽量远一些。宜从两侧同时振捣，防止洞口变形。洞口下部模板开排气孔，洞外下部可用附着式振捣器辅助两侧插入式振捣。对大洞口下部模板应开口，直接下料及振捣。

（3）外砖内模、外板内模大角及山墙构造柱应分层浇筑，每层厚度应按分层尺杆下混凝土。内外墙交界处加强振捣，保证密实。外砖内模应采取措施，在外墙上支模。防止外墙鼓胀。

（4）振捣时，插入式振捣器的移动间距不宜大于振捣器作用半径的1.5倍。应实测作用半径，确定插距，门洞口两侧构造柱要振捣密实，不得漏振，以表面呈现浮浆和不再沉落、不再冒气泡为达到要求。避免碰撞钢筋、模板、预埋件、预埋管、外墙板空腔防水构造等，发现有变形、位移等情况，各有关工种相互配合进行处理。

（5）墙上口找平，混凝土浇筑振捣完毕，将上口甩出的钢筋按钢筋水平定位距离加以整理，用木抹子按预定标高线将表面找平，墙体混凝土浇筑高度控制在高出楼板底面浮浆厚度加5mm。

5. 拆模养护

常温时混凝土强度要能保证其表面及棱角不受损伤，一般取1.2MPa，气候无骤变时可控制10天。冬期时掺防冻剂，可先松螺栓，待混凝土强度达到4MPa时才拆模，以保证拆模时混凝土不受冻，对外墙挂外架子时，应满足7.5MPa拆模挂架子。常温应及时喷水养护或刷养护液、贴塑料膜养护，养护时间不少于7天，掺有缓凝型外加剂的混凝土养护时间不得少于14天，浇水次数应能保持混凝土湿润。

6. 质量标准

(1) 主控项目。

1) 混凝土使用的水泥、集料、外加剂、掺和料等，必须符合施工规范的有关规定，使用前检查出厂合格证、试验报告。

2) 混凝土配合比，原材料计量、换算，加含水率、加车盘重的开盘鉴定、搅拌、养护和施工缝处理，必须符合施工规范的规定。

3) 混凝土试块必须按规定在混凝土入模处取样、制作，同条件养护试块必须同条件放置，标养试块必须在标准养护室养护和试验，其强度评定应符合GBJ 107《混凝土强度检验评定标准》的要求。同时按《混凝土结构工程施工质量验收规范》要求留置同条件试块，作为拆模、结构子分部用和预应力用。

(2) 一般项目。

1) 混凝土振捣密实，墙面及接槎处应平整。不得出现孔洞、露筋、缝隙、夹渣等缺陷。

2) 施工缝的位置应在混凝土浇筑前按有关规范、设计要求及施工技术方案确定。施工缝的处理应按施工技术方案进行。

3) 后浇带的留置位置应按设计要求和施工技术方案确定。后浇带混凝土浇筑应按设计要求和施工方案进行。

第三节　构筑物混凝土施工

一、水塔混凝土施工

(一) 施工准备

1. 水塔混凝土施工材料

(1) 水泥。按混凝土配合比要求的水泥品种和强度等级选用。

(2) 砂。粗砂或中粗砂，其含泥量不大于3%。

(3) 石。粒径0.5～3.2cm，其含泥量不大于1%。

(4) 混凝土外加剂。其品种及掺量应根据施工要求通过试验确定。

2. 混凝土搅拌

施工中严格掌握配合比及坍落度，开盘时应先做鉴定，施工中严禁加水。

(二) 水塔混凝土施工

1. 筒壁混凝土浇筑

从一点开始分左右两路沿圆周浇筑混凝土，两路会合后，再反向浇筑，这样不断分层进行。遇洞口处应由正上方下料，两侧浇筑时间相差不超过2h，采用长棒插入式振动器，间距不超过50cm。

2. 水柜壁混凝土浇筑

(1) 水柜壁混凝土要连续施工，一次浇筑完成，不留施工缝。

(2) 混凝土下料要均匀，最好由水柜壁上的两个对称点同时、同方向（顺时针或逆时针方向）下料，以防模板变形。

(3) 水柜壁混凝土每层浇筑高度宜为300mm左右。

(4) 必须用插入式振动器仔细振捣密实，并做好混凝土的养护工作。

3. 各种管道穿过柜壁处混凝土浇筑

(1) 水柜壁混凝土浇筑至距离管道下面20～30mm时，将管下混凝土振实、振平。

(2) 由管道两侧呈三角形均匀、对称地浇筑混凝土，并逐步扩大三角区，此时振捣棒要斜振。

(3) 将混凝土继续填平至管道上皮30～50mm。

(4) 浇筑混凝土时，不得在管道穿过池壁处停工或接头。

（三）水箱底与壁接槎处理

（1）筒壁环梁处与水箱底连接预留的钢筋，宜在混凝土强度较低时及时拉出混凝土表面。

（2）筒壁环梁处与水柜底接槎处的混凝土槎口，宜留毛槎或入口凿毛。

（3）浇筑水柜底混凝土前，须先将环梁上预留的混凝土槎口用水清洗干净，并使其湿润。

（4）旧槎先用与混凝土同强度等级的砂浆扫一遍，然后再铺新混凝土。

（5）接槎处要仔细振捣，使新浇的混凝土与旧槎结合密实。

（6）加强混凝土的养护工作，使其经常保持湿润状态。

（四）安全措施

浇筑混凝土前，要检查架子是否牢靠，模板是否支撑结实，较大的缝隙是否已经处理等。

（1）倒混凝土时，不得猛烈冲击架子和模板。

（2）入模高度要保持基本均匀，禁止堆集一处而将模板压偏。

二、筒仓混凝土施工

（一）支模浇筑混凝土施工

1. 铺砂浆

筒壁浇筑混凝土前，应在底板上均匀浇筑5～10cm厚与筒壁相同强度等级的减石子砂浆。砂浆应用铁锹入模，不得用料斗直接入模内。

2. 混凝土搅拌

加料时，倒入斗中的顺序为：石子→水泥→砂子→水。各种材料应计量准确，严格控制坍落度，搅拌时间不得少于1min。雨季时，应测定砂石含水量，保证水灰比准确。

3. 分层浇筑

浇筑混凝土应分层进行，第一层浇筑厚度为50cm，然后均匀振捣。最上一层混凝土应适当降低水灰比，坍落度宜为 3cm。浇筑时应及时清理落地混凝土。

4. 洞口处浇筑

混凝土应从洞口正中下料，使洞口两侧混凝土高度一致，振捣时，振捣棒应距离洞口 30cm 以上，宜采取两侧同时振捣，以防洞口变形。

5. 壁柱浇筑

先将振捣棒插至柱根部并使其振动，再灌入混凝土，边下料边振捣，连续作业，浇筑至顶。

6. 筒壁混凝土振捣

振捣棒移动间距一般应小于 50cm，要振捣密实，以不冒气泡为宜。注意不要碰撞各种埋件，并注意保护空腔防水构造，各有关专业工种应相互配合。

7. 拆模强度及养护

常温下混凝土强度大于 1MPa，冬期施工大于 5MPa 时即可拆模。若有可靠的冬期施工措施能够保证混凝土达到 5MPa 以前不受冻时，可于强度达到 4MPa 时拆模，并及时修整壁柱边角和壁面。常温施工时，浇水养护不少于 3 天，每天浇水次数以保持混凝土具有足够的湿润状态为宜。

（二）滑模混凝土施工

1. 施工准备

（1）确定混凝土的垂直、水平运输方式和现场平面布置，如图 5-14 所示。

（2）施工的机具、材料、设备的准备，施工前都要做周密的检查和检修。

（3）对钢模板、油管、千斤顶要清洗和修整，并做空滑试验。

（4）对操作人员及有关人员进行技术交底。

2. 筒身施工要点

（1）混凝土浇筑。

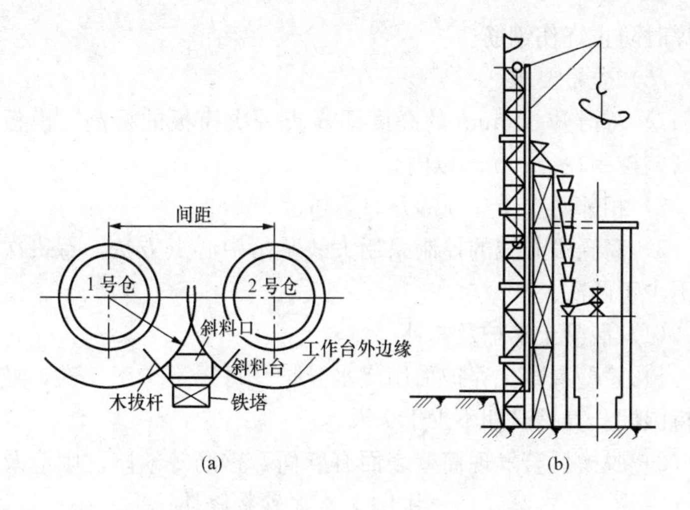

图 5-14 混凝土运送平面布置与垂直运输

（a）平面布置；（b）垂直运输

1）筒仓滑模混凝土浇筑应分层布料、分层振捣，水平上升，每次浇筑高度为 300mm。

2）混凝土的浇筑方向、振捣方法与筒仓支模浇筑混凝土施工相同。

3）模板安装完，第一次浇筑混凝土，当浇筑至模板的 2/3 高度时，即应进行试滑升。先滑升 1～2 个行程，滑升 30～60mm 高。待混凝土出模强度达到 0.1～0.3MPa 时，即可正常滑升。

（2）钢筋绑扎。

1）钢筋绑扎与混凝土浇筑交替进行。钢筋绑扎时，环形钢筋应先绑扎。环向钢筋接头应错开。

2）竖向钢筋接头应错开，同一高度截面接头数量应少于全部接头数量的 50%。

3）环向钢筋为主要受力钢筋，接头宜采用焊接接头。

4）预埋铁件安装位置应准确，埋件固定焊接在竖向钢筋上，施焊时防止烧伤钢筋。

（3）质量要求。

1）每滑升 300mm 的高度即检查一次模板的标高。模板的标高差控制在±15mm 以内。

2）相邻两个千斤顶的升差不超过 5mm。

3）筒仓中心线的控制采用大线坠吊中心点方法，每班次检查不少于两次。

（4）混凝土养护及修补。

1）筒壁混凝土养护采用浇水养护，每天不少于 4 次，经常保持湿润。养护日期不少于 7 天。

2）脱模后若发现筒壁表面有麻面、露筋等缺陷，则应及时用 1∶2 水泥砂浆修补抹平。

3. 漏斗施工

筒仓混凝土漏斗设计有两种形式：一种为一个筒仓设一个漏斗，漏斗环梁与筒身融为一体；另一种为一个筒仓下设 2 个、4 个或 9 个等多个漏斗，各漏斗之间设纵横梁，各梁锚固在筒身环梁内。混凝土漏斗施工一般与筒仓体分开施工。

（1）筒壁与圈梁同时施工的方法：当筒壁滑升至漏斗圈梁的梁底标高，待混凝土达到脱模强度后，将模板空滑至漏斗圈梁的上口，然后支圈梁及漏斗的模板再浇筑混凝土，如图 5-15 所示，再继续滑升筒壁。在模板空滑过程中，支撑杆容易弯曲，有导致操作平台倾斜的危险，因此必须将支撑杆加固。

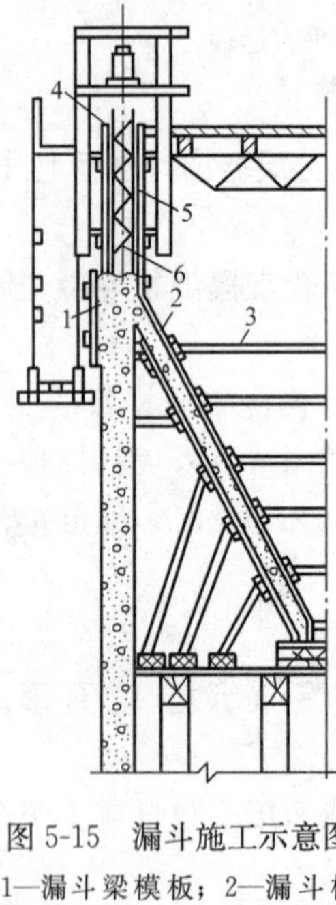

图 5-15　漏斗施工示意图
1—漏斗梁模板；2—漏斗模板；3—支撑；4—受力钢筋；5—环向加固筋；6—斜短钢筋

（2）漏斗与圈梁分开施工的方法：在漏斗圈梁支模浇筑混凝土时预留出漏斗的接槎钢筋。在筒壁滑升施工全部完毕后，再进行漏斗支模、绑扎钢筋及浇筑混凝土。

三、烟囱混凝土施工

（一）烟囱的结构与构造

1. 烟囱基础

混凝土及钢筋混凝土基础，可做成满堂基础或杯形基础。基础包括基础板与筒座，筒座以上部分为筒身，如图 5-16 所示。

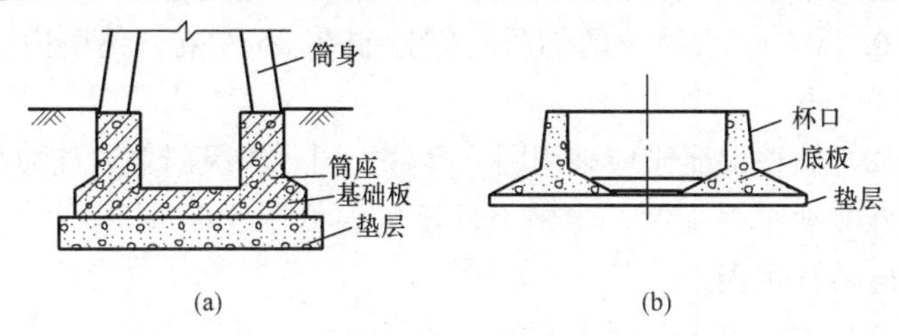

图 5-16 烟囱基础

（a）满堂基础；（b）杯形基础

2. 烟囱筒身构造

砖砌和钢筋混凝土烟囱筒身一般做成圆锥形，筒壁厚度一般由下而上逐段减小。钢筋混凝土烟囱上部壁厚不小于 120mm，当上口内径超过 4m 时，应适当加厚。为了支撑内衬，在筒身内侧每隔一段挑出悬臂（牛腿），挑出的宽度为内衬和隔热层的总厚度。为减少混凝土的内应力，挑出悬臂沿圆周方向，每隔约 500mm 设一道宽度 25mm 的垂直温度缝，如图 5-17（a）所示。

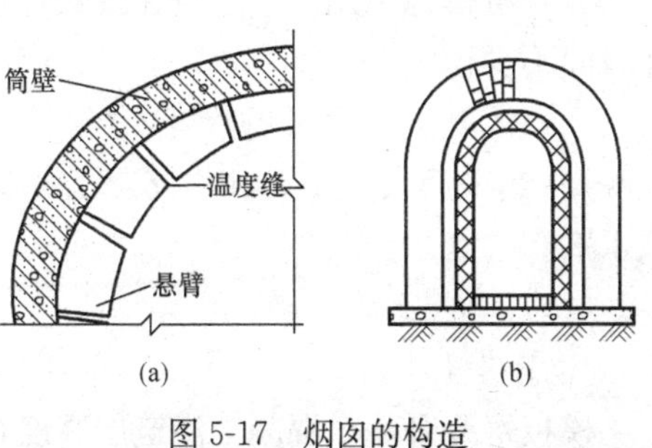

图 5-17 烟囱的构造

（a）温度缝；（b）烟道

3. 烟道

烟道连接炉体和筒身，以利烟气的及时排出。烟道一般砌成拱形通道，如图 5-17（b）所示。

（二）混凝土施工准备

1. 混凝土配合比

（1）滑模施工用混凝土配合比应满足滑模施工工艺要求，滑升速度与混凝土早期强度增长速度相协调。混凝土的脱模强度不低于 0.2MPa。混凝土的初凝时间控制在 2h 左右，终凝时间控制在 4～6h。

（2）筒壁混凝土应采用同一品种、同一等级的普通硅酸盐或矿渣硅酸盐水泥配制。当施工环境气温低于 10℃时，不应使用矿渣硅酸盐水泥。

（3）每立方米的混凝土最大水泥用量不超过 450kg，水灰比不宜大于 0.5。

（4）混凝土粗集料的粒径不应超过筒壁厚度的 1/5 和钢筋净距的 3/4，同时最大粒径不应超过 60mm。

（5）筒壁顶部 10m 高度范围内和采用双滑或内砌外滑方法施工的环形悬臂，不宜采用石灰石作粗集料。

2. 混凝土搅拌

（1）滑模施工用混凝土应在现场搅拌，要求和易性良好，搅拌时间不少于 90s。

（2）混凝土入模时坍落度，当采用机械振捣时，应为 40～60mm；当采用人工振捣时，应为 80～100mm。混凝土中宜掺有减水剂。

（三）混凝土施工

1. 筒身施工

模板每提升一个混凝土浇筑层高度，都应对中心线进行一次检查，测定内、外模板的半径是否准确，并利用调径装置调整一次半径，使提升架向内移动一个收分距离（可根据筒身的坡度和一次的提升高度计算得出，但一次收分量不宜大于10mm），再收紧导索，继续上料，开始下一层混凝土的浇筑工作。

2. 牛腿施工

牛腿一般采用预埋钢筋后浇混凝土法。当浇筑牛腿标高处的筒身混凝土时，在牛腿位置上部和下部的筒身混凝土中预埋与牛腿钢筋连接的连接筋，待模板滑升过后，将预埋钢筋的一端从筒身混凝土中理出扳直，与牛腿钢筋焊接后，再支牛腿模板，浇筑混凝土。为了增强牛腿断面的抗剪能力，筒身与牛腿接槎处应予凿毛，必要时，在预埋钢筋的同时，沿筒壁环向再预埋胶管，待模板滑出后取出形成凹槽齿口。

3. 筒首施工

由于筒首的截面厚度逐渐增大，外模板须由正倾斜度变为反倾斜度，因此当模板上口滑至反倾斜度处，即停止上升。当混凝土达到可脱模的强度（0.1～0.3MPa）时，将外模板松开，把模板下口提至反倾斜度开始处，调好外模板的倾斜度，浇筑混凝土。待新浇筑的混凝土达到脱模强度后，再松开外模板，向上提升一段，又浇筑一层混凝土，如此循环直至施工完毕。由于反倾斜度开始一段空滑高度较大，因此必须做好支撑杆的空滑加固措施。筒首的花格，可采用预埋木盒的方法成型，脱模后将木盒取出。

4. 内衬施工

当烟囱内衬采用耐热混凝土时，内衬耐热混凝土和筒身普通混凝土可同时采用滑升模板施工，在模板滑升过程中，同时浇筑两种不同的混凝土，双层壁体同时连续成型，不断滑升至所需高度，这种施工工艺称为烟囱的“双滑”工艺。它简化了烟囱的施工程序，省去了繁重的内衬砌筑工作，因而施工工期大为缩短。采用“双滑”施工的烟囱，由于两种混凝土中间的夹层材料的不同，其施工方法也有差异。若在两种混凝土之间是以空气作夹层，则施工时，可在提升架下横梁上安设支架，悬吊双面为斜面的上宽下窄的模盒（长60～100cm，厚度为空气层宽度）。当混凝土浇筑完后，模盒随着模板的提升而上升，从而在两种混凝土之间形成所需要的空气隔热层。

5. 混凝土养护

较高的烟囱需要安装一台高压水泵，用ϕ50～ϕ60水管将水送至井架顶部，并随井架的增高而接高，自管顶用胶管向下引水至围设在外吊梯周围的25mm胶皮喷水管内，喷水；胶管上钻有间距120～150mm、直径3～5mm的喷水孔，进行喷水养护。

（四）质量标准

1. 基础

基础的实际位置和尺寸与设计位置和尺寸的误差不应超过表5-1的规定。

表5-1 基础的实际位置和尺寸的允许误差

序号	误差名称	误差数值（mm）
1	基础中心点对设计坐标的位移	15
2	基础杯口壁厚的误差	±20
3	基础杯口内径的误差	杯口内径的1%，且最大不超过50
4	基础杯口内表面的局部凹凸不平（沿半径方向）	杯口内径的1%，且最大不超过50
5	基础底板直径和厚度的局部误差	±20

2. 钢筋混凝土烟囱

钢筋混凝土烟囱筒身的实际尺寸对设计尺寸的误差不应超出表5-2的规定。

表5-2 烟囱筒身实际尺寸的允许误差

序号	误差名称		误差数值（mm）
1	筒身中心线的垂直误差	高度为100m及100m以下的烟囱	烟囱高度的0.15%，不超过100
		高度在100m以上的烟囱	烟囱高度的0.1%

续表

序号	误差名称	误差数值（mm）
2	筒壁厚度的误差	±20
3	筒壁任何截面上的直径误差	该截面筒身直径的1%，且最大不超过50
4	筒身内外表面的局部凹凸不平（沿半径方向）	该截面筒身直径的1%，且最大不超过50
5	烟道尺寸的误差	±20

第四节　预应力混凝土施工

一、桩和柱的预制

（一）桩的预制

（1）钢筋混凝土桩坚固耐久，不受地下水和潮湿变化的影响，可做成各种规格的断面和长度，而且能承受较大的荷载，在建筑工程中应用广泛。

（2）预制钢筋混凝土桩分为实心桩和管桩两种。为了便于预制，实心桩大多做成方形断面，断面一般为200mm×200mm至450mm×450mm。单根桩的最大长度，根据打桩架的高度而定，一般在27m以内，必要时可加长至31m。一般情况下，如需打设30m以上的桩，可将桩预制成几段，在打桩过程中逐段接桩予以接长。管桩是在工厂内采用离心法制成，它与实心桩相比，减轻了桩的自重。

（3）钢筋混凝土预制桩施工，包括预制、起吊、运输、堆放、沉桩等环节。对于这些不同的环节，应该根据工艺条件、土质情况、荷载特点等予以综合考虑，以便拟出合适的施工方案和技术措施。

（4）较短的桩（10m以下），多在预制厂预制。较长的桩，一般情况下在打桩现场附近设置露天预制场进行预制。若条件许可，也可在打桩现场就地预制。

(5) 现场预制多采用工具式木模板或钢模板，支在坚实平整的地坪上，模板应平整、尺寸准确。可用间隔重叠法生产，但重叠层数一般不宜超过四层。长桩可分节制作，一般桩长不得大于桩断面边长或外直径的50倍。

(6) 预制场地的地面要平整夯实，并防止浸水沉陷。对于两个吊点以上的桩，预制时，要根据打桩顺序来确定桩尖的朝向。因为桩在吊升就位时，桩架上的滑轮组有左右之分。若桩尖的朝向不恰当，则临时将桩调头是很困难的。

(7) 桩的主筋上端以伸至最上一层钢筋网以下为宜，与钢筋网应连成T形。这样能更好地接受和传递桩锤的冲击力。主筋必须位置正确，桩身混凝土保护层不可过厚（宜为25mm左右），否则，打桩时容易剥落。

(8) 桩混凝土强度等级不应低于C30，浇筑时应由桩顶向桩尖连续进行，严禁中断，以提高桩的抗冲击能力。浇筑完毕应覆盖洒水养护至少7天，若用蒸汽养护，在蒸养后，还应适当自然养护，达到设计规定强度后方可使用。

(9) 叠浇预制桩时，桩与桩之间要做好隔离层（可涂抹皂角或黏土石灰膏等），以保证起吊时不互相黏结。叠浇预制桩的层数，应根据地面承载力和施工要求而定，一般不宜超过四层。上层桩或邻桩的浇筑，应在下层桩或邻桩混凝土达到设计强度等级的30%以后方可进行。

(10) 桩顶应制作平整，否则易将桩打偏或打坏。每根桩上应标明编号和制作日期，若不预埋吊环，应标明绑扎位置。

（二）柱的预制

1. 柱子模板的铺设

柱子成型采用平卧支模，要求模板架空铺设，基底地坪必须夯实。铺板或钢模底的横棱间距不大于1m，底模宽度应大于柱的侧面尺寸，牛腿处应更宽些。侧模高度应与柱的宽度尺寸相同，其目的是便于浇筑后抹平表面。模板应支撑牢固，防止浇筑时脱开、胀模、变形，导致构件外形失真，造成不合格构件。柱长、柱宽等尺寸要准确，如图 5-18 所示。

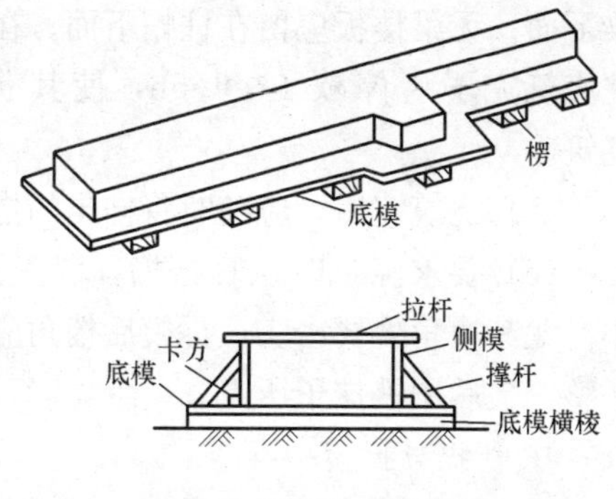

图 5-18　柱子支模示意

2. 绑扎柱子钢筋

柱子钢筋应按施工图的配筋进行穿箍绑扎。注意牛腿处钢筋的绑扎和预埋铁件的安装以及柱顶部的预埋铁板安装，均需做到钢筋长短、规格、数量，箍筋规格、间距的正确无误。最后垫好保护层垫块，并进行隐蔽检查验收。

3. 浇筑混凝土

（1）浇筑柱混凝土前，应进行模板安装、钢筋安放、湿润模板等工作。

（2）柱混凝土浇筑可由一个工作小组从一端向另一端推进，分层厚度宜为 20～30cm。混凝土料入模后，用插入式振动器循序插捣；对于牛腿部位钢筋密集处，原则上要慢灌、轻捣、多捣，并可用带刀片的振动棒，必要时可用插钎配合插捣。对芯模的四周应注意对称下料振捣，以防芯模因单侧压力过大而产生偏移。

（3）柱高在 3m 以内时，可在柱顶直接下混凝土料浇筑。超过 3m 时，应采取措施（用串桶）或在模板侧面开门子洞安装斜溜槽分段浇筑，每段高度不得超过 2m。每段混凝土浇筑后将门子洞模板封闭严实，并用箍筋箍牢。

（4）柱混凝土应一次浇筑完毕，若需留施工缝，则应留在主梁下面；无梁楼板应留在柱帽下面。在与梁板整体浇筑时，应在柱浇筑完毕后停歇1～1.5h，使其获得初步沉实后，再继续浇筑。

(5) 浇筑完后，应随时将伸出的搭接钢筋整理到位。

(6) 要求浇筑时认真振捣，混凝土水灰比和坍落度应尽量小。尤其边角处要密实，拆模后棱角应清晰美观。浇筑面要拍抹平整，最后用铁抹子压光。

4. 养护与拆模

待表面硬化、手按无痕时，覆盖草帘浇水进行养护。养护要指派专人按规范规定时间进行养护，以保证混凝土强度的增长。在混凝土强度达到70%以上后，可适当抽去横棱（最后间距不大于4m）和部分底模。

二、起重机梁预制

（一）预应力T形起重机梁预制

1. 施工准备

清理台座上地模的残渣，涂刷隔离剂。地模一般采用砖胎模，表面用1∶2水泥砂浆抹面找平。也可以台面为底模，直接在台面上支侧模。

2. 钢筋安放与张拉

(1) 安放下部预应力筋及预埋件。安放钢筋前应检查预应力钢筋的制作是否符合设计要求，预埋件规格数量是否正确。

(2) 张拉下部预应力钢筋时应将张拉参数（张拉力、油压表值、伸长值等）标在牌上，供操作人员掌握。张拉前应校验张拉设备仪表，检查锚夹具，不符合要求的不得使用。张拉后持荷2～3min，待预应力值稳定后，方可锚定，张拉至90%σ_{con}时，可进行预埋件、钢箍的校正工作。

(3) 下部预应力钢筋张拉锚固后，方可绑扎钢筋骨架，钢筋骨架的钢筋规格、数量及骨架的几何尺寸都应符合设计要求。骨架一般先预制绑扎后安装入模或模内绑扎。注意预垫好预应力钢筋的保护层。

(4) 上部预应力钢筋的张拉锚固与下部预应力钢筋张拉相同。

(5) 按设计要求绑扎网片，应注意绑扎牢固，与骨架连接正确，以免影响支模。

3. 支侧模、安放预埋件

起重机梁一般采用立式支模生产方法。起重机梁宜优先选用钢制模板；若采用木模，则模板与混凝土接触的表面宜包钉镀锌铁皮，以使构件表面光滑平整。端模采用拼装式钢板，以便在预应力钢筋放松前可以拆除；模板内侧应涂刷非油质类模板隔离剂。模板应具有足够的刚度，要求不变形、不漏浆、装拆方便。用地坪台面作底板时，安装模板应避开伸缩缝；若必须跨压伸缩缝，则宜用薄钢板或油毡纸垫铺，以备放张时滑动。侧模支好后，预埋件可随之安装定位。铁件数量、规格应检验合格，定位要牢固，位置应正确。

4. 浇筑混凝土

人工操作必须反铲下料；若用料斗下料，应注意铺料均匀，料斗下料高度应小于 2m，下料速度不可过快，注意避免压弯起重机梁上部构造钢筋网片或骨架。

采用插入式振动器分层振捣，每层厚度为 300～350mm。起重机梁腹部应采用垂直振捣，对上部翼缘应采用斜向振捣。振捣时应避免碰撞钢筋和模板。振动以混凝土振出浆为度，每次插入时应将振捣棒插入下层混凝土 50mm 左右，以使上下层混凝土接合密实；起重机梁的振捣应从一端向另一端进行。应注意振实铁件下的混凝土，起重机梁上表面应用铁抹抹平。应一次浇筑完成，不留施工缝，并应将每一条长线台座上的构件在一个生产日内全部完成。浇筑完毕即应覆盖养护。

5. 养护拆模

(1) 对浇筑完毕的混凝土应在其初凝前覆盖保湿养护，直至放张吊运归堆，并在归堆后继续养护。养护的时间不应少于14天。

(2) 侧模在混凝土强度能保证棱角完整，构件不变形，无裂缝时方可拆除。浇筑混凝土后要静停1～2天方可拆除侧模和端模，拆模后应检查外表，对胀大的应凿除，对漏浆蜂窝等缺陷应及时修补。

(二) 普通钢筋混凝土起重机梁预制

1. 模板支设

起重机梁宜立置浇筑成型，立置堆放和运输。现场预制直接吊装的应做好现场预制平面布置，要按照吊装工序的安排，使起重机梁能就地起吊、安装。现场应设有临时的排水沟，预防下雨时原地下沉。生产采用的立式地胎模，应表面平整、尺寸准确，其模板支设如图5-19所示。可优先选用型钢底模，也可采用混凝土或砖地模，底模应抄平，置于坚硬的混凝土台面上，避开台面伸缩缝布置。隔离剂涂刷后应保持清洁，若被雨水冲刷应补刷。

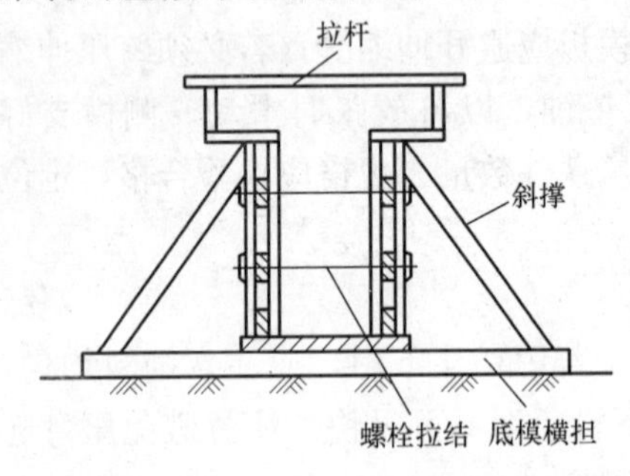

图5-19 起重机梁支模示意图

2. 钢筋绑扎

钢筋骨架安装定位前应检查钢筋骨架中钢筋的种类、规格、数量、几何形状和尺寸是否符合设计要求，预埋铁件的规格、数量、位置及焊接是否正确。安装定位应用带有横担的无水平分力的吊具吊运，平整轻落于底模上。注意钢筋骨架落位时应设置直径为25mm、间距为1000mm、长度与钢筋骨架宽度相等的垫筋，以保证受拉主筋的保护层厚度。若有预应力筋，则在施工时要预埋管道，管道根据施工实际情况确定，采用钢管或胶管，待浇筑混凝土后抽出成孔；或用薄钢波纹管作永久性预埋。

3. 安装侧模板

宜优先选用钢制侧模板。侧模安装应平整且结合牢固，拼缝紧密不漏浆，内壁要平整光滑，木模应尽量刨光，转角处应顺滑无缝以便脱模，要求侧向弯曲不大于 $L/2000$，平面扭曲不大于 $L/1500$，几何尺寸要准，斜撑螺栓要牢靠，预埋铁件预留孔洞位置尺寸应符合设计要求，侧模板安装后应保持模内清洁无杂质残渣，以保证混凝土的浇筑质量。

4. 混凝土浇筑

混凝土浇筑前应检验钢筋、预埋件规格、数量，钢筋保护层厚度及预埋孔洞是否符合设计要求，浇筑时应润湿模板，并采用人工下料；混凝土浇筑层厚度为 300～350mm，采用插入式振动器振捣成型。振动时应做到不漏振，振动棒应避免撞击钢筋、模板、吊环、预埋铁件等，振动时间不少于 10s，不大于 60s。每振好一点，振动棒应缓慢抽出，以免留下气洞。振捣混凝土时应时常注意观察模板、支撑架、钢筋、预埋铁件和预留孔洞的情况。若发现有松动变形、钢筋移位、漏浆等现象则应停止振捣，并在混凝土初凝前修整完后继续振捣直至成型。浇筑顺序应从一端向另一端进行。当浇至上部预埋铁件时应注意捣实下面的混凝土，并保持预埋件位置正确。起重机梁上表面应用铁抹平。浇捣完毕 12h 内应覆盖草包或塑料薄膜，浇水养护。浇捣过程中应按规定制作试块。

5. 养护

要特别重视起重机梁养护。由于起重机梁受动荷载作用，若构件上有收缩裂缝出现，将会对受力极为不利，因此必须严格遵照规范上的要求进行养护。

6. 拆模

拆模应根据模板支撑方式确定。凡立式支模的，可在浇筑后的2～3天内拆除两侧侧模，但拆后应支撑好梁，以保持稳定，底模则要到吊装时才能拆下。采用卧式支模，由于浇筑后短期内能拆的侧模量较少，所以可根据实际情况有选择地拆除，底模也要到吊装时才能拆下。

三、屋架预制

（一）普通钢筋混凝土屋架预制

1. 模板支设

屋架一般采用平卧或平卧重叠的浇捣方法，在施工现场预制，以便翻身扶正直接吊装。

（1）平卧或平卧重叠法生产屋架，其底模可采用素土夯实铺砖，上抹1∶2水泥砂浆找平，做成砖胎模或在混凝土地坪上直接做砖胎模。

（2）底模布置时应避开地坪伸缩缝，现场素土上的砖胎模应设置临时排水沟，预防下雨时地基下沉。

（3）平卧重叠生产可解决平卧占地面积较大的问题。待下层屋架混凝土强度达到设计强度的30%时，即可在其表面涂刷隔离剂后在上面重叠制作上一层屋架，重叠的层数（高度）以不影响起重设备回转为原则，一般宜为3～4层。

（4）底模制作要求表面平整光滑，用仪器找平。几何尺寸符合设计要求，各杆件中心线应处于同一平面，底模应按施工平面布置图的位置制作以便吊装。

（5）底模在使用前应涂刷两道隔离剂，以后每次使用脱模后及再次使用前应清扫表面，铲除残渣，涂刷隔离剂。

（6）支模的局部剖面如图5-20所示，再往上支第二层时，只要将侧模上移，侧向支牢即可。

2. 浇筑

屋架浇筑参见柱的混凝土浇筑。

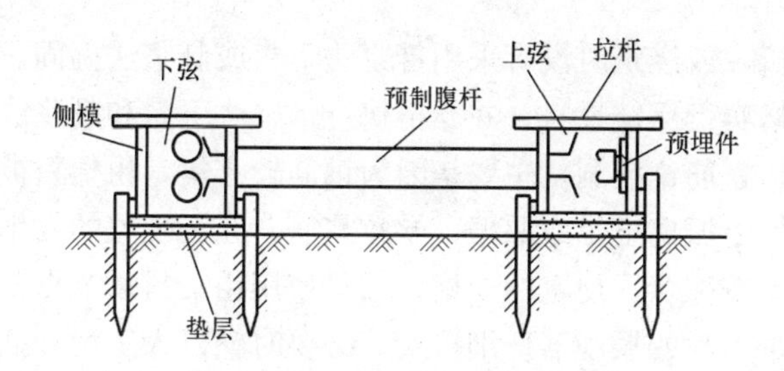

图 5-20 屋架卧式支模圈

3. 养护

屋架养护一定要用草袋包裹覆盖，再浇水养护，严禁曝晒和只浇水不覆盖的养护。养护要指派专人。由于养护不当，使表面产生粉化状态而降低强度的质量事故是时有发生的。因此，不能忽视断面较小构件的养护工作。现场一般采用自然养护，在浇筑完成 12h 以内覆盖塑料薄膜或草袋浇水保湿养护。要求薄膜覆盖至底板，保湿养护不少于 14 天。浇水养护时，应多次数、少水量养护，以免水量过多浸软土基，从而引起地胎模底板下沉，导致构件变形。

4. 拆模

侧模在混凝土强度达到 5MPa，能保证构件不变形，棱角完整无裂缝时方可拆除。

5. 扶正吊装

在混凝土强度达到设计要求后，方可翻身扶直，吊装上柱顶。屋架翻身吊装前，应用小撬杆轻拨屋架，使屋架与底模分离，以便翻身吊装。

6. 预制屋架易出现的质量问题

（1）混凝土表面出现麻面。由于浇筑前没有在模板上洒水湿润、湿润不足，混凝土水分被模板吸去，或模板拼缝漏浆，构件表面浆少。因此浇筑前模板应浇水湿润，但不得积水；浇筑前先检查模板拼缝，对可能漏浆的缝，设法封嵌。

（2）混凝土表面出现蜂窝。原因是浇筑时正铲投料，人为地造成离析，或浇筑时没有采用带浆法下料或赶浆法捣固。防治方法是严格实行反铲投料，并严格执行带浆法下料和赶浆法捣固。

（3）露筋、孔洞。主要是因为钢筋较密集，粗集料被卡在钢筋上，加上振捣不足或漏振，导致露筋、孔洞现象的发生。因此搅拌站要按配合比规定的规格、数量使用粗集料；节点钢筋密集处应用带刀片的振动器仔细振实，必要时辅以人工钢钎插捣。

（4）构件出现裂缝。构件出现裂缝的原因是由于曝晒或风大水分蒸发过快，或覆盖养护不及时出现塑性收缩裂缝。因此在高温季节施工时要防止水分过多散失，成型后立即进行覆盖养护。

（二）后张法预应力屋架预制

1. 施工准备

（1）预应力屋架一般采用卧式重叠法生产，重叠不超过 3～4 层。

（2）地胎模应按照施工平面图布置，不仅应满足屋架翻身扶正就位和吊装要求，还要在每榀屋架地胎模之间留有一定的距离并互相错位，以满足预应力屋架抽管、穿筋和张拉的要求。

（3）预应力屋架生产可采用砖胎模。砖胎模底层素土夯实，1∶2 水泥砂浆抹面找平，几何尺寸应准确，注意临时排水。

（4）砖胎模使用前应涂刷隔离剂，使用后应铲除残渣瘤疤，涂刷隔离剂。当下层屋架混凝土强度达到 10MPa 后才能浇筑上部混凝土。下层屋架在叠层前应均匀涂刷隔离剂。隔离剂必须可靠有效，不影响外观。

2. 绑扎钢筋

预应力屋架的钢筋骨架可在隔离剂已干燥的地胎模上绑扎成型。绑扎方法与普通钢筋混凝土屋架的钢筋骨架绑扎相似，但绑扎时应同时预留孔道并固定芯管。

3. 预留孔道

（1）屋架下弦预留直线孔道多采用钢管抽芯法。在钢筋骨架绑扎过程中，预置芯管可用井字架绑扎固定。

（2）抽芯的钢管表面必须圆、滑、顺直，不得出现伤痕及凸凹印，预埋前应除锈，刷脱模剂。

由于屋架要求起拱，直线孔道在屋架下弦中间形成弯折，此处芯管通常做成两节，并加装套管，如图 5-21 所示。

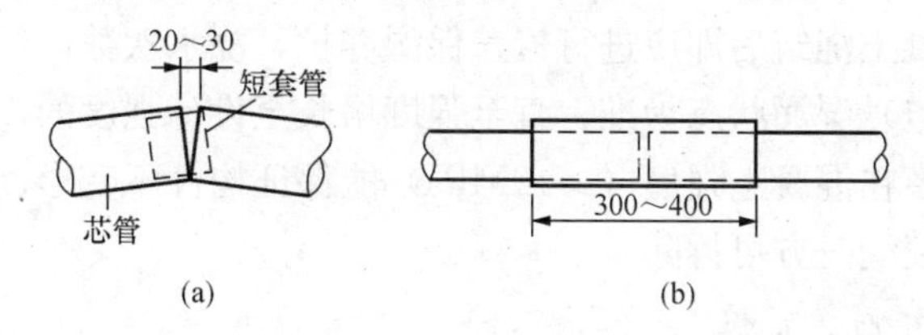

图 5-21　芯管连接

（a）芯管连接（起拱）；（b）套管连接

（3）屋架应一次浇筑完毕，不允许留施工缝。

（4）浇筑方法宜采用由下弦中间节点开始向上弦中间节点会合的对称浇捣方法，这样有利于抽芯管。

4. 侧模安装

侧模可采用木模板，应按要求留置灌浆孔及排气孔。灌浆已浇筑的混凝土凝结前修整完好。

5. 抽芯管

（1）在混凝土浇筑后每隔 10～15min 应将芯管转动一次，以免混凝土凝结硬化后芯管抽不动；转动时若出现裂纹，则应及时用抹子搓动压平予以消除。

（2）抽管顺序是先上后下，可用手摇绞车或慢速电动卷扬机抽拔。若用人工抽拔，则抽管时应边转边抽，速度均匀，保持平直，每组 4～6 人；应在抽管端设置可调整高度的转向滑轮架或设置一定数量的马凳，使管道方向与施拔方向同在一条直线上，保护管道口的完整。

（3）抽管时若发生孔道壁混凝土坍落现象，则可待混凝土达到足够强度后，将其凿通，清除残渣，以不妨碍穿筋。

（4）抽芯后应检查孔道有无堵塞，可用强光电筒照射，或用小口径胶（铁）管试穿，若堵塞，应及时清理。清理孔道可采用清孔器将孔道拉通。清孔器与插入式振动器相似，但软管较长，振动棒改为螺旋钻嘴。

6. 养护拆模

混凝土浇筑后即应进行覆盖保湿养护，浇水次数以保持覆盖物（草包）湿润状态为准，直至强度增长至设计强度的100%。

侧模在混凝土强度（>12MPa）能保证构件不变形、棱角完整、无裂缝时方可拆除。

7. 穿筋、张拉

按设计和施工方案穿筋和张拉。

8. 孔道灌浆

（1）预应力钢筋张拉后，孔道应尽快灌浆。

（2）灌浆材料一般使用纯水泥浆。

（3）灌浆前，应先将下部孔洞临时用木塞封堵，并用压力水冲洗管道，直至最高的排气孔排出水。然后撤除木塞，留在管道内的水将在灌浆时被灰浆先行排出。

（4）灌浆时，灰浆泵工作压力保持在0.5～0.6MPa为宜，压力过大易胀裂孔壁。水泥浆应过筛，以免水泥夹有硬块而堵塞泵管或孔道。灌浆顺序应先下后上，以免上层孔道漏浆而堵塞下层孔道。灌浆至一定程度时，将有浆体从各个孔道口冒出，待冒出与灌浆稠度基本一致的浓浆时，即可用木塞堵死。冒一个，堵一个。全部堵完后将灰浆泵压力提高至0.6～0.8MPa，随即停机。待几分钟后拔出灌浆嘴，并同时用木塞堵死。端头锚具也应尽早用混凝土封闭。灰浆应留试块，除测定强度外，还可作为移动构件的参考。

（5）灌浆工作应连续进行不得中断，防止浆料在某个部位堵塞管道，应有各种备用机械应急。若因故障在20min后不能继续灌浆，则应用压力水将已灌部分全部冲洗出外以后，另行灌浆。

(6) 当孔道水泥浆硬化后，即可将灌浆孔木塞拔出，用水泥浆填平。试压灰浆试块，在水泥浆强度达到15MPa时方可吊装。

9. 屋架扶直就位吊装

屋架在孔道灌浆强度达到15MPa以上时即可翻身扶直就位并可直接吊装。

第五节 特性混凝土施工

一、轻集料混凝土施工

(一) 轻集料混凝土的运输和堆放

(1) 轻集料要按不同品种分批运输和堆放，避免混杂，以免影响混凝土的技术性能。

(2) 轻集料在运输和堆放时，应尽量保持颗粒的混合均匀，避免大小分离；采用自然级配堆放时，其高度不宜超过2m。并应防止泥土、树叶及其他有害物质等混入。

(二) 轻集料混凝土的搅拌

(1) 轻集料混凝土拌制时，砂轻混凝土拌合物的各组分材料均按质量计量；全轻混凝土拌合物中的轻集料组分可采用体积计量，但宜按质量进行校核。

(2) 粗集料、细集料、掺和料的质量计量允许偏差为±3%，水、水泥和外加剂的质量计量允许偏差为±2%。

(3) 轻集料混凝土在每批量生产前必须测定轻集料的含水率；在批量生产过程中应经常抽测轻集料的含水率；雨天施工或拌合物和易性反常时，应及时测定轻集料含水率，调整用水量。

(4) 轻集料混凝土拌合物的搅拌必须采用强制式搅拌机。

(5) 采用强制式搅拌机的加料顺序：先加细集料、水泥和粗集料，再加1/2总用水量搅拌约1min后，最后再加水继续搅拌不少于2min。

(6) 使用外加剂时，外加剂应预先溶化在水中，待混合溶液均匀后，再加至剩余的水中，一同加入搅拌机。

（三）轻集料混凝土拌合物的运输

（1）轻集料混凝土拌合物的运输和停放时间不宜过长，否则容易出现离析。轻集料混凝土拌合物从搅拌机卸出后至浇灌入模内的延续时间，一般不超过 45min。

（2）轻集料混凝土拌合物在运输和停放中，若出现拌合物和易性降低时，宜在卸料使用前掺入适量减水剂进行二次搅拌，满足施工所需和易性要求。

（3）轻集料混凝土用泵送时，必须在拌和前将粗集料浸水预湿至接近饱和状态，以避免粗集料在压力作用下大量吸水，确保轻集料混凝土能够像普通混凝土一样进行泵送。否则，在压力作用下轻集料易于吸收水分，使混凝土流动性下降，增加了与输送管道的摩擦力，容易引起管道的阻塞，输送管的管径不宜小于 125mm。

（四）轻集料混凝土拌合物的浇灌和成型

（1）用半干硬性轻集料混凝土拌合物浇灌钢筋轻集料混凝土构件时，应采用振动台振捣成型和表面加压（0.2N/cm^2 左右）成型。厚度小于 20cm 的构件，允许采用表面振动成型。

（2）现场浇筑竖向结构物时，每层浇灌的厚度应控制在30～50cm，并采用插入式振捣器进行振捣。

（3）浇筑面积较大的构件，如厚度超过 24cm 时，宜先用插入式振捣器振捣，再用平板式振捣器进行表面振捣。

（4）插入式振捣器在轻集料混凝土中插入点之间的距离应不大于棒的振动作用半径的一倍。插入式振捣器硬插入下层拌合物约 50mm。

（5）轻集料混凝土的振捣延续时间以拌合物捣实为准，振捣时间不宜过长，以防轻集料上浮。振捣时间随拌合物稠度、振捣部位等不同，在 10～30s 内选用。

（五）轻集料混凝土的养护

（1）当采用自然养护时，轻集料混凝土浇筑成型后应防止表面失水太快，避免由于内外温差太大而出现表面网状裂纹现象。脱模后应及时覆盖和喷水养护。

（2）采用自然养护时，保湿养护时间应遵守下列规定：用普通硅酸盐水泥、硅酸盐水泥、矿渣水泥拌制的混凝土，湿养护时间不少于7天；用粉煤灰水泥、火山灰水泥拌制的混凝土和掺缓凝型外加剂的混凝土，湿养护时间不少于14天。构件用塑料薄膜覆盖养护时，要保持密封，保持膜内有凝结水。

（3）采用蒸汽养护时，成型后静停时间不宜少于2h，并应控制升温和降温速度。

二、高强混凝土施工

（1）高强混凝土施工时要严格控制配合比，各种原材料称量误差不应超过以下规定：水泥±2%；活性矿物掺和料±1%；粗集料、细集料±3%；水、高效减水剂±0.1%。

（2）高强混凝土应采用强制式搅拌机拌制，并适当延长搅拌时间。严格控制高效减水剂的掺入量，掌握正确的掺入方法。高强混凝土应尽量缩短运输时间，选择好高效减水剂的最佳掺入时间，以免高效减水剂失效而造成混凝土坍落度减小。

（3）高强混凝土要避免因搅拌和运输时间过长而增加含气量，因为对水灰比小的高强混凝土来讲，会因含气量增加而造成强度下降。据统计，对于强度为60MPa的高强混凝土，每增加1%的含气量，抗压强度将降低5%；强度为100MPa的高强混凝土，每增加1%含气量，强度降低达9%。

（4）高强混凝土应用高频振捣器充分振捣，浇筑后8h内应覆盖并浇水养护，养护时间应不少于14天。由于高强混凝土水灰比小，水泥用量较多，养护不当容易失水，出现干缩裂缝，影响混凝土的质量。

（5）高强混凝土采用泵送施工时，要控制水泥用量，一般不超过 500k/m³，可以掺入水泥重量的5%～10%的磨细粉煤灰替代部分水泥，每掺 1kg 粉煤灰可替代 0.5kg 水泥，而粉煤灰颗粒具有球形玻璃体的光滑表面，有利于混凝土的泵送。应选用减水效率高，有一定缓凝和少量引气作用的减水剂或复合型减水剂。砂率应适当控制，既要保证混凝土的强度，又要能满足泵送施工的要求。一般在满足泵送施工要求的前提下，砂率宜控制在37%以内。

（6）高强混凝土中掺入高效减水剂后，在流动性相当的条件下，对混凝土的凝结不会产生多大影响，在坍落度增大或气温较低、高效减水剂掺量较大时，混凝土的凝结往往会延缓。因此在确定后张法预应力混凝土构件抽拔管道和拆模时间时，应根据试验来确定。

（7）用高效减水剂配制的高强混凝土，由于坍落度损失大于不掺或掺木钙的混凝土，因此浇筑完毕后的表面抹面处理更应认真对待。

（8）配制高强混凝土所用的水泥强度高，用量大，因此水泥的水化热高，使混凝土内部的温度较高而产生较大的温度应力，有可能导致混凝土开裂。为减小混凝土浇筑后结构物或构件的内外温差，应采取保温措施。又因高强混凝土水泥用量较大，比普通混凝土的干缩性大，所以更应该重视保湿养护。

（9）高强混凝土在搅拌时，如果所用水泥的温度过高或用水温度过高（>50℃）时，可能会使掺高效减水剂的混凝土出现假凝现象，失去减水剂的减水效能。此时，应将所有水泥或搅拌用水的温度降低。

（10）如果采用复合型高效减水剂时，应该通过试验证明这些复合组成对混凝土的凝结硬化和体积稳定性不产生影响，对钢筋无锈蚀作用。

（11）配制高强混凝土时，应择优选用减水剂和水泥，尤其当混凝土强度比水泥标准抗压强度高出 10MPa 以上时，更为重要。

(12) 掺高效减水剂的高强混凝土，往往会出现坍落度减小过多的问题，应根据不同工程的特点，通过复配手段，选择对坍落度影响小的优质产品。施工中应考虑到输送过程中坍落度损失对浇筑抹面的影响。

三、泵送混凝土施工

(一) 泵送混凝土对模板和钢筋的要求

(1) 对模板的要求。由于泵送混凝土的流动性大和施工的冲击力大，因此在设计模板时，必须根据泵送混凝土对模板侧压力大的特点，确保模板和支撑有足够的强度、刚度及稳定性。

(2) 对钢筋的要求。浇筑混凝土应注意保护钢筋，一旦钢筋骨架发生变形或位移，应及时纠正。混凝土板和块体结构的水平钢筋骨架（网），应设置足够的钢筋撑脚或钢支架。钢筋骨架重要节点应采取加固措施。行动布料杆应设钢支架架空，不得直接支撑在钢筋骨架上。

(二) 混凝土的泵送

混凝土泵的操作是一项专业技术工作，要做到安全使用及正确操作，应按照使用说明书及其他有关规定的要求，并结合现场实际情况制定专门操作要点。操作人员必须经过培训合格后，方可上岗独立操作。

混凝土泵要安装牢靠，防止移动和倾翻。混凝土泵与输送管连通后，应按混凝土泵使用说明书的规定进行全面检查，符合要求后方能开机进行空运转。

混凝土泵启动后，先泵送适量的水，以润湿混凝土泵的料斗、活塞及输送管的内壁等直接与混凝土接触的部位。经泵送水检查，确认混凝土泵和输送管中没有异物后，可以采用与泵送混凝土配合比成分相同的水泥砂浆（除粗集料外），也可以采用纯水泥浆或1∶2水泥砂浆润湿内壁。这种润湿用的水泥浆或水泥砂浆应分散布料，不得集中浇筑在同一处。

开始泵送时，混凝土泵应处于慢速、匀速并随时可反泵的状态。泵送的速度应先慢后快，逐步加速。同时，应观察混凝土泵的压力和各系统的工作情况，待各系统运转顺利后，再按正常速度进行泵送。混凝土泵送应连续进行。如必须中断时，应保证混凝土从搅拌至浇筑完毕所用的时间不超过混凝土允许的延续时间。

泵送混凝土时，混凝土泵的活塞应尽可能保持在最大行程运行。这样做一是可提高混凝土泵的输送效率，二是有利于机械的保护。混凝土泵的水箱或活塞清洗室中应经常保持充满水。泵送时，如输送管内吸入空气，应立即进行反泵吸出混凝土，将其送入料斗中重新搅拌，排出空气后再泵送。

当混凝土泵出现压力升高且不稳定、油温升高、输送管有明显振动等现象而泵送困难时，不得强行泵送，应立即查明原因，采取以下措施排除：

(1) 反复进行反泵和正泵，逐步吸出至料斗中，重新搅拌后再泵送。

(2) 可用木槌敲击的方法，查明堵塞部位，并在管外击松混凝土后，重复进行反泵和正泵，排除堵塞。

(3) 当上述两种方法无效后，应在混凝土卸压后，拆除堵塞部位的输送管，排出混凝土堵塞物后，再接通管道。重新泵送前，应先排除管内空气，方可拧紧接头。

(4) 混凝土泵送过程中，若需要有计划地中断泵送时，应在预先确定中断浇筑的部位停止泵送，且中断时间不要超过 1h。同时应采取下列措施：

1) 混凝土泵车卸料清洗后重新泵送。或利用臂架将混凝土泵入料斗中，进行慢速间歇循环泵送；有配管输送混凝土时，可以进行慢速间歇泵送。

2) 固定式混凝土泵，可利用混凝土搅拌运输车内的料，进行慢速间歇泵送，或利用料斗内的混凝土拌合物，进行间歇反泵和正泵。

3）慢速间歇泵送时，每隔 4～5min 进行一次四个行程的正、反泵。

4）当向下泵送混凝土时，先把输送管上气阀打开，待输送管下段混凝土有了一定压力时，方可关闭气阀。

5）混凝土泵送结束前，正确计算尚需用的混凝土数量，并应及时告知混凝土搅拌站。

6）泵送过程中被废弃和泵送终止时多余的混凝土，应按预先确定的方法及时妥善处理。

7）泵送完毕后，将混凝土泵和输送管清洗干净，防止废浆高速飞出伤人。

（三）泵送混凝土的浇筑

1. 泵送混凝土的浇筑顺序

（1）泵送混凝土浇筑时，由远而近浇筑。

（2）在同一区域浇筑混凝土时，按先浇筑竖向结构然后浇筑水平结构的顺序，分层连续浇筑。

（3）如不允许留施工缝时，在区域之间、上下层之间的混凝土浇筑间歇时间，不得超过混凝土初凝时间。

（4）当下层混凝土初凝后，在浇筑上层混凝土时，应先按留施工缝的规定处理。

2. 泵送混凝土的布料

（1）在浇筑竖向结构混凝土时，布料设备的出口离模板内侧面不应小于 50mm，并不得向模板内侧面直接冲料，也不得将料直冲钢筋骨架。

（2）浇筑水平结构混凝土时，不得在同一处连续布料。应在 2～3m 范围内水平移动布料。

（3）混凝土分层浇筑时，每层的厚度为 360～500mm。

（4）泵送混凝土振捣时，捣棒移动间距一般为 400mm 左右，一次振捣时间一般为 15～30s，并且在 20～30min 后进行二次复振。

四、防水混凝土施工

（1）防水混凝土施工，尽可能一次浇筑完成，因此，必须根据所选用的机械设备制定周密的施工方案。尤其对于大体积混凝土更应慎重对待，应计算由水化热所能引起的混凝土内部温升，以采取分区浇筑、使用水化热低的水泥或掺外加剂等相应措施；对于圆筒形构筑物，如沉箱、水池、水塔等，应优先采用滑模方案；对于运输通廊等，可按伸缩缝位置划分不同区段，间隔施工。

（2）施工所用水泥、砂、石子等原材料必须符合质量要求。水泥如有受潮、变质或过期现象，不能降格使用。砂、石的含泥量影响混凝土的收缩和抗渗性，因此，限制砂的含泥量在3%以内，石子的含泥量在1%以内。

（3）防水混凝土工程的模板要求严密不漏浆，内外模之间不得用螺栓或钢丝穿透，以免造成透水通路。

（4）钢筋骨架不能用铁钉或钢丝固定在模板上，必须用相同配合比的细石混凝土或砂浆制作垫层，以确保钢筋保护层厚度。防水混凝土的保护层不允许有负误差。此外，若混凝土配有上、下两排钢筋时，最好用吊挂方法固定上排钢筋，若不可能而必须采用铁马架时，则铁马架应在施工过程中及时取掉，否则，就需在铁马架上加焊止水钢板，以增加阻水能力，防止地下水沿铁马架渗入。

（5）为保证防水混凝土的均匀性，其搅拌时间应较普通混凝土稍长，尤其是对于引气剂防水混凝土，要求搅拌2～3min。外加剂防水混凝土所使用的各种外加剂，都需预溶成较稀溶液加入搅拌机内，严禁将外加剂干粉和高浓度溶液直接加入搅拌机，以防外加剂或气泡集中，影响混凝土的质量。引气剂防水混凝土还需按时抽查其含气量。

（6）光滑的混凝土泛浆面层，对防止压力水渗透有一定作用，所以模板面要光滑，钢模板要及时清除模板上的水泥浆。

(7) 为保证混凝土的抗渗性，防水混凝土不允许用人工捣实，必须用机械振捣。振捣要仔细，对于引气剂防水混凝土和减水剂防水混凝土，宜用高频振动器排除大气泡，以提高混凝土的抗渗性和抗冻性。

(8) 施工缝应尽可能不留或少留。如因浇筑设备等条件限制不能连续进行浇筑时，可按变形缝划分浇筑段。每一浇筑段应争取一次浇筑完毕。如有困难，底板必须连接浇筑完，墙板可留设水平施工缝，不得留设垂直施工缝，如必须留设垂直施工缝时，应尽量与变形缝相结合，按变形缝处理。水平缝位置应避开剪力和弯矩最大处或底板与侧墙交接处，而应留在距底板表面200mm以上，距离墙孔洞边缘不小于300mm，并采取相应措施，做到接缝处不渗不漏。

防水混凝土工程常用的施工缝有平口、企口和竖插钢板止水片等几种形式。为了使接缝紧密结合，无论采用哪种接缝形式，浇筑前均需将接缝表面凿毛，清理浮粒和杂质，用水清洗干净并保持湿润，再铺上20～25mm厚的砂浆，所用材料和灰砂比应与浇筑墙体混凝土所用的一致，捣实后再继续浇筑上部墙体。

(9) 在厚度大于1m的钢筋防水混凝土结构中，可填充粒径为150～250mm的块石，其掺入量不应超过混凝土体积的20%。块石必须分层直立埋置，间距不小于150mm，与模板的间距不小于200mm，使结构顶面及底面均有150mm以上的混凝土层。

(10) 防水混凝土必须振捣密实，采用机械振捣时，插入式振动器插入间距不应超过有效半径1.5倍，要注意避免欠振、漏振和过振，在施工缝和埋设件部位尤需注意振捣密实。要注意避免振动器触及模板、止水带及埋设件等。

(11) 防水混凝土的养护对其抗渗性能影响极大，混凝土早期脱水或养护过程中缺少必要的水分和温度，抗渗性大幅度降低，甚至完全丧失。因此，当混凝土进入终凝（约浇灌后4～

6h）即应开始浇水养护，养护时间不少于 14 天。防水混凝土不宜采用蒸汽养护，冬期施工时可采取保温措施。

（12）防水混凝土因对养护要求较严，因此不宜过早拆模，拆模时混凝土表面温度与周围气温温差不得超过 15～20℃，以防混凝土表面出现裂缝。

第六节　模板混凝土施工

一、大模板混凝土施工

（一）外墙模板施工

1. 门窗洞口的设置要求

（1）将门窗洞口部位的模板骨架取掉，按门窗洞口的尺寸，在骨架上做一边框，与大模板焊接为一体（见图 5-22）。门窗洞口宜在内侧大模板上开设，以便在振捣混凝土时便于进行观察。

（2）保存原有的大模板骨架，将门窗洞口部位的钢板面取掉。同样做一个型钢边框，并采取散支散拆或板角结合做法，如图 5-23 所示。

做法是将门窗洞口各侧面做成条形模板，用铰链固定在大模板骨架上。各个角部用钢材做成专用角模。支模时用钢筋钩将各片侧模支撑就位，然后安装角模，角模与侧模采用企口缝搭接。

2. 外墙外侧大模板支设平台

外墙外侧大模板在有阳台的部位，可支设在阳台上，但要注意调整好水平标高。在没有阳台的部位，要搭设支模平台架，将大模板搭设在支模平台架上。支模平台架由三角挂架、平台板、安全护身栏和安全网组成。三角挂架是承受大模板和施工荷载的部件，其杆件用∟ 50×5 焊接而成。每个开间设置两个，用螺栓挂钩固定在下层的外墙上，如图 5-24 所示。

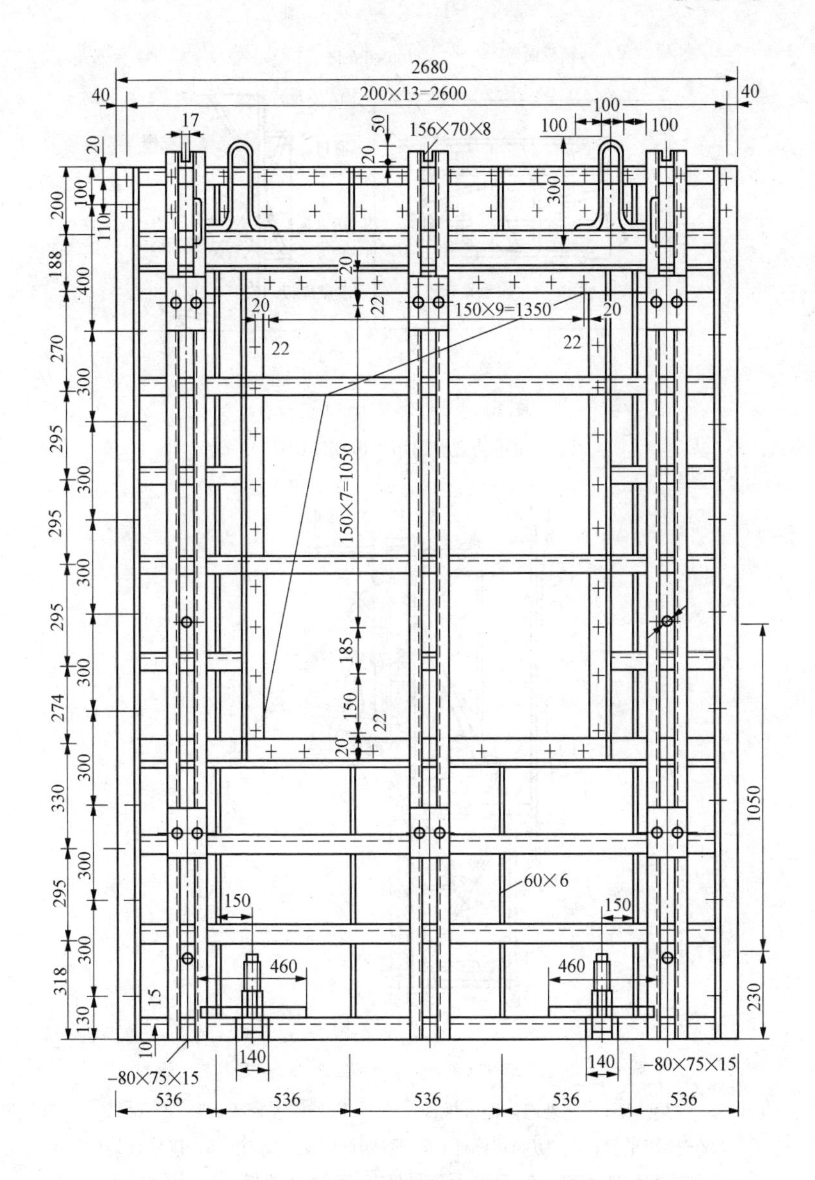

图 5-22　外墙大模板门窗洞口做法

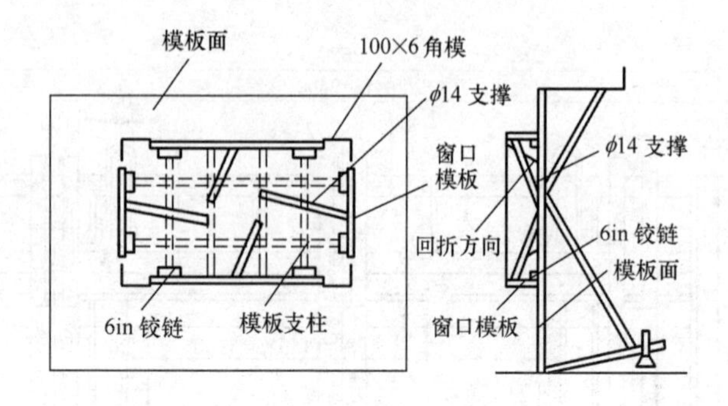

图 5-23　外墙窗洞口模板
固定方法（1in=0.0254m）

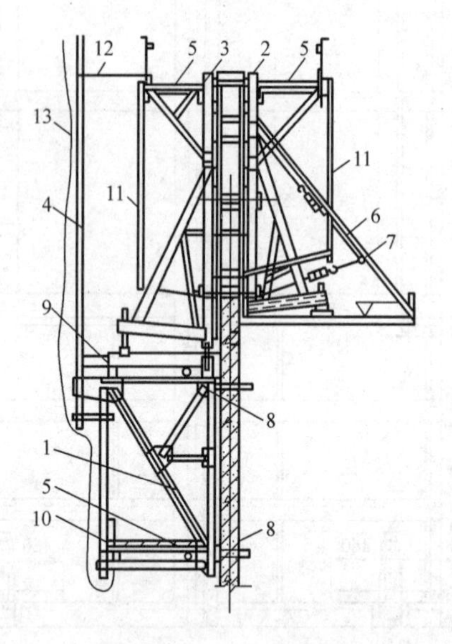

图 5-24　三角挂架平台

1—角挂架；2—外墙内侧大模板；3—外墙外侧大模板；4—护身栏；5—操作平台；6—防侧移撑杆；7—防侧移位花篮螺栓；8—螺栓挂钩；9—模板支撑滑道；10—下层吊笼吊杆；11—上人爬梯；12—临时拉结；13—安全网

（二）内墙大模板施工

内墙大模板有整体式、组合式、拼装式和筒形式几种。

1. 整体式大模板

这类模板是按每面墙的大小，将面板、骨架、支撑系统和操作平台组拼焊成整体。其特点是：每一层结构的横墙与纵墙混凝土必须要分两次浇筑，工序多，工期长，且横、纵墙间存在垂直施工缝。另外，这类模板只适用于大面积标准化剪力墙结构施工，若结构的开间、进深尺寸改变，则需另配制模板施工。其构造如图 5-25 所示。这类大模板多采用钢板作面板，具有板面平整光洁、易于清理、耐磨性好等特点，且强度和刚度良好，可周转使用 200 次以上，比较经济。

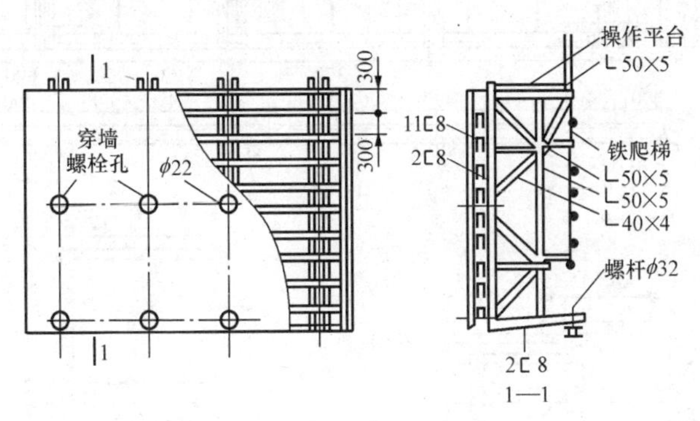

图 5-25　整体式大模板

2. 组合式大模板

由板面、支撑系统、操作平台等部分组成。它是目前常用的一种模板形式。这种模板是在横墙平模的两端分别附加一个小角模和连接钢板，即横墙平模的一端焊扁钢做连接件与内纵墙模板连接，如图 5-26 所示节点 A；另一端采用长销孔固定角钢与外墙模板连接，如图 5-26 所示节点 B，以使内、外纵墙模板组合在一起，实现能现时浇筑纵横墙混凝土的一种新型模板。为了适应开间、进深尺寸的变化，除了以常用的轴线尺寸为基数作为基

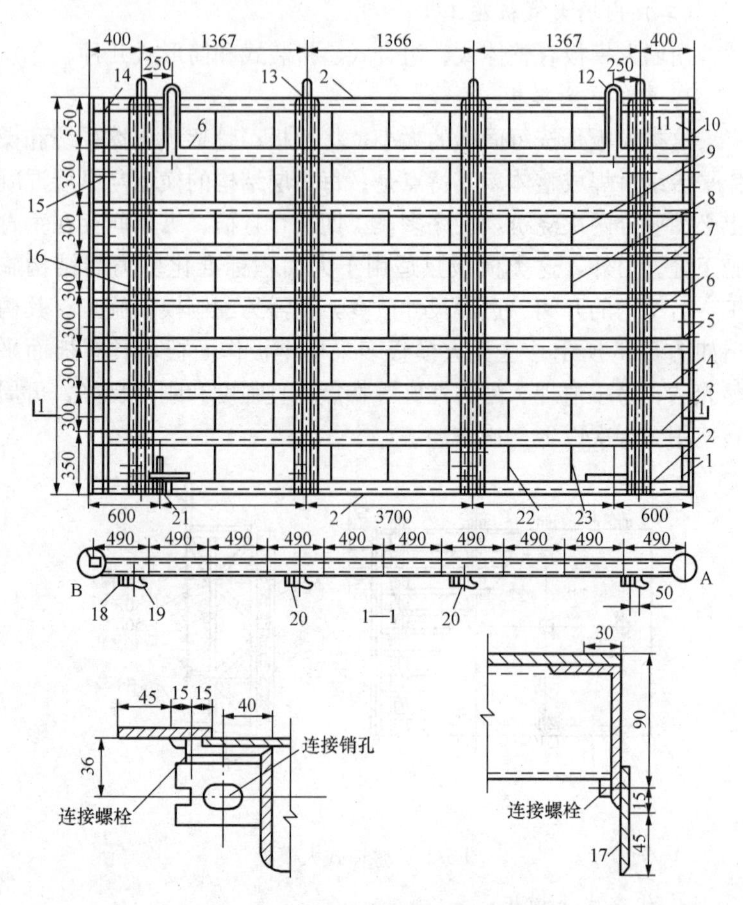

图 5-26 组合式大模板板面系统构造

1—面板；2—底横肋（横龙骨）；3～5—横肋（横龙骨）；6，7—竖肋（竖龙骨）；8，9，22，23—小肋（扁钢竖肋）；10，17—拼缝扁钢；11，15—角龙骨；12—吊环；13—上卡板；14—顶横龙骨；16—撑板钢管；18—螺母；19—垫圈；20—沉头螺钉；21—地脚螺栓

面板通常采用 4～6mm 的钢板，也可选用胶合板等材料。

横肋一般采用［8（槽钢），间距 280～350mm；竖肋一般采用 6mm 扁钢，间距 400～500mm，使板面能双向受力本模板外，还另配以 30、60cm 的竖条模板，与基本模板端部用螺栓连接，做到能使大模板的尺寸扩展，因而能适应不同开间、进深尺寸的变化。

组合式大模板板面系统由面板、横肋和竖肋以及竖向（或横向）龙骨所组成，如图 5-26 所示。

3. 拼装式大模板

拼装式大模板是将面板、骨架、支撑系统以及操作平台全部采用螺栓或销钉连接固定组装成的大模板（见图 5-27），这种大模板比组合式大模板拆改方便，也可减少因焊接而产生的模板变形问题，其特点是：可以根据房间大小拼装成不同规格的大模板，适应开间、轴线尺寸变化的要求；结构施工完毕后，还可将拼装式大模板拆散另作他用，从而减少工程费用的开支。面板可采用钢板或木（竹）胶合板，也可采用组合式钢模板或钢框胶合板模板。采用组合钢模板或者钢框胶合板模板作面板，以管架或

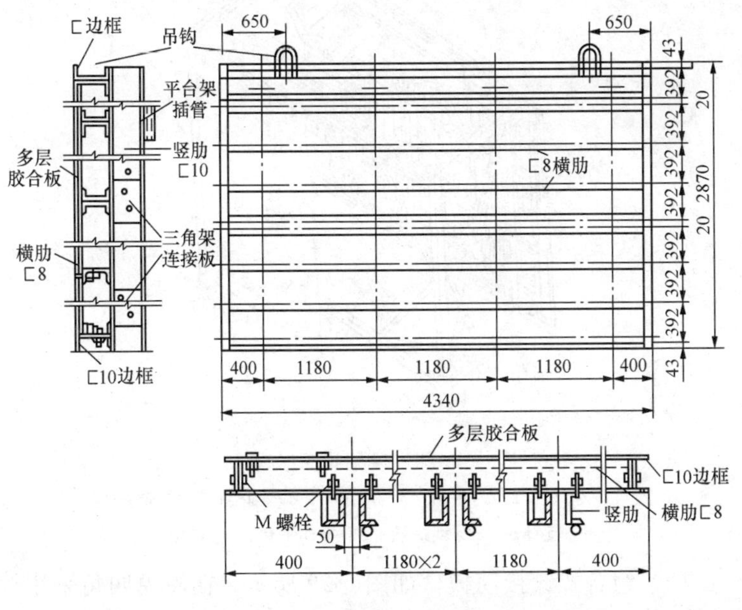

图 5-27　拼装式大模板

型钢作横肋和竖肋，用角钢（或槽钢）做上下封底，用螺栓和角部焊接作连接固定。它的特点是板面模板可以因地制宜，就地取材。大模板拆散后，板面模板仍可作为组合钢模板使用。

4. 筒形式大模板

筒形式大模板是将一个房间或电梯井的两道、三道或四道现浇墙体的大模板，通过固定架和铰链、脱模器等连接件，组成一组大模板群体。它的特点是一个房间的模板整体吊装和拆除，因而能减少塔吊吊次；模板的稳定性能好，不易倾覆。缺点是自重较大，堆放时占用施工场地大，拆模时需落地，不易在楼层上周转使用。

筒形式大模板有以下几种。

（1）模架式筒形模，如图 5-28 所示。这是较早使用的一种筒（形）模，通用性较差。

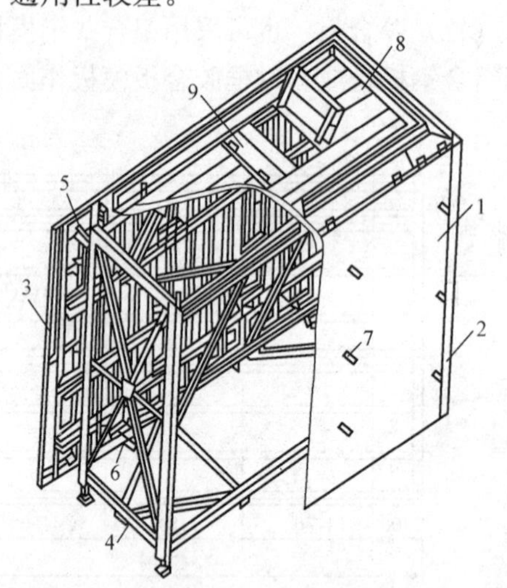

图 5-28 模架式筒形模

1—模板；2—内角模；3—外角模；4—刚架；5—挂轴；6—支杆；7—穿墙螺栓；8—操作平台；9—进出口

（2）组合式铰接筒模，如图 5-29 所示。在筒模四角采用铰接式角模与大模板相连，利用脱模器开启，完成模板支拆。

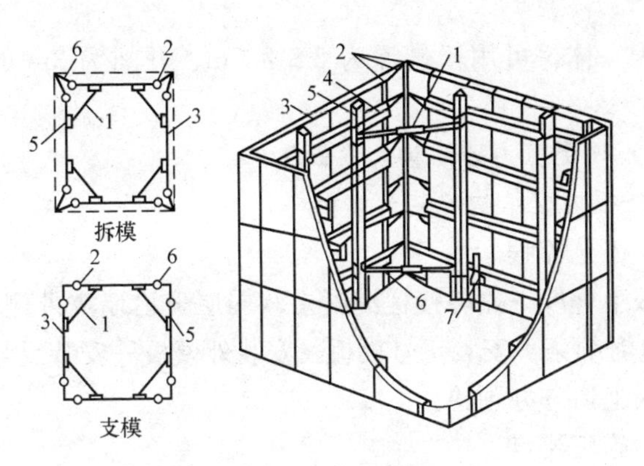

图 5-29 组合式铰接筒模

1—脱模器；2—铰链；3—模板；4—横龙骨；
5—竖龙骨；6—三角铰；7—支脚

(3) 电梯井筒模，如图 5-30 所示。是将模板与提升机及支

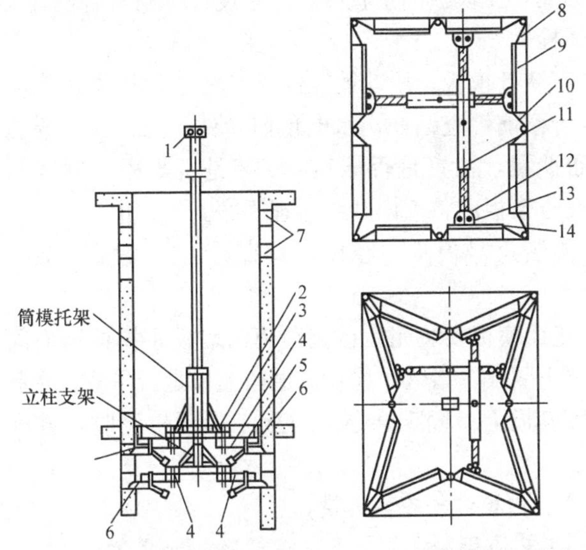

图 5-30 电梯井筒模

1—吊具；2—面板；3—方木；4—托架调节梁；5—调节丝杠；6—支腿；
7—支腿洞；8—四角角模；9—模板；10—直角形铰接式角；11—退模器；
12—3 形扣件；13—竖龙骨；14—横龙骨

架结合为一体，可用于进深为2～2.5m、开间为3m的电梯井施工。

（三）现浇剪力墙结构大模板施工

1. 外板内模结构安装大模板

(1) 工艺流程。

楼板上弹线→剔除接槎混凝土软弱层→沿墙皮外侧5mm贴20mm厚海绵条→安装正号模板→安装外模板→安装反号模板→固定模板上口→办预检。

(2) 施工要点。

1) 按照先横墙后纵墙的安装顺序，将一个流水段的正号模板用塔吊按位置吊至安装位置初步就位，用撬棍按墙位置线调整模板位置，对称调整模板的对角螺栓或斜杆螺栓。用托线板测垂直校正标高，使模板的垂直度、水平度、标高符合设计要求，立即拧紧螺栓。

2) 安装外模板，用花篮螺栓或卡具将上下端拉接固定。

3) 合模前检查钢筋，水电预埋管件、门窗洞口模板，穿墙套管是否遗漏，位置是否准确，安装是否牢固或削弱断面过多等，合反号模板前将墙内杂物清理干净。

4) 安装反号模板，经校正垂直后用穿墙螺栓将两块模板锁紧。

5) 正反模板安装完后检查角模与墙模，模板墙面间隙必须严密，防止漏浆、错台。检查每道墙上口是否平直，用扣件或螺栓将两块模板上口固定。办完模板工程预检验收，方准浇筑混凝土。

2. 外砖内模结构安装大模板

(1) 工艺流程。

外墙砌砖→安装正反号大模板→安装角模→预检。

(2) 施工要点。

1) 安装大模板之前，内墙钢筋必须绑扎完毕，水电预埋管件必须安装完毕。外砌内浇工程安装大模板之前，外墙砌砖及内墙钢筋和水电预埋管件等工序也必须完成。

2）安装大模板时，必须按施工组织设计中的安排，对号入座吊装就位。吊装垂直后，旋紧穿墙螺栓。横墙模板安装后，再安装纵墙模板。安装一间，固定一间。

3）在安装模板时，关键要做好各个节点部位的处理。采用组合式大模板时，几个关键的节点部位模板安装处理方法有以下几点。

①外（山）墙节点。外墙节点用活动角模，山墙节点用85mm×100mm木方解决组合柱的支模问题，如图5-31所示。

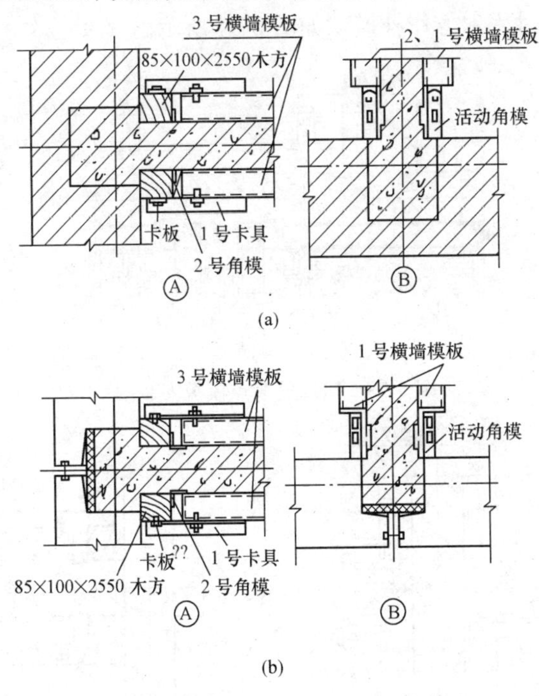

图5-31　内外（山）墙节点模板安装图

(a) 外砖内浇结构；(b) 外板内浇结构

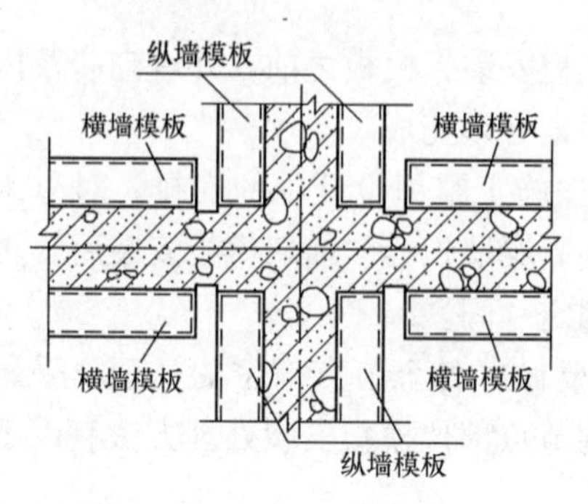

图 5-32　十字节点模板安装图

②十字形内墙节点。用纵、横墙大模板直接连为一体，如图 5-32 所示。

③错墙处节点。支模比较复杂，既要使穿墙螺栓顺利固定，又要使模板连接处缝隙严实，如图 5-33 所示。

④流水段分段处。前一流水段在纵墙外端采用木方作堵头模板，在后一流水段纵墙支模时用木方作补模，如图 5-34 所示。

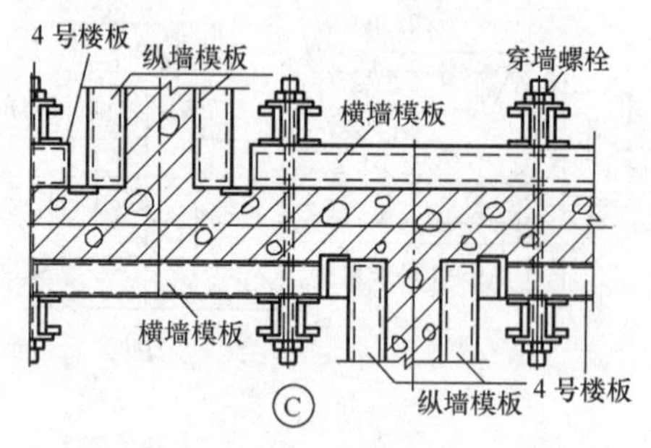

图 5-33　错墙处节点模板安装图

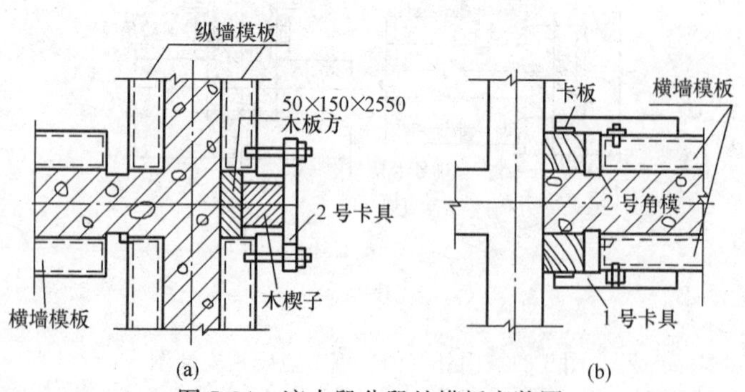

图 5-34　流水段分段处模板安装图

（a）前流水段；（b）后流水段

⑤拼装式大模板。在安装前要检查各个连接螺栓是否拧紧，保证模板的整体不变形。

⑥模板的安装必须保证位置准确，立面垂直。安装的模板可用双十字靠尺（见图5-35）在模板背面靠吊垂直度。发现不垂直时，通过支架下的地脚螺栓进行调整。模板的横向应水平一致，发现不平时，也可通过模板下部的地脚螺栓进行调整。

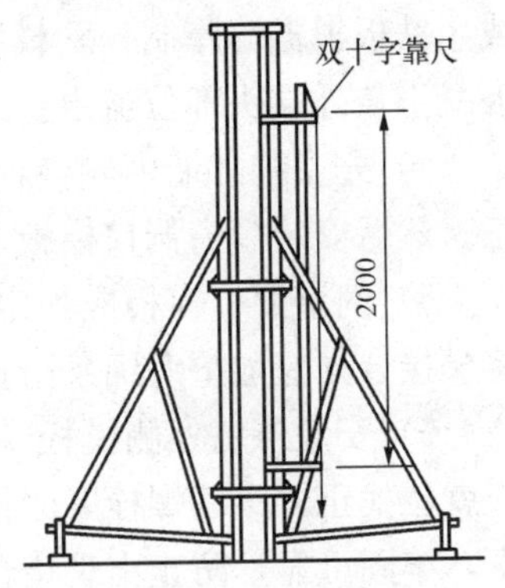

图5-35 双十字靠尺

⑦模板安装后接缝部位必须严密，防止漏浆。底部若有空隙，应用聚氨酯泡沫条、纸袋或木条塞严，以防漏浆。但不可将纸袋、木条塞入墙体内，以免影响墙体的断面尺寸。

⑧每面墙体大模板就位后，要拉通线进行调直，然后进行连接固定。紧固对拉螺栓时要用力得当，不得使模板板面产生变形。

3. 全现浇结构安装大模板

(1) 工艺流程。

楼板上弹墙皮线、模板外控制线→剔除接槎混凝土软弱层→安装门窗洞口模板并在与大模板接触的侧面加贴海绵条→挂外架子→沿墙皮外侧5mm贴20mm厚海绵条→安装内横墙模→安装内纵墙模→安装堵头模板→安装外墙内侧模板→安装外墙外侧模板→办预检。

(2) 施工要点。

1) 在下层外墙混凝土强度不低于7.5MPa时，利用下一层外墙螺栓挂金属三角平台架。

2) 安装内横墙、内纵墙模板（安装方法与外板内模结构的大模板方法相同)。

3）在内墙模板的外端头安装活动堵头模板，它可以用木板或用铁板根据墙厚制作，模板要严密，防止浇筑内墙混凝土时，混凝土从外端头部位流出。

4）先安装外墙内侧模板，按楼板的位置线将大模板就位找正，然后安装门窗洞口模板。

5）门窗洞口模板应加定位筋固定和支撑，门窗洞口模板与墙模接合处应加垫海绵条防止漏浆。

6）安装外墙外侧模板，模板放在金属三角平台架上，将模板就位找正，穿墙螺栓紧固校正注意施工缝模板的连接处必须严密，牢固可靠，防止出现错台和漏浆的现象。

7）注意穿墙螺栓与顶撑有的是在一侧模立好后先安，再立另一侧模，有的则可以两边模均立好才从一侧模穿入。

(3）外墙施工。

内外墙全现浇工程的施工，其内墙部分与内浇外板工程相同；现浇外墙部分，其工艺不同，特别当采用装饰混凝土时，必须保证外墙面光洁平整，图案、花纹清晰，线条棱角整齐。

1）施工工艺。外墙墙体混凝土的集料不同，采用的施工工艺也不同。

①内外墙为同一品种混凝土时，应同时进行内外墙的施工。

②内外墙采用不同品种的混凝土时，例如外墙采用轻集料混凝土，内墙采用普通混凝土时，为防止内外墙接槎处产生裂缝，宜分别浇筑内外墙体混凝土。即先进行内墙施工，后进行外墙施工，内外墙之间保持三个流水段的施工流水步距。

2）外墙大模板的安装。

①安装外墙大模板之前，必须先安装三角挂架和平台板。利用外墙上的穿墙螺栓孔，插入L形连接螺栓，在外墙内侧放好垫板，旋紧螺母，然后将三角挂架钩挂在L形螺栓上，再安装平台板。也可将平台板与三角挂架连为一体，整拆整装。L形螺

栓若从门窗洞口上侧穿过，则应防止碰坏新浇筑的混凝土。

②要放好模板的位置线，保证大模板就位准确。应把下层竖向装饰线条的中线，引至外侧模板下口，作为安装该层竖向衬模的基准线，以保证该层竖向线条的顺直。

在外侧大模板底面10cm处的外墙上，弹出楼层的水平线，作为内外墙模板安装以及楼梯、阳台、楼板等预制构件的安装依据。防止因楼板、阳台板出现较大的竖向偏差，造成内外侧大模板难以合模，以及阳台处外墙水平装饰线条发生错台和门窗洞口错位等现象。

③当安装外侧大模板时，应先使大模板的滑动轨道（见图5-36）搁置在支撑挂架的轨枕上，再用木楔将滑动轨道与前后轨枕固定牢，在后轨枕上放入防止模板向前倾覆的横栓，方可摘除塔式起重机的吊钩。然后松开固定地脚盘的螺栓，用撬棍拨动模板，使其沿滑动轨道滑至墙面位置，调整好标高位置后，使模板下端的横向衬模进入墙面的线槽内（见图5-37），并紧贴下层外墙面，防止漏浆。待横向及水平位置调整好以后，拧紧滑动轨道上的固定螺钉将模板固定。

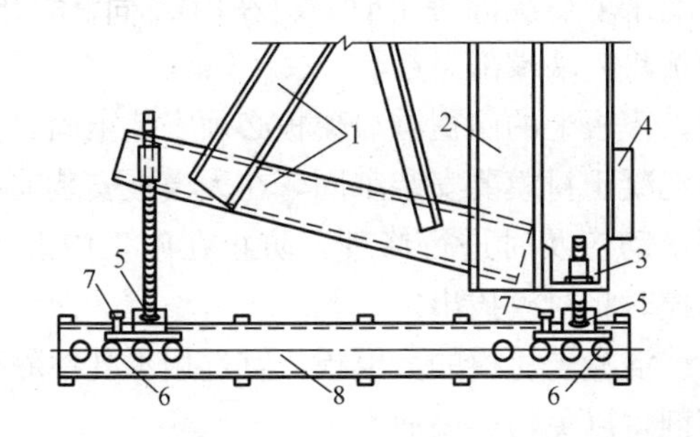

图5-36　外墙外侧大模板与滑动轨道安装示意图

1—大模板三角支撑架；2—大模板竖龙骨；3—大模板横龙骨；
4—大模板下端横向腰线衬模；5—大模板前、后地脚；
6—滑动轨道辊轴；7—固定地脚盘螺栓；8—轨道

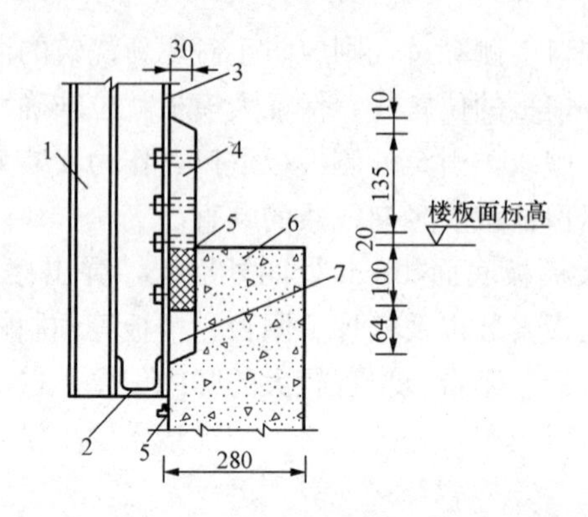

图 5-37　大模板下端横向衬模安装示意图

1—大模板竖龙骨；2—大模板横龙骨；3—大模板板面；

4—硬塑料衬模；5—橡胶板导向和密封衬模；

6—已浇筑外墙；7—已形成的外墙横向线槽

④外侧大模板经校正固定后，以外侧模板为准，安装内侧大模板。为了防止模板位移，必须与内墙模板进行拉结固定。其拉结点应设置在穿墙螺栓位置处，使作用力通过穿墙螺栓传递到外侧大模板，防止拉结点位置不当而造成模板移位。

⑤当外墙采取后浇混凝土时，应在内墙外端留好连接钢筋，并用堵头模板将内墙端部封严。

⑥外墙大模板上的门窗洞口模板必须安装牢固、垂直方正。

⑦装饰混凝土衬模要安装牢固，在大模板安装前要认真进行检查，发现松动应及时进行修理，防止在施工中发生位移和变形，防止拆模时将衬模拔出。

镶有装饰混凝土衬模的大模板，宜选用水乳性隔离剂，不宜用油性隔离剂，以免污染墙面。

（4）外墙装饰混凝土施工注意要点。

外墙装饰混凝土施工，除应遵守一般规定外，尚应注意以下几点。

1）装饰衬模安装固定后，与大模板之间的缝隙必须用环氧树脂泥子嵌严，防止浇筑混凝土时水泥浆进入缝内，造成脱模困难和装饰图案被拉坏或衬模松动脱落。

2）外侧大模板安装校正后，应在所有衬模位置加设钢筋的保护层垫块，以防止装饰图案成形后出现露筋现象。

3）外墙浇筑混凝土之前，应先浇筑 50mm 厚与混凝土同强度等级的砂浆，以保证墙体接槎处混凝土密实均匀。

4）浇筑墙体混凝土时要使用串筒下料，避免振捣器触碰衬模。为保证混凝土浇捣密实，减少墙面气泡，应采用分层振捣并进行二次振捣。

5）宽度较大的门窗洞口的两侧应对称地浇筑混凝土，从窗台模板的预留孔处再进行补浇和振捣，防止窗台下部出现孔洞和露筋现象。

6）外墙若采用轻集料混凝土，加强搅拌，采用保水性能好的运输车，防止离析，保证混凝土的和易性和坍落度。选用大直径振捣棒振捣，振捣时间不宜过长，插点要密，提棒速度要慢，防止出现集料、浆料的分层现象。

4. 拆除大模板

（1）大模板拆除基本要求。

1）模板拆除时保证其表面及棱角不因拆除模板而受损，拆模时应以同条件养护试块抗压强度为准。

2）拆除模板顺序与安装模板顺序相反，先拆纵墙模板后拆横墙模板，先拆下穿墙螺栓再松开地脚螺栓使模板向后倾斜与墙体脱开。若模板与混凝土墙面吸附或黏结不能离开，可用撬棍撬动模板下口，不得在墙体上口撬模板，或用大铁锤砸模板。保证拆模时不晃动混凝土墙体，尤其拆门窗洞模板时不能用大锤砸模板。

3）拆除全现浇结构模板时，先拆外墙外侧模板，再拆除内侧模板。

4）清除模板平台上的杂物，检查模板是否有勾挂兜绊的地方，调整塔臂至被拆除模板的上方，将模板吊出。

5）大模板吊至存放地点时，必须一次放稳，保持自稳角为75°～80°面对面放，中间留500mm工作面，及时进行模板清理，涂刷隔离剂，保证不漏刷，不流淌（用橡皮刮子刮薄）。每块模板后面挂牌，标明清理、涂刷人名单，模板堆放区必须有围栏，挂“非工作人员禁止入内”牌子。

6）大模板应定期进行检查和维修，大模板上后开孔应打磨平，不用者应补堵后磨平，保证使用质量。

7）为保证墙筋保护层准确，大模板顶应配合钢筋工安水平外控扁铁定距框。

8）大模板的拆除时间，保证其表面不因拆模受到损坏为原则。一般情况下，当混凝土强度达到1.0MPa以上时，可以拆除大模板。在冬期施工时，视其施工方法和混凝土强度增长情况决定拆模时间。

9）门窗洞口底模、阳台底模等拆除，必须依据同条件养护的试块强度和国家规范执行。模板拆除后混凝土强度尚未达到设计要求时，底部应加临时支撑支护。

10）拆完模板后，要注意控制施工荷载，不要集中堆放模板和材料，防止造成结构受损。

（2）大模板拆除施工要点。

1）内墙大模板的拆除。

①拆模基本顺序是先拆纵墙模板，后拆横墙模板和门洞模板及组合柱模板。

②每块大模板的拆模顺序是先将连接件，如花篮螺栓、上口卡子、穿墙螺栓等拆除。放入工具箱内，再松动地脚螺栓，使模板与墙面逐渐脱离。脱模困难时，可在模板底部用撬棍撬动，不得在上口撬动、晃动和用大锤砸模板。

2）角模的拆除。角模的两侧都是混凝土墙面，吸附力较大，加之施工中模板封闭不严，或者角模位移，被混凝土握裹，因此拆模比较困难。可先将模板外表的混凝土剔除，然后用撬棍从下部撬动，将角模脱出。千万不可因拆模困难用大锤砸角模，造成变形，为以后的支模、拆模造成更大困难。

3）门洞模板的拆除。

①固定于大模板上的门洞模板边框，一定要当边框离开墙面后，再行吊出。

②后立口的门洞模板拆除时，要防止将门洞过梁部分的混凝土拉裂。

③角模及门洞模板拆除后，凸出部分的混凝土应及时进行剔凿。凹进部位或掉角处应用同强度等级水泥砂浆及时进行修补。

④跨度大于1m的门洞口，拆模后要加设支撑，或延期拆模。

4）外墙大模板的拆除。

①拆除顺序。拆除内侧外墙大模板的连接固定装置（如倒链、钢丝绳等）→拆除穿墙螺栓及上口卡子→拆除相邻模板之间的连接件→拆除门窗洞口模板与大模板的连接件→松开外侧大模板滑动轨道的地脚螺栓紧固件→用撬棍向外侧拨动大模板，使其平稳脱离墙面→松动大模板地脚螺栓，使模板外倾→拆除内侧大模板→拆除门窗洞口模板→清理模板、刷隔离剂→拆除平台板及三角挂架。

②拆除外墙装饰混凝土模板必须使模板先平行外移，待衬模离开墙面后，再松动地脚螺栓，将模板吊出。要注意防止衬模拉坏墙面，或衬模坠落。

③拆除门窗洞口框模时，要先拆除窗台模并加设临时支撑后，再拆除洞口角模及两侧模板。上口底模要待混凝土达到规定强度后再行拆除。

④脱模后要及时清理模板及衬模上的残渣，刷好隔离剂。隔离剂一定要涂刷均匀，衬模的阴角内不可积留有隔离剂，并防止隔离剂污染墙面。

⑤脱模后，若发现装饰图案有破损，应及时用同一品种水泥所拌制的砂浆进行修补，修补的图案造型力求与原图案一致。

5）筒形大模板的拆除。

①组合式提模的拆除。

a. 拆模时先拆除内外模各个连接件，然后将大模板底部的承力小车调松，再调松可调卡具，使大模板逐渐脱离混凝土墙面。当塔式起重机吊出大模板时，将可调卡具翻转再行落地。

b. 大模板拆模后，便可提升门架和底盘平台，当提至预留洞口处，搁脚自动伸入预留洞口，然后缓缓落下电梯井筒模。预留洞位置必须准确，以减少校正提模的时间。

c. 由于预留洞口要承受提模的荷载，因此必须注意墙体混凝土的强度，一般应在1MPa以上。

d. 提模的拆模与安装顺序，如图5-38所示。

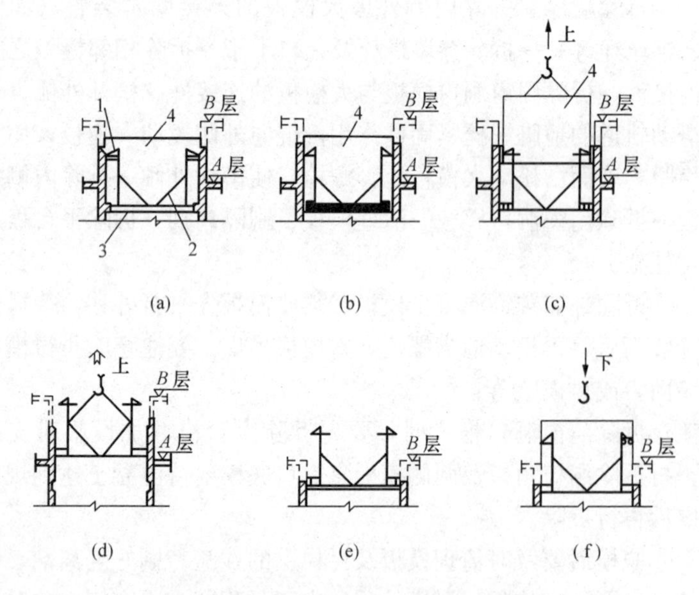

图5-38　电梯井组合式提模施工程序

（a）混凝土浇筑完；（b）脱模；（c）吊离模板；

（d）提升门架和底盘平台；（e）门架和底盘平台就位；（f）模板吊装就位

1—支顶模板的可调三脚架；2—门架；3—底盘平台；4—模板

②铰接式筒形大模板的拆除。

a. 应先拆除连接件，再转动脱模器，使模板脱离墙面后吊出。

b. 筒形大模板由于自重大，四周与墙体的距离较近，故在吊出吊进时，挂钩要挂牢，起吊要平稳，不准晃动，防止碰坏墙体。

5. 大模板安装与拆除

（1）大模板堆放。

1）平模叠放运输时，垫木必须上下对齐，绑扎牢固，车上严禁坐人。

2）大模板放置时，下面不得压有电线和气焊管线。

3）平模存放时，必须满足地区条件所要求的自稳角。大模板存放在施工楼层上，应有可靠的防倾倒措施。在地面存放模板时，两块大模板应采用板面对板面的存放方法，长期存放应将模板联成整体。对没有支撑或自稳角不足的大模板，应存放在专用的堆放架上，或者平卧堆放，严禁靠放到其他模板或构件上，以防下脚滑移倾翻伤人。

（2）大模板安装。

1）大模板组装或拆除时，指挥、拆除和挂钩人员，必须站在安全可靠的地方方可操作，严禁任何人员随大模板起吊，安装外模板的操作人员应配挂安全带。

2）大模板必须设有操作平台、上下梯道、防护栏杆等附属设施。若有损坏，应及时修好。大模板安装就位后为便于浇捣混凝土，两道墙模板平台间应搭设临时走道或其他安全措施，严禁操作人员在外墙板上行走。

3）大模板起吊前，将吊机的位置调整适当，检查吊装用绳索、卡具及每块模板上的吊环是否牢固可靠，然后将吊钩挂好，拆除一切临时支撑，稳起稳吊不得斜牵起吊，禁止用人力搬动模板。吊运安装过程中，严防模板大幅度摆动或碰倒其他模板。

4）吊装大模板时，若有防止脱钩装置，则可吊运同一房间的两块板，但禁止隔着墙同时吊运另一面的一块模板。

5）大模板安装时，应先内后外，单面模板就位后，用支架固定并支撑牢固。双面模板就位后用拉杆和螺栓固定，未就位和固定前不得摘钩。

6）组装平模时，应及时用卡或花篮螺丝将相邻模板连接好，防止倾倒；安装外墙外模板时，必须将悬挑扁担固定，位置调好后，方可摘钩。外墙外模板安装好后要立即穿好销杆，紧固螺栓。

7）有平台的大模板起吊时，平台上禁止存放任何物料。里外角模和临时摘挂的板面与大模板必须连接牢固，防止脱开和断裂坠落。

8）模板安装就位后，要采取防止触电的保护措施，设专人将大模板串联起来，与避雷网接通，防止漏电伤人。

9）清扫模板和刷隔离剂时，必须将模板支撑牢固，两板中间保持不应少于 60cm 的走道。

（3）大模板拆除。

1）拆除模板应先拆穿墙螺栓和铁件等，使模板面与墙面脱离，方可慢速起吊。起吊前认真检查固定件是否全部拆除。

2）起吊时应先稍微移动一下，证明确属无误后，方可正式起吊。

3）大模板的外模板拆除前，要用吊机事先吊好，然后才准拆除悬挂扁担及固定件。

（四）混凝土浇筑

1. 强度的要求

墙体混凝土除了要符合设计的强度等级要求外，还应满足流水施工的需要，在规定时间内应达到 1MPa 的拆模强度和 4MPa 的安装楼板的要求强度。当墙体混凝土强度等级为 C15～C20

时，在常温下，一般养护 8～10h，即可达到拆模强度，36～48h 能达到安装楼板时所需的强度。

2. 表面平整的要求

墙体混凝土表面一般不再抹灰，故应保证浇筑后的混凝土表面平整光洁，不应有蜂窝、麻面和密集气泡。

3. 工艺性能的要求

由于墙体厚度薄，浇筑高度大，表面质量有严格要求，因此，混凝土坍落度以 4～6cm 为宜，不宜采用干硬性混凝土。

（1）混凝土浇筑前对组装的大模板及预埋体、节点钢筋等进行一次全面的检查，若发现问题，应及时校正。

（2）工地拌制混凝土必须按季节选用实验室预先设计的混凝土级配，宜加入木质素磺酸钙减水剂，混凝土坍落度控制在 6～10cm。

4. 浇筑方法

（1）混凝土搅拌后，即运送到料斗内，由塔式起重机将料斗吊到大模板上口，直接灌入大模板内。为了防止混凝土落到底部时产生离析现象和对大模板产生过大的冲击力而增加模板的侧压力，应采用漏斗或导管。

（2）混凝土开始浇筑前，应先浇一层 5cm 左右、与混凝土内砂浆成分相同的砂浆，然后分层浇筑。每层浇筑厚度不得超过 60cm；对内浇外砖结构四大角构造柱的混凝土，每层浇筑厚度不得超过 30cm。

（3）混凝土浇筑顺序应先从第三、二轴线开始，进行第一轴线及其他轴线的混凝土浇筑。浇筑必须分皮进行，第一皮 30～40cm，宜用人工铲入，这皮混凝土振平以后才可再倒入混凝土，边振边浇，一次可达模板口下 30～40cm，最后一皮也宜用人工铲入振实抹平。

（4）浇筑门、窗洞口两侧混凝土时，应注意要在门、窗孔的正上方下料，使两侧均匀受料并同时振捣，以避免门、窗洞模板

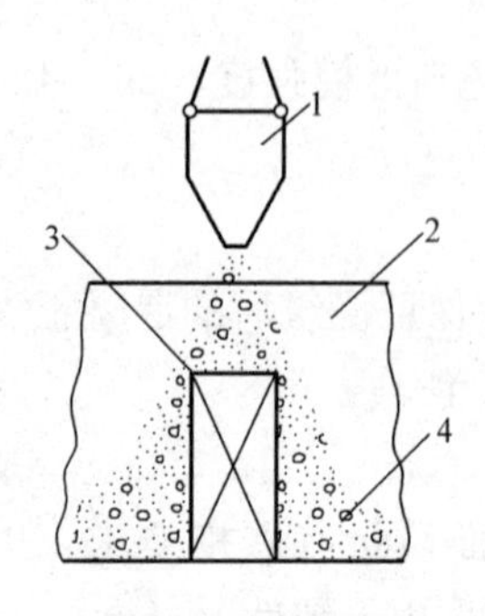

图 5-39 门洞处浇筑混凝土示意图

1—混凝土料斗；2—大模板；3—门洞模板；4—混凝土

发生偏移，如图 5-39 所示。

（5）当墙体连续浇筑时，一道墙的浇筑时间约 30min。若在整个流水段内数道墙均布浇筑时，上下两层混凝土浇筑间隔时间不应超过混凝土初凝时间。每浇一层混凝土都要用插入式振动器振捣到翻浆不冒气泡为止。振捣应选用频率高，振幅大的振动器，振捣时用力要均匀，墙板内钢筋较密部位及内外墙交接节点处应进行插捣，以保证墙板质量。

（6）混凝土浇筑时应连续作业，不留施工缝。若必须留施工缝时，宜设置在门窗洞口上或外墙楼梯间和横隔墙相交处，并放坡留缝，不设挡板。

（7）每浇筑一楼层混凝土，应做不少于两组的混凝土试块，分别作为拆模、装楼板及最后混凝土强度的依据。

（五）大模板配置方法

1. 按建筑物的平面尺寸确定模板型号

根据建筑设计的轴线尺寸，确定模板的尺寸，凡外形尺寸和节点构造相同的模板均为同一种型号。当节点相同，外形尺寸变化不大时，可以用常用的开间、进深尺寸为基准模板，另以适当尺寸配模板条。每道墙体由两片大模板组成，一般可采用正反号表示。同一侧墙面的模板为正号，另一侧墙面用的模板则为反号，正反号模板数量相等，以便于安装时对号就位。

2. 根据流水段大小确定模板数量

常温条件下，大模板施工一般每天完成一个流水段，所以在考虑模板数量时，必须以满足一个流水段的墙体施工来确定。另外，在考虑模板数量时，还应考虑特殊部位的施工需要。如电梯间以及山墙模板的型号和数量。

3. 根据开间、进深、层高确定模板的外形尺寸

（1）模板高度。模板高度与层高及楼板厚度有关，可以通过下式计算：

$$H = h - h_1 - c_1 \tag{5-1}$$

式中 H——模板高度，mm；

h——楼层高度，mm；

h_1——楼板厚度，mm；

c_1——余量，考虑找平层砂浆厚度、模板安装不平等因素而采用的一个常数，通常取20～30mm。

（2）横墙模板的长度。与房间进深轴线尺寸、墙体厚度及模板搭接方法有关，按下式确定：

$$L_1 = l_1 - l_2 - l_3 - c_2 \tag{5-2}$$

式中 L_1——横墙模板长度，mm；

l_1——进深轴线尺寸，mm；

l_2——外墙轴线至内墙皮的距离，mm；

l_3——内墙轴线至墙面的距离，mm；

c_2——拆模方便设置的常数，一般为50mm，此段空隙用角钢填补，mm。

（3）纵墙模板的长度。与开间轴线尺寸、墙体厚度、横墙模板厚度有关，按下式确定：

$$L_2 = l_4 - l_5 - l_6 - c_3 \tag{5-3}$$

式中 L_2——纵墙模板长度，mm；

l_4——开间轴线尺寸，mm；

l_5——内横墙厚度，若为端部开间时，l_5尺寸为内横墙厚度的1/2加山墙轴线到内墙皮的尺寸，mm；

l_6——横墙模板厚度×2，mm；

c_3——模板搭接余量，为使模板能适应不同墙体的厚度而取的一个常数，通常为40mm。

二、永久性模板安装

（一）压型钢板模板安装

1. 安装准备

（1）组合板或非组合板的压型钢板，在施工阶段均须进行强度和变形验算。

压型钢板跨中变形应控制在 $\delta = L/200 \leqslant 20\text{mm}$（$L$ 为板的跨度），若超出变形控制量，应在铺设后于板底采取加设临时支撑措施。

在进行压型钢板的强度和变形验算时，应考虑以下荷载。

1）永久荷载。包括压型钢板、楼板钢筋和混凝土自重。

2）可变荷载。包括施工荷载和附加荷载。施工荷载系指施工操作人员和施工机具设备，并考虑到施工时可能产生的冲击与振动。此外尚应以工地实际荷载为依据，若有过量冲击、混凝土堆放、管线、泵荷等，尚应增加附加荷载。

（2）核对压型钢板型号、规格和数量是否符合要求，检查是否有变形、翘曲、压扁、裂纹和锈蚀等缺陷。对存在的缺陷，需经处理后方可使用。

（3）对于布置在与柱子交接处及预留较大孔洞处的异型钢板，要通过放样提前把缺角和洞口切割好。

（4）用于混凝土结构楼板的模板，按普通支模方法和要求，设置模板的支撑系统。直接支撑压型钢板的龙骨宜采用木龙骨。

（5）绘制压型钢板平面布置图，按平面布置图在钢梁或支撑压型钢板的龙骨上画出压型钢板安装位置线和标注出其型号。

（6）压型钢板应按房间所使用的型号、规格、数量和吊装顺序进行配套，将其多块成垛和码放好，以备吊装。

（7）对端头有封端要求的压型钢板，如在现场进行端头封端时，要提前做好端头封闭处理。

（8）用于组合板的压型钢板，安装前要编制压型钢板穿透焊施工工艺，按工艺要求选择和测定好焊接电流、焊接时间、栓钉熔化长度参数。

2. 钢结构楼板压型钢板模板安装

（1）安装工艺顺序。在钢梁上分画出钢板安装位置线→压型钢板成捆吊运并搁置在钢梁上→钢板拆捆、人工铺设→调整安装偏差和校正→板端与钢梁电焊（点焊）固定→钢板底面支撑加固→将钢板纵向搭接边点焊成整体→栓钉焊接锚固（如为组合楼板压型钢板时）→钢板表面清理。

（2）安装工艺要点。钢结构楼板压型钢板模板安装应符合下列要求。

1）压型钢板应多块叠垛成捆，采用扁担式专用吊具，由垂直运输机具吊运至待安装的钢梁上，由人工抬运、铺设。

2）压型钢板宜采用前推法铺设。在等截面钢梁上铺设时，从一端开始向前铺设至另一端。在变截面梁上铺设时，由梁中开始向两端方向铺设。

3）铺设压型钢板时，相邻跨钢板端头的波梯形槽口要贯通对齐。

4）压型钢板要随铺设、随调整和校正位置，随将其端头与钢梁点焊固定，以防止在安装过程中钢板发生松动和滑落。

5）钢板与钢梁搭接长度不少于50mm。板端头与钢梁采用点焊固定时，若无设计规定，焊点的直径一般为12mm，焊点间距一般为200～300mm。

6）在连续板的中间支座处，板端的搭接长度不少于50mm。板的搭接端头先点焊成整体，然后再与钢梁进行栓钉锚固，如图5-40所示。若为非组合板的压型钢板，

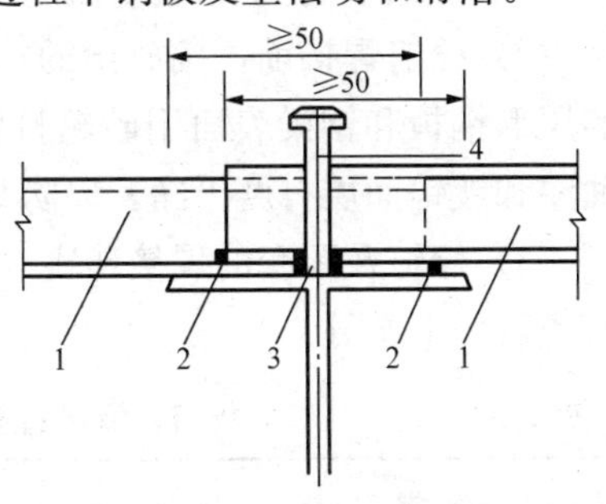

图5-40　中间支座处组合板的压型钢板连接固定

1—压型钢板；2—点焊固定；3—钢梁；4—栓钉锚固

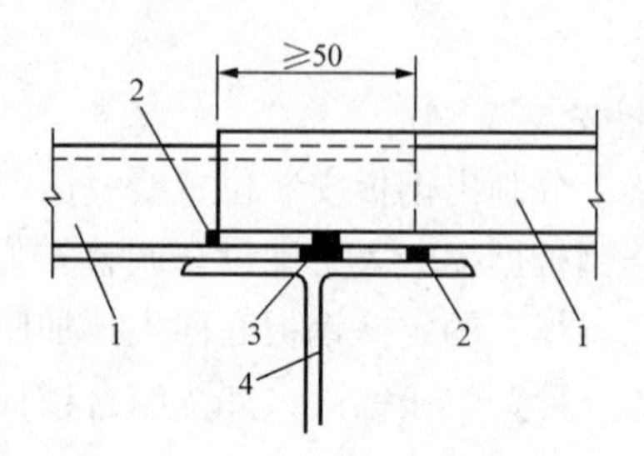

图 5-41 中间支座处非组合板的压型钢板连接固定

1—压型钢板；2—板端点焊固定；3—压型钢板钻孔后与钢梁焊接；4—钢梁

则先在板端的搭接范围内，将板钻出直径为 8mm、间距为 200～300mm 的圆孔，然后通过圆孔将搭接叠置的钢板与钢梁满焊固定，如图 5-41 所示。

7）直接支撑钢板的龙骨要垂直于板跨方向布置。支撑系统的设置，按压型钢板在施工阶段变形控制量的要求及 GB 50204—2002《混凝土结构工程施工质量验收规范》（2010 版）的有关规定确定。压型钢板支撑，需待楼板混凝土达到施工要求的拆模强度后方可拆除。若各层间楼板连续施工，则还应考虑多层支撑连续设置的层数，以共同承受上层传来的施工荷载。

（3）组合板的压型钢板与钢梁栓钉焊连接应符合下列要求。

1）栓钉焊的栓钉，其规格、型号和焊接的位置按设计要求确定。但穿透压型钢板焊接于钢梁上的栓钉直径不宜大于 19mm，焊后栓钉高度应大于压型钢板波高加 30mm。

2）栓钉焊接前，按放出的栓钉焊接位置线，将栓钉焊点处的压型钢板和钢梁表面用砂轮打磨处理，把表面的油污、锈蚀、油漆和镀锌面层打磨干净，以防止焊缝产生脆性。

3）栓钉及配套的焊接药座（也称焊接保护圈）、焊接参数可参照表 5-3 选用。

表 5-3　　栓钉、焊接药座和焊接参数

项目		参数			
栓钉直径（mm）		13～16		19～22	
焊接药座	标准型	YN-13FS	YN-16FS	YN-19FS	YN-22FS
	药座直径（mm）	23	28.5	34	38
	药座高度（mm）	10	12.5	14.5	16.5

续表

<table>
<tr><td colspan="3">项　目</td><td colspan="4">参　数</td></tr>
<tr><td rowspan="3">焊接参数</td><td rowspan="3">标准条件（下向焊接）</td><td>焊接电流（A）</td><td>900～1100</td><td>1030～1270</td><td>1350～1650</td><td>1470～1800</td></tr>
<tr><td>焊接时间（s）</td><td>0.7</td><td>0.9</td><td>1.1</td><td>1.4</td></tr>
<tr><td>熔化量（mm）</td><td>2.0</td><td>2.5</td><td>3.0</td><td>3.5</td></tr>
<tr><td></td><td colspan="2">电容量（kV·A）</td><td>>90</td><td>>90</td><td>>100</td><td>>120</td></tr>
</table>

4）栓钉焊应在构件置于水平位置状态施焊，其接入电源应与其他电源分开，其工作区应远离磁场或采取避免磁场对焊接影响的防护措施。

5）在正式施焊前，应先在试验钢板上按预定的焊接参数焊两个栓钉，待其冷却后进行弯曲、敲击试验检查。敲弯角度达45°后，检查焊接部位是否出现损坏或裂缝。若施焊的两个栓钉中，有一个焊接部位出现损坏或裂缝，就需要在调整焊接工艺后，重新做焊接试验和焊后检查，直至检验合格后方可正式开始在结构构件上施焊。

6）栓钉焊毕，应按下列要求进行质量检查。

①目测检查栓钉焊接部位的外观，四周的熔化金属已形成均匀小圈而无缺陷者为合格。

②焊接后，自钉头表面算起的栓钉高度 L 的公差为 ± 2mm，栓钉偏离垂直方向的倾斜角 $\theta \leqslant 5°$（图5-42）者为合格。

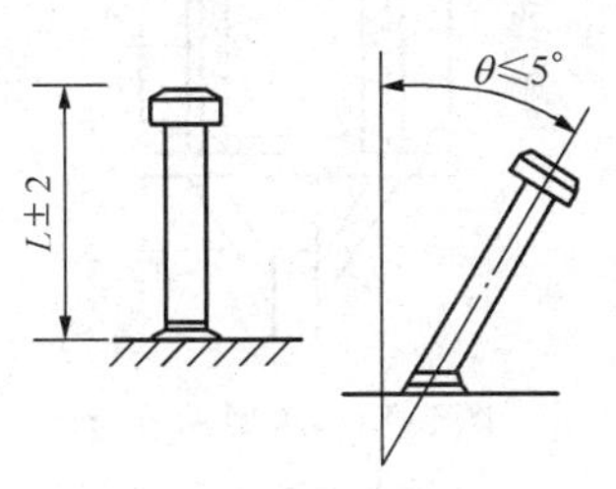

图5-42　栓钉焊接允许偏差

L—栓钉长度；θ—偏斜角

③目测检查合格后，对栓钉按规定进行冲力弯曲试验，弯曲角度为15°时，焊接面上不得有任何缺陷。

④经冲力弯曲试验合格后的栓钉，可在弯曲状态下使用。不

合格的栓钉，应进行更换并进行弯曲试验检验。

3. 混凝土结构现浇楼板压型钢板模板安装

（1）安装顺序。在混凝土梁上或支撑钢板的龙骨上放出安装位置线→用起重机把成捆的压型钢板吊运在支撑龙骨上→人工拆捆、抬运、铺放钢板→调整、校正钢板位置→将钢板与支撑龙骨钉牢→将钢板的顺边搭接用电焊点焊连接→钢板清理。

（2）安装工艺和技术要点。混凝土结构现浇压型钢板模板安装应满足下列要求。

1）压型钢板模板，可采用支柱式、门架或桁架式支撑系统支撑，直接支撑钢板的水平龙骨宜采用木龙骨。压型钢板支撑系统的设置，应按钢板在施工阶段的变形量控制要求和现行 GB 50204—2002《混凝土结构工程施工质量验收规范》（2010 版）的有关规定确定。

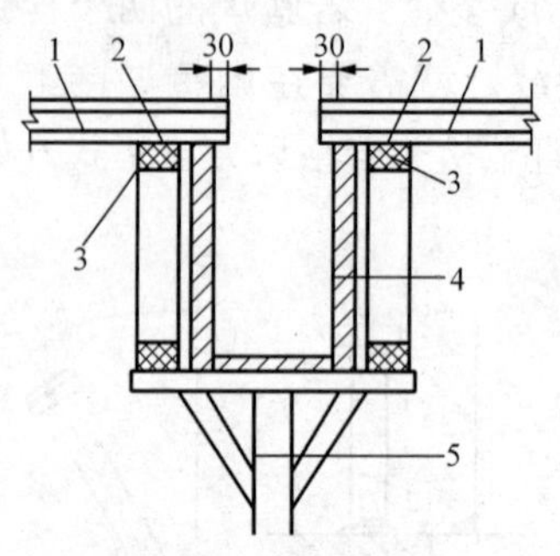

图 5-43　压型钢板与现浇梁连接构造

1—压型钢板；2—压型钢板与支撑龙骨钉子固定；3—支撑压型钢板龙骨；4—现浇梁模；5—模板支撑架

2）直接支撑压型钢板的木龙骨，应垂直于钢板的跨度方向布置。钢板端部搭接处，要设置在龙骨位置上或采取增加附加龙骨措施，钢板端部不得有悬臂现象。

3）压型钢板安装，应在搁置的支撑龙骨上，由人工拆捆、单块抬运和铺设。

4）钢板随铺放就位、随调整校正、随用钉子将钢板与木龙骨钉牢，然后沿着板的相邻搭接边点焊牢固，把板连接成整体，如图 5-43～图 5-45 所示。

（二）预应力混凝土薄板模板安装

1. 安装准备

（1）单向板若出现纵向裂缝，则必须征得工程设计单位同意

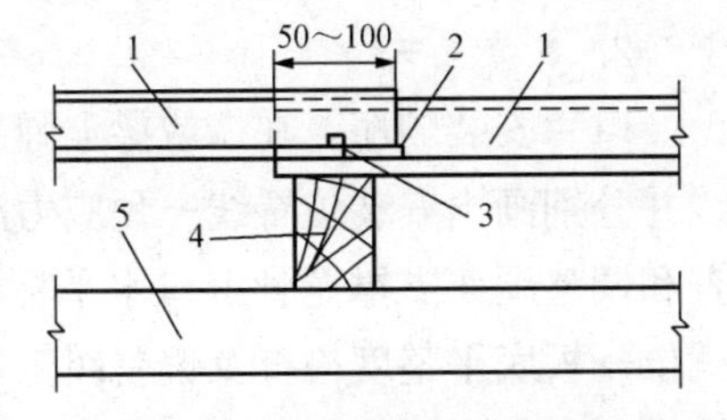

图 5-44　压型钢板长向搭接构造

1—压型钢板；2—压型钢板端头点焊连接；3—压型钢板与木龙骨钉子固定；4—支撑压型钢板次龙骨；5—主龙骨

后方可使用。钢筋向上弯成45°角，板表面的尘土、浮碴应清除干净。

（2）在支撑预应力混凝土薄板的墙或梁上，弹出预应力混凝土薄板安装标高控制线，分别画出安装位置线和注明板号。

（3）按硬架设计要求，安装好预应力混凝土薄板的硬架支撑，检查硬架上龙骨的上表面是否平直和符合板底设计标高要求。

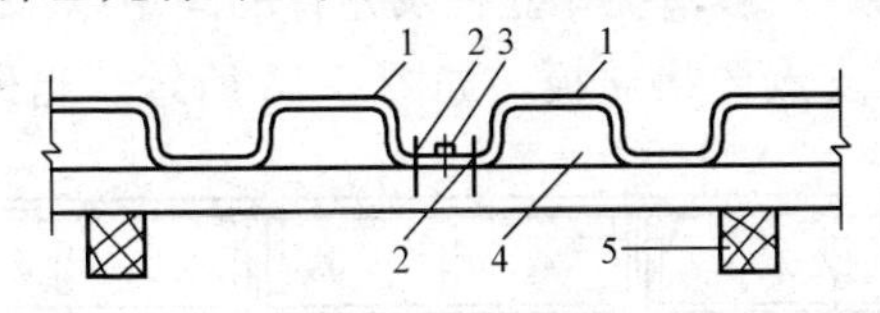

图 5-45　压型钢板短向连接构造

1—压型钢板；2—压型钢板与龙骨钉子固定；3—压型钢板点焊连接；4—次龙骨；5—主龙骨

（4）将支撑预应力混凝土薄板的墙或梁面部伸出的钢筋调整好。检查墙、梁顶面是否符合安装标高要求（墙、梁顶面标高比板底设计标高低 20mm 为宜）。

（5）预应力混凝土薄板硬架支撑。其龙骨一般可采用 100mm×100mm 方木，也可用 50mm×100mm×2.5mm 薄壁方钢管或其他轻钢龙骨、铝合金龙骨。其立柱宜采用可调节钢支柱，也可采用 100mm×100mm 木立柱。其拉杆可采用脚手架钢管或 50mm×100mm 方木。

（6）板缝模板。一个单位工程宜采用同一种尺寸的板缝宽度，或做成与板缝宽度相适应的几种规格木模。要使板缝凹进缝内 5～10mm 深（有吊顶的房间除外）。

2. 安装工艺

(1) 安装顺序。在墙或梁上弹出预应力混凝土薄板安装水平线并分别画出安装位置线→预应力混凝土薄板硬架支撑安装→检查和调整硬架支撑龙骨上口水平标高→预应力混凝土薄板吊运、就位→板底平整度检查及偏差纠正处理→整理板端伸出钢筋→板缝模板安装→预应力混凝土薄板上表面清理→绑扎叠合层钢筋→叠合层混凝土浇筑并达到要求强度后拆除硬架支撑。

(2) 硬架支撑安装。硬架支撑龙骨上表面应保持平直，要与板底标高一致。龙骨及立柱的间距，要满足预应力混凝土薄板在承受施工荷载和叠合层钢筋混凝土自重时，不产生裂缝和超出允许挠度的要求。一般情况，立柱及龙骨的间距以1200～1500mm为宜。立柱下支点要垫通板，如图5-46所示。当硬架的支柱高

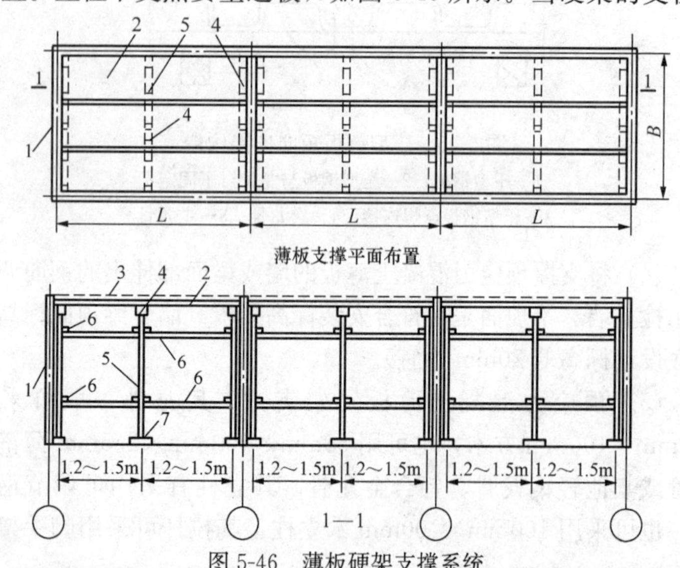

图5-46　薄板硬架支撑系统

1—薄板支撑墙体；2—预应力薄板；3—现浇混凝土叠合层；
4—薄板支撑龙骨（100mm×100mm木方或50mm×100mm×2.5mm薄壁方钢管）；
5—支柱（100mm×100mm木方或可调节的钢支柱，横距0.9～1m）；
6—纵、横向水平拉杆（50mm×100mm木方或脚手架钢管）；
7—支柱下端支垫（50mm厚通板）

度超过3m时，支柱之间必须加设水平拉杆拉固。若采用钢管立柱时，连接立柱的水平拉杆必须使用钢管和卡扣与立柱卡牢，不得采用钢丝绑扎。硬架的高度在3m以下时，应根据具体情况确定是否拉结水平拉杆。在任何情况下，都必须保证硬架支撑的整体稳定性。

（3）薄板吊装。吊装跨度在4m以内的条板时，可根据垂直运输机械起重能力及板重一次吊运多块。多块吊运时，应于紧靠板垛的垫木位置处，用钢丝绳兜住板垛的底面，将板垛吊运到楼层，先临时、平稳停放在指定加固好的硬架或楼板位置上，然后挂吊环单块安装就位。吊装跨度大于4m的条板或整间式的薄板，应采用6～8点吊挂的单块吊装方法。吊具可采用焊接式方钢框或双铁扁担式吊装架和游动式钢丝绳平衡索具，如图5-47和图5-48所示。

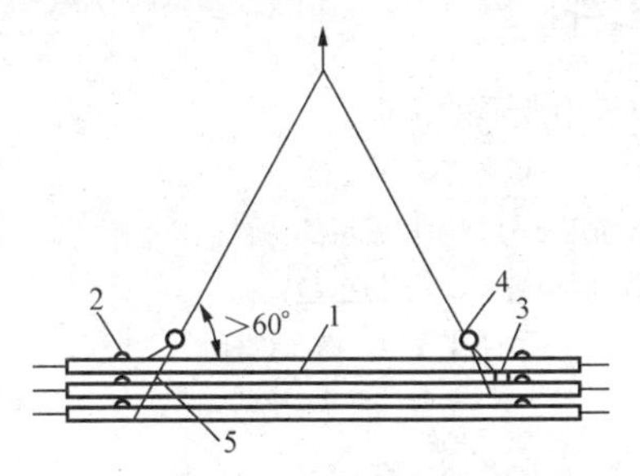

图5-47　4m长以内薄板多块吊装

1—预应力薄板；2—吊环；3—垫木；4—卡环；5—带橡胶管套兜索

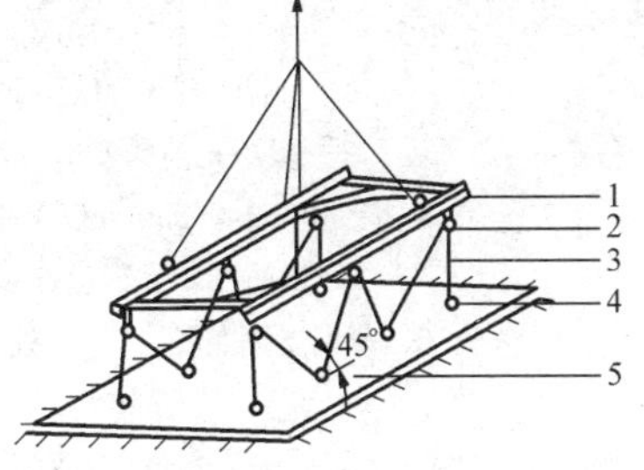

图5-48　单块薄板八点吊装

1—方框式ϕ12双铁扁担吊装架；2—开口起重滑子；3—钢丝绳6×1912.5mm；4—索具卸扣；5—薄板

薄板起吊时，先吊离地面50cm停下，检查吊具的滑轮组、钢丝绳和吊钩的工作状况及薄板的平稳状态是否正常，然后再提升安装、就位。

（4）薄板调整。采用撬棍拨动调整薄板的位置时，撬棍的支点要垫以木块，以避免损坏板的边角。薄板位置调整好后，检查板底与龙骨的接触情况，若发现板底与龙骨上表面之间空隙较大时，可采用以下方法调整：若属龙骨上表面的标高有偏差时，可通过调整立柱螺纹或木立柱下脚的对头木楔纠正其偏差；若属板的变形（反弯曲或翘曲）所致，当变形发生在板端或板中部时，可用短粗钢筋棍与板缝成垂直方向贴住板的上表面，再用8号钢丝通过板缝将粗钢筋棍与板底的支撑龙骨别紧，使板底与龙骨贴严，如图5-49所示；若变形只发生在板端部时，也可用撬棍将板压下，使板底贴至龙骨上表面，然后用粗短钢筋棍的一端压住板面，另一端与墙（或梁）上钢筋焊牢固定，撤除撬棍后，使板底与龙骨接触严密，如图5-50所示。

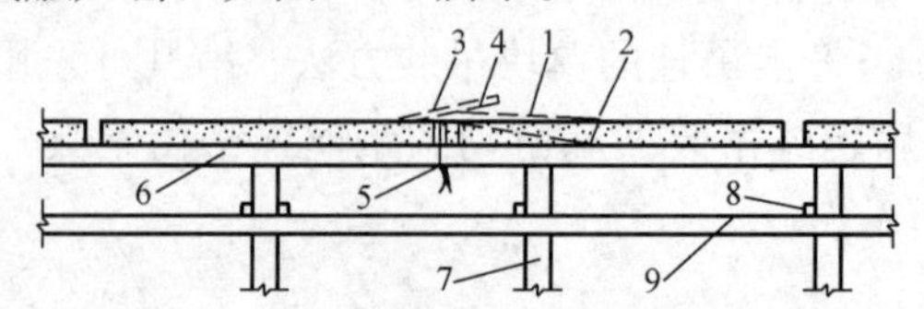

图5-49　板端或板中变形的矫正

1—板矫正前的变形位置；2—板矫正后的位置；

3—l=400mm，25mm以上钢筋用8号钢丝拧紧后的位置；

4—钢筋在8号钢丝拧紧前的位置；5—8号钢丝；

6—薄板支撑龙骨；7—立柱；8—纵向拉杆；9—横向拉杆

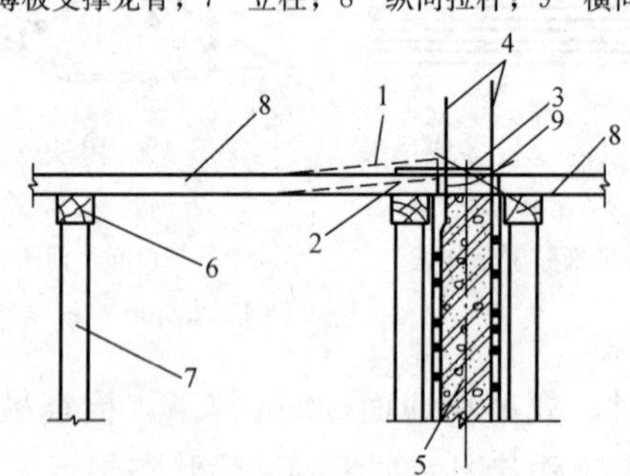

图5-50　板端变形的矫正

1—板端矫正前的位置；2—板端矫正后的位置；3—粗短钢筋头与墙体立筋焊牢压住板端；4—墙体立筋；5—墙体；6—薄板支撑龙骨；7—立柱；8—混凝土薄板；9—板端伸出钢筋

（5）板端伸出钢筋的整理薄板调整好后，将板端伸出钢筋调整到设计要求的角度，再理直伸入对头板的叠合层内。不得将伸出钢筋弯曲成90°角或往回弯入板的自身叠合层内。

（6）板缝模板安装。薄板底如作不设置吊顶的普通装修顶棚时，板缝模宜做成具有凸缘或三角形截面并与板缝宽度相配套的条模，安装时可采用支撑式或吊挂式方法固定，如图5-51所示。

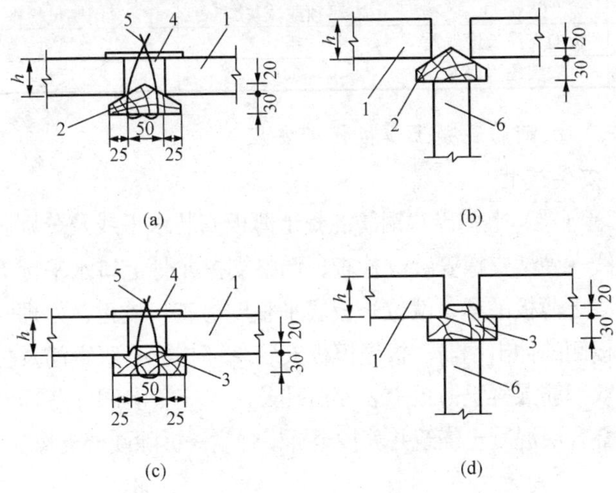

图5-51　板缝模板安装

（a）吊挂式三角形截面的板缝模；（b）支撑式三角形截面板缝模

（c）吊挂式带凸沿板缝模；（d）支撑式带凸沿板缝模

1—混凝土薄板；2—三角形截面板缝模；3—带凸沿截面板缝模；

4—l=100mm，钢筋别棍；5—14号钢丝穿过板缝模与钢筋别棍拧紧；

6—板缝模支撑（50mm×50mm方木）；h—板厚（mm）

（7）薄板表面处理在浇筑叠合层混凝土前，板面预留的剪力钢筋要修整好，板表面的浮浆、浮碴、起皮、尘土要处理干净，然后用水将板润透（冬期施工除外）。冬期施工薄板不能用水冲洗时应采取专门措施，保证叠合层混凝土与薄板结合成整体。

（8）硬架支撑拆除若无设计要求时，必须待叠合层混凝土强度达到设计强度标准值的70%后，方可拆除硬架支撑。

3. 薄板安装质量要求

薄板安装的允许偏差见表5-4。

表5-4 薄板安装的允许偏差

项次	项　目	允许偏差（mm）	检验方法
1	相邻两板底高差	高级≤2 中级≤4 有吊顶或抹灰≤5	安装后在板底与硬架龙骨上表面处用塞尺检查
2	板的支撑长度偏差	5	尺量
3	安装位置偏差	≤10	尺量

（三）双钢筋混凝土薄板模板安装

1. 安装流程

在墙（梁）上弹出双钢筋混凝土薄板安装水平线及分别画出安装位置线→硬架支撑安装→检查、调整支撑龙骨上口水平标高→双钢筋混凝土薄板吊运、就位→板底平整度检查、校正、处理→整理板端及板侧的伸出钢筋→板缝模板安装→绑扎板缝双钢筋及板面加固筋→双钢筋混凝土薄板上表面清理及用水充分湿润（冬期施工除外）→叠合层混凝土浇筑并养护至拆模强度→拆除硬架支撑。

2. 工艺技术要点

（1）硬架的支撑安装与预应力混凝土薄板模板相同。

（2）硬架支撑的水平拉杆设置。当房间开间为单拼板或三拼板的组合情况，硬架的支柱高度超过3m时，支柱之间必须加设水平拉杆；支柱高度在3m以下时，应根据情况确定是否拉结。当房间开间为四拼板或五拼板的组合情况时，支柱必须加设纵、横贯通的水平拉杆。在任何情况下，都必须保证硬架支撑的整体稳定性。

（3）双钢筋混凝土薄板吊装，应钩挂预留的吊环采用8点平衡吊挂的单块吊装方法。双钢筋混凝土薄板起吊方法与预应力混凝土薄板模板相同。

（4）双钢筋混凝土薄板调整与预应力混凝土薄板模板相同。

（5）板伸出钢筋的处理。双钢筋混凝土薄板调整好后，将板端和板侧伸出的钢筋调整到设计要求的角度，并伸入相邻板的叠合层混凝土内。

（6）板缝模板安装与预应力混凝土薄板模板相同。

（7）双钢筋混凝土薄板表面清理与预应力混凝土薄板模板相同。

（8）硬架支撑必须待叠合层混凝土强度达到设计强度的100%后方可拆除。

3. 安装质量要求

（1）双钢筋混凝土薄板的端头及侧面伸出的双钢筋，严禁上弯90°或压在板下，必须按设计要求将其弯入相邻板的叠合层内。

（2）板缝的宽度尺寸及其双钢筋绑扎的位置要正确，板侧面附着的浮渣、杂物等要清除干净并用水湿润透（冬期施工除外）。板缝混凝土振捣要密实，以保证板缝双向传递的承载能力。

（3）在楼板施工中，双钢筋混凝土薄板若需要开凿管道等设备孔洞，则应征得工程设计单位同意，开洞后应对薄板采取补强措施。开洞时不得擅自扩大孔洞面积和切断板的钢筋。

（四）预制双钢筋混凝土薄板模板安装

（1）预制双钢筋混凝土薄板应按8个吊环同步起吊，运输、堆放的支点位置应在吊点位置。

（2）堆放场地应平整夯实。不同板号应分别码垛，不允许不同板号重叠堆放。堆放高度不得大于6层。

（3）预制双钢筋混凝土薄板安装前应事先做好现场临时支架（见图5-52），并抄平、找正后方能安装就位，与支架直交的板缝可以使用吊模。

（4）板侧伸出的双钢筋长度和板端伸入支

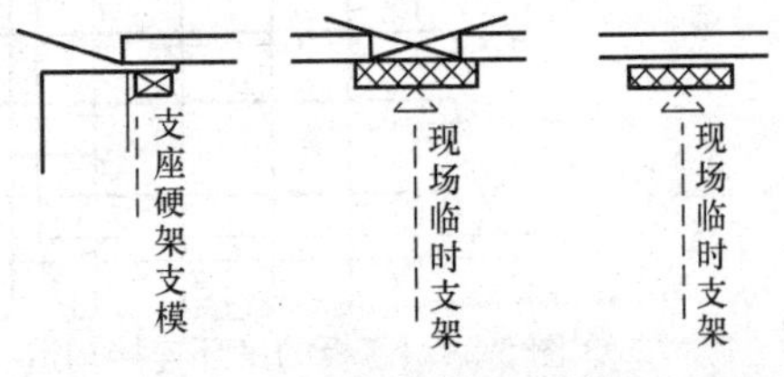

图5-52 临时支架示意图

座内的双钢筋的长度不少于 300mm。预制双钢筋混凝土薄板在支座上的搁置长度一般为＋20mm，若排板需要时也可在＋30～－50mm 之间变动（但简支边的搁置长度应大于 0），若必须小于－50mm 时，应增加板端伸出钢筋的长度，或在现场另行加筋（梯格双钢筋）与伸出钢筋搭接，以增加伸出钢筋的有效长度，如图 5-53 所示。

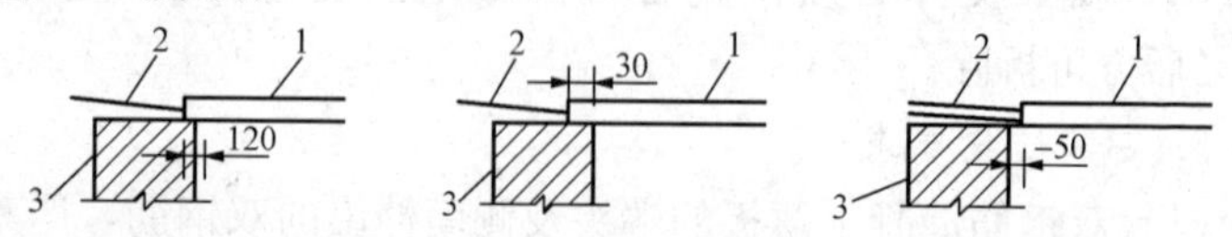

图 5-53 薄板在支座上的搁置长度

1—薄板；2—伸出双钢筋≥300mm；3—支座（墙或梁）

（5）预制双钢筋混凝土薄板的吊环构造连接。预制双钢筋混凝土薄板拼接完后，沿吊环的两个方向用通长的 $\phi8$ 钢筋将吊环进行双向连接，钢筋端头伸入邻跨 400mm 并加弯钩。与吊环直交方向的钢筋穿越吊环，另一方向的钢筋置于直交钢筋下并与之绑扎，如图 5-54 所示。

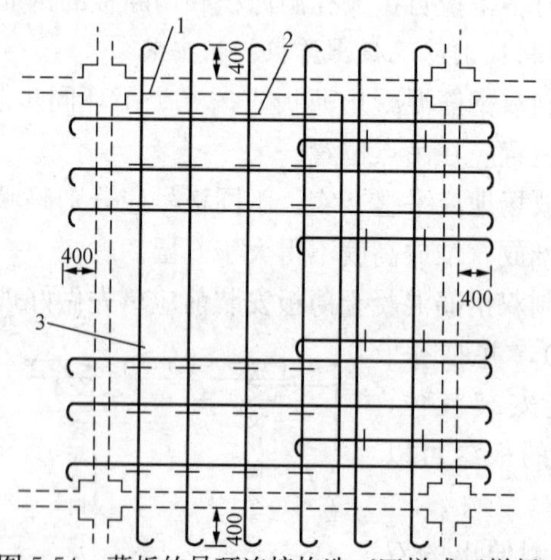

图 5-54 薄板的吊环连接构造（四拼或五拼板）

1—板的周边支座；2—吊环；3—纵、横向 8 连接钢筋

（6）预制双钢筋混凝土薄板调整好后，将板端和板侧伸出的钢筋调整到设计要求的角度，并伸入相邻板的叠合层混凝土内，如图5-55所示。

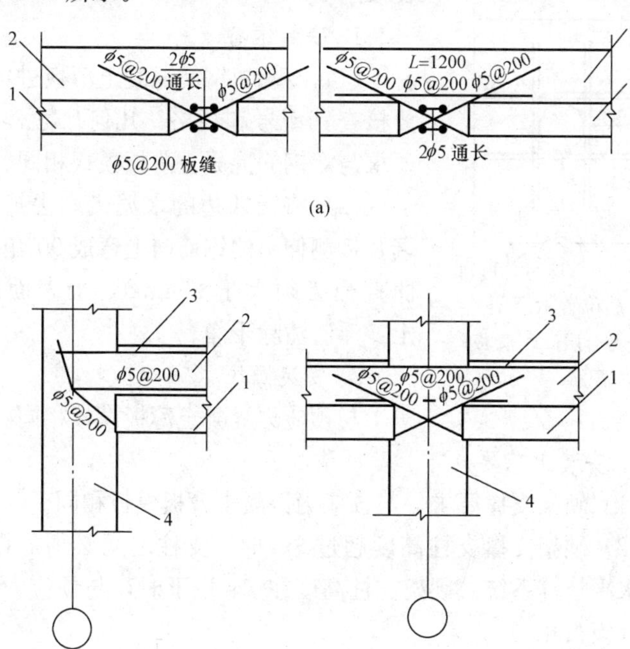

图5-55　板伸出钢筋构造处理
（a）板拼缝连接构造处理；（b）山墙支座处连接构造处理；
（c）中间支座处板连接构造处理
1—双钢筋混凝土薄板；2—现浇混凝土叠合层；
3—支座负筋；4—墙体

（7）在楼板叠合层顶留孔洞、孔位周边，各侧加放双钢筋（见图5-56），筋长＝孔径＋600mm，浇筑在叠合层内。待叠合层浇筑养护后，再将预制双钢筋混凝土薄板孔洞钻通。

（8）待叠合层混凝土强度达到100％时，才能拆除下部

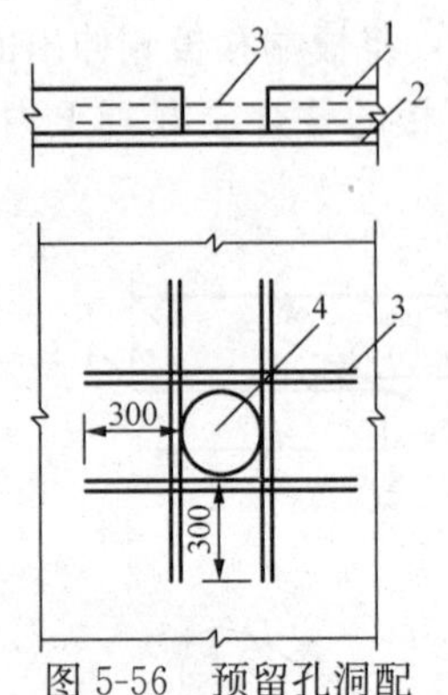

图 5-56 预留孔洞配筋位置示意图

1—叠合层；2—薄板；3—配筋；4—孔洞

支架。

（五）冷轧扭钢筋混凝土薄板模板安装

1. 安装准备

（1）冷轧扭钢筋混凝土薄板进场后，要核查其型号和规格、几何尺寸，具体要求与双钢筋混凝土薄板模板相同。

（2）将板四边的水泥飞刺去掉，板端及板侧伸出的钢筋向上弯成90°角（弯曲直径必须大于20mm），板表面的尘土、浮渣清除干净。

2. 安装顺序

与预应力混凝土薄板模板相同。

3. 安装工艺要点

（1）硬架支撑要求，与预应力混凝土薄板模板相同。

（2）硬架支撑支柱高度超过3m时，支柱之间必须加设纵、横向水平拉杆系统。硬架支柱高度在3m以下时，与预应力混凝土薄板模板相同。

（3）吊装冷轧扭钢筋混凝土薄板时，应钩挂冷轧扭钢筋混凝土薄板上预留的吊环，采用8点（或6点）平衡吊挂的单块吊装方法吊装。

（4）冷轧扭钢筋混凝土薄板就位调整方法与预应力混凝土薄板相同。

（5）冷轧扭钢筋混凝土薄板调整好后，将板端和板侧面伸出的冷轧扭钢筋调整到设计要求的角度，伸入到相邻板的混凝土叠合层内。伸出钢筋不得摵死弯，其弯曲直径不得大于20mm。不得将伸出钢筋往回弯入板的自身混凝土叠合层内。薄板从出厂至就位的过程，伸出钢筋的重复弯曲次数不得超过2次。

三、滑模混凝土施工

（一）滑模装置组成部件

滑模装置主要由模板系统、操作平台系统、液压提升系统以及施工精度控制系统等部分组成，如图 5-57 所示。

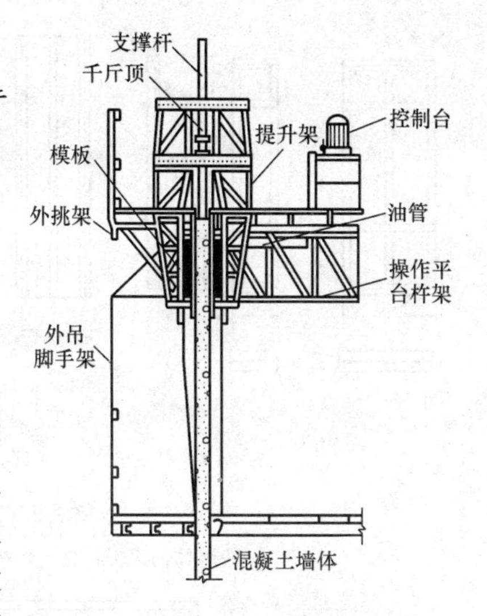

图 5-57 滑升模板装置组成示意图

1. 模板系统

（1）模板。模板又称作围板，依赖围圈带动其沿混凝土的表面向上滑动。模板的主要作用是使混凝土按设计要求的截面形状成型。模板用材一般以钢材为主。若采用定型组合钢模板，则需在边框增加与围圈固定相适应的连接孔。

模板按其所在部位和作用的不同，可分为内模板、外模板、堵头模板、角模以及变截面处的衬模板等。为了防止混凝土在浇筑时外溅，外模板的上端比内模板可高出 100～200mm。钢模板可采用厚 2～3mm 的钢板冷压成型，或用厚 2～3mm 钢板与∟30～∟50 角钢制成，如图 5-58 所示。模板的高度，墙体模板为 1m 左右，柱模板可为 1.2m，烟囱等筒壁结构可采用 1.4～1.6m。其宽度以考虑组装及拆卸方便为宜，一般为 300mm。当施工对象的墙体尺寸变化不大时，也可根据施工条件将模板宽度加大，以节约组装和拆卸用工；另外，也可配以少量的 150、200mm 宽的模板，个别小于 50mm 的空隙，可配以木条包薄钢板补严。模板宽度的实际尺寸应比公称尺寸小 2mm。

墙板结构与框架结构柱的阴阳角处宜采用同样材料制成的角模，如图 5-59 所示。角模的上下口倾斜度应与墙体模板相同。阴阳角处可做成小圆弧形。

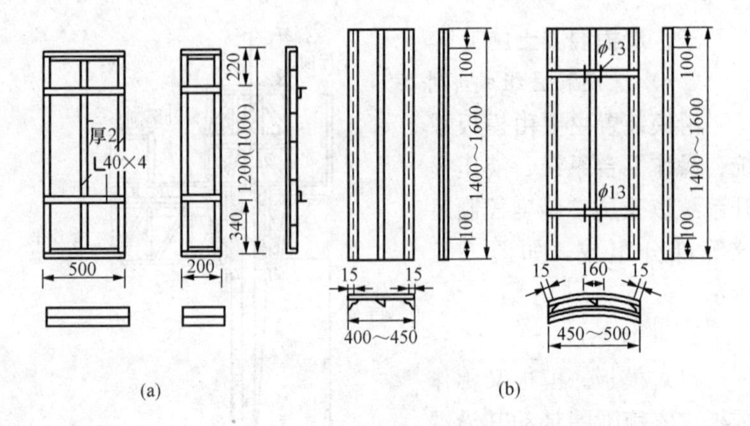

图 5-58　钢模板示意图

（a）一般墙体钢模板；（b）内外固定式烟囱钢模板

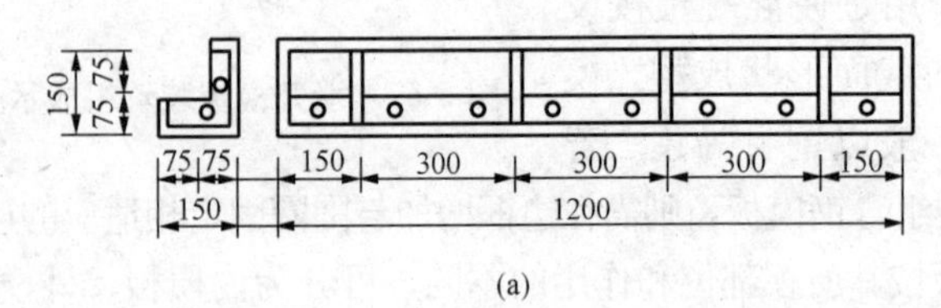

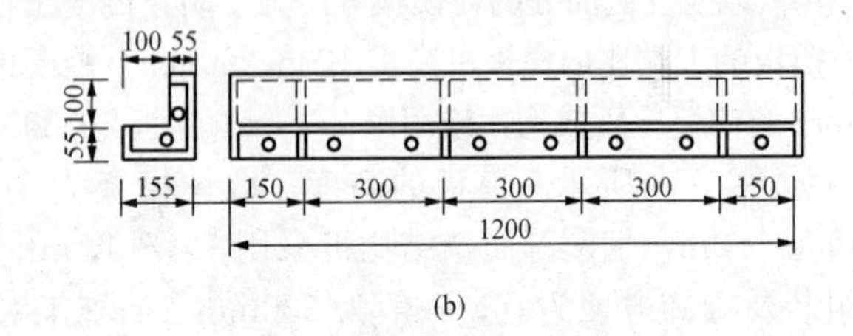

图 5-59　角模板

（a）阴角模板；（b）阳角模板

（2）围圈。围圈又称作围檩。其主要作用是使模板保持组装的平面形状并将模板与提升架连接成一个整体。围圈承受由模板传递来的混凝土侧压力、冲击力和风荷载等水平荷载，同时还承受滑升时的摩阻力、作用于操作平台上的静荷载和施工荷载等竖向荷载，并将其传递到提升架、千斤顶和支撑杆上。围圈在转角处应设计成刚性节点，围圈接头应采用等刚度的型钢连接，连接螺栓每边不得小于两个。在使用荷载作用下，相邻提升架之间围圈的垂直与水平方向的变形不应大于跨度的 1/500。围圈放置在提升架立柱的围圈支托上，可用 U 形螺栓固定。当提升架之间

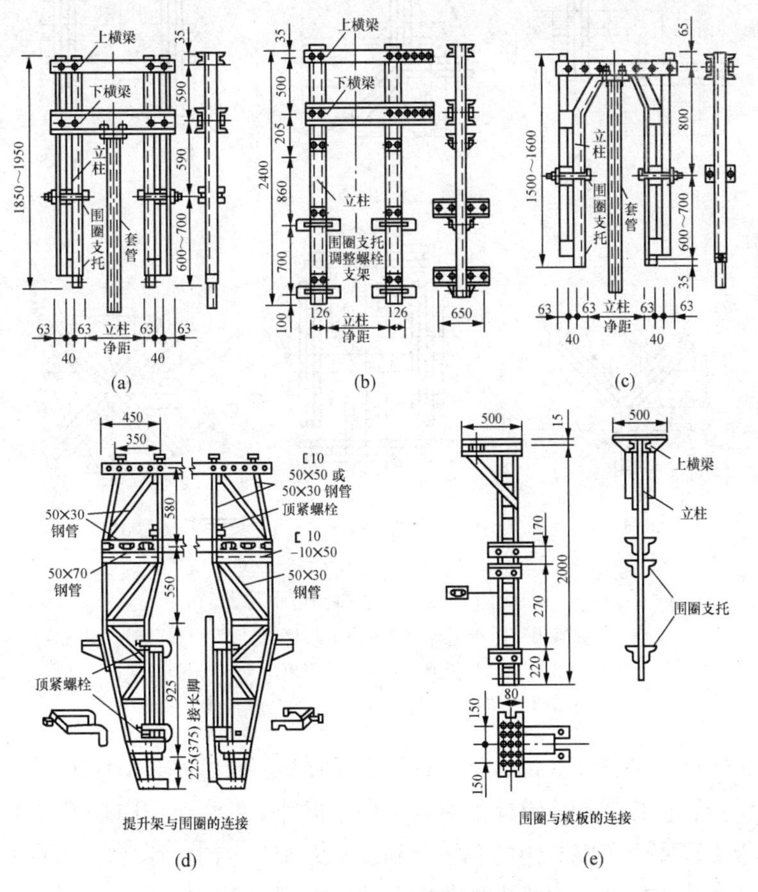

图 5-60 提升架立面构造示意图

(a) 开形提升架；(b) 变截面工程开形提升架；

(c) ∩形提升架；(d) 钳形提升架；(e) Γ形提升架

的布置距离较大时（大于3m），或操作平台的桁架直接支撑在围圈上时，可在上下围圈之间加设腹杆，形成平面桁架，以提高承受竖向荷载的能力。

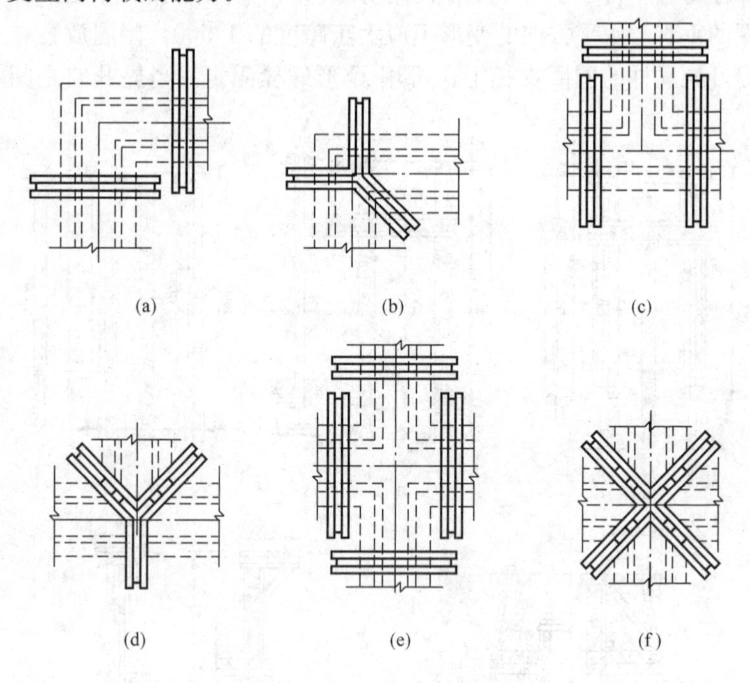

图5-61 提升架平面构造示意图

（a）L形墙用“I”形提升架；（b）L形墙用“Y”形提升架；
（c）T形墙用“I”形提升架；（d）T形墙用“Y”形提升架；
（e）十字形墙用“I”形提升架；（f）十字形墙用“X”形提升架

（3）提升架。提升架又称作千斤顶架。它是安装千斤顶并与围圈、模板连接成整体的主要构件。提升架的主要作用是控制模板、围圈由于混凝土的侧压力和冲击力而产生的位移变形；同时承受作用于整个模板上的竖向荷载，将上述荷载传递给千斤顶和支撑杆。当提升机具工作时，通过它带动围圈、模板及操作平台等一起向上滑动。提升架的立面构造形式，一般可分为单横梁

“∩”形，双横梁的“开”形或单立柱的“Γ”形等，如图 5-60 所示。提升架的平面构造形式，一般可分为“I”形、“Y”形、“X”形、“∩”形和“□”形等几种，如图 5-61 所示。

对于变形缝双墙、圆弧形墙壁交叉处或厚墙壁等摩阻力及局部荷载较大的部位，可采用双千斤顶提升架。双千斤顶提升架可沿横梁布置，如图 5-62（a)、(b)、(c）所示；也可垂直于横梁布置，如图 5-62（d）所示。

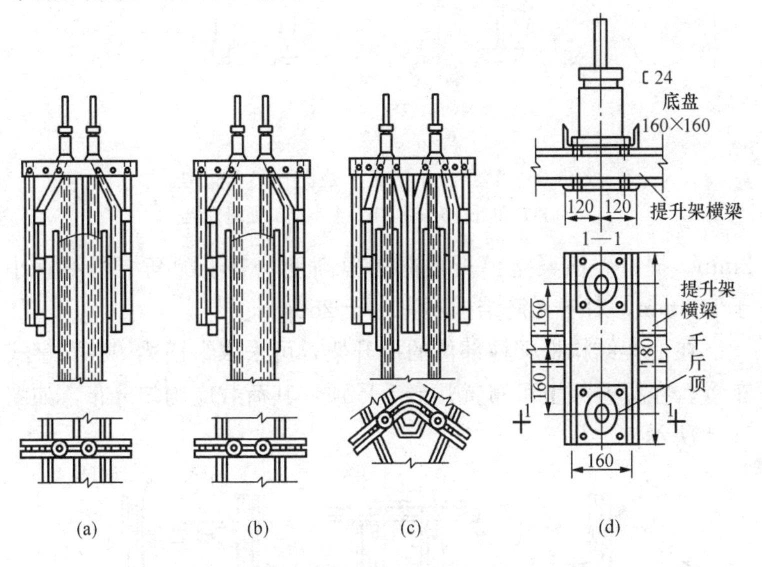

图 5-62　双千斤顶提升架示意图

（a）用于伸缩缝双墙；（b）用于厚墙壁；

（c）用于折角形墙壁；（d）垂直于横梁布置

墙体转角和十字交接处，提升架立柱可采用 100mm × 100mm×（4～6）mm 方钢管制作，如图 5-63 所示。

提升架必须有足够的刚度，应按实际的水平荷载和竖向荷载进行计算。提升架的横梁与立柱必须刚性连接，两者的轴线应在同一水平面内，在使用荷载作用下，立柱的侧向变形应不大于

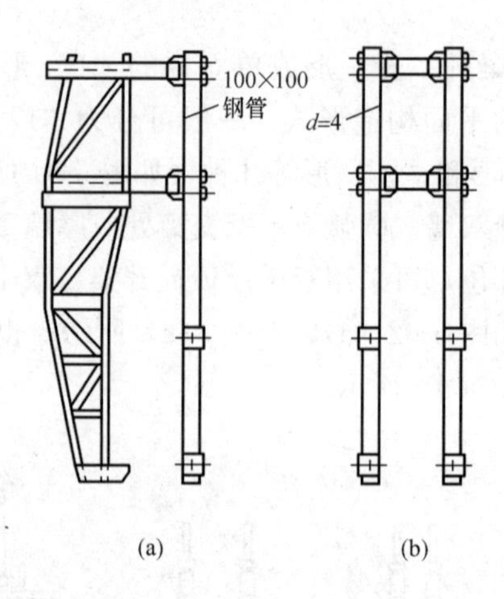

图 5-63　转角及十字交叉处提升架立面构造

(a) 转角处提升架；(b) 十字交叉处提升架

2mm。提升架横梁至模板顶部的净高度，对于配筋结构不宜小于 500mm，对于无筋结构不宜小于 250mm。

在框架结构框架柱部位的提升架，可采取纵横梁“井”字式布置，在提升架上可布置几台千斤顶，其荷载应均匀分布，如图 5-64 所示。

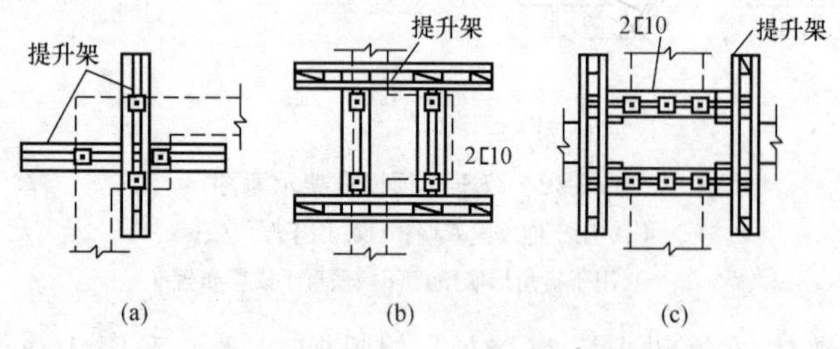

图 5-64　框架柱提升架平面布置

(a) 角柱；(b) 边柱；(c) 中间柱

2. 操作平台系统

操作平台系统由操作平台和吊脚手架等组成。

（1）操作平台。滑模的操作平台是绑扎钢筋、浇筑混凝土、滑升模板等的操作场所；也是钢筋、混凝土、埋设件等材料和千斤顶、振动器等小型备用机具的暂时存放场地。液压控制机械设备，一般布置在操作平台的中央部位。房屋建筑工程采用滑模施工时，操作平台板可采用固定式或活动式。对于逐层空滑楼板并进施工工艺，操作平台板宜采用活动式，以便平台板揭开后，对现浇楼板进行支模、绑扎钢筋和浇筑混凝土或进行预制楼板的安装。一般将提升架立柱内侧的平台板采用固定式；提升架立柱外侧的平台板，采用活动式，如图 5-65 所示。

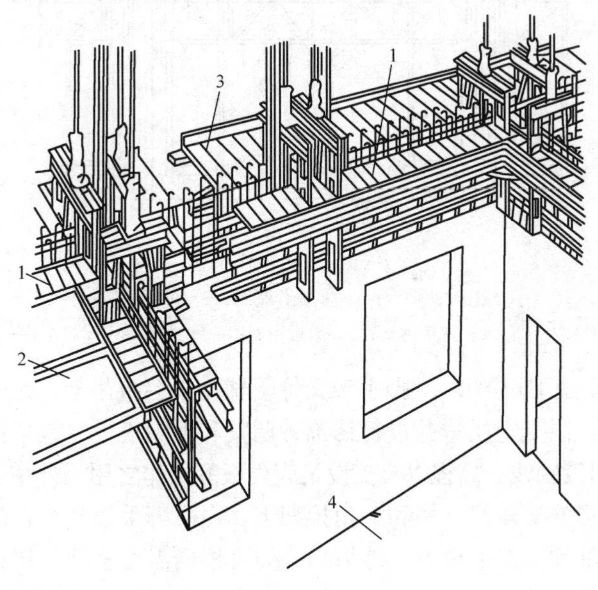

图 5-65　活动平台板操作平台

1—固定平台板；2—活动平台板；3—外挑操作平台；
4—下一层已施工完的现浇楼板

操作平台分为主操作平台和上辅助平台两种，一般只设置主操作平台。当主操作平台被墙体的钢筋所分割，使混凝土水平运输受阻，或为了避免各工种间的相互干扰，有时也可设置上辅助平台。上辅助平台承重桁架（或大梁）的支柱，大都支撑于提升架的顶部。设置上辅助平台时，应特别注意其稳定性，如图5-66所示。

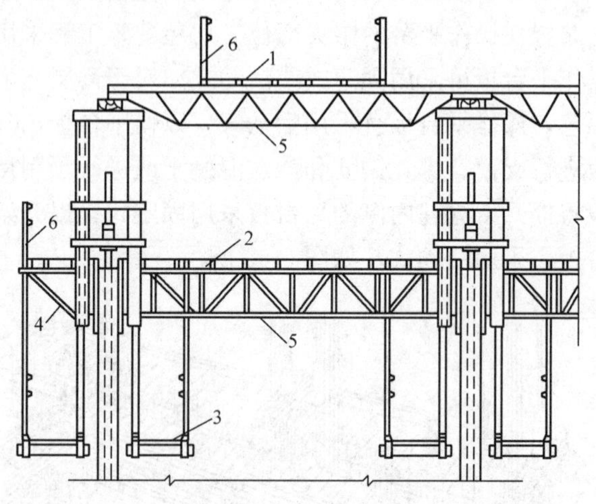

图5-66 双层操作平台

1—上辅助平台；2—主操作平台；3—吊脚手架；4—三角挑架；5—承重桁架；6—防护栏杆

（2）吊脚手架。吊脚手架又称下辅助平台或吊架，是供检查墙（柱）混凝土质量并进行修饰、调整和拆除模板（包括洞口模板），引设轴线、高程以及支设梁底模板等操作之用。外吊脚手架悬挂在提升架外侧立柱和三角挑架上，内吊脚手架悬挂在提升架内侧立柱和操作平台上。外吊脚手架可根据需要悬挂一层或多层（也可局部多层）。吊脚手架的吊杆可用ϕ16～18的圆钢或50mm×4mm的扁钢制成，也可采用柔性链条。吊脚手架的铺板宽度一般为600～800mm。为了保证安全，每根吊杆必须安装双螺母予以锁紧，其外侧应设防护栏杆挂设安全网，如图5-67所示。

3. 液压提升系统

液压提升系统主要由液压千斤顶、液压控制台、油路系统和

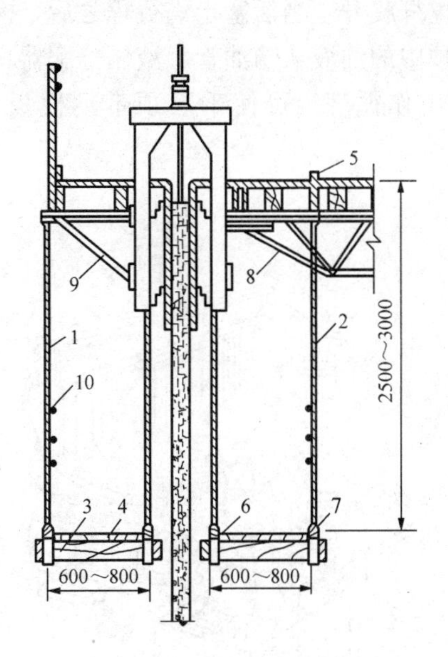

图 5-67 吊脚手架

1—外吊脚手杆；2—内吊脚手杆；3—木楞；4—脚手板；
5—固定吊杆的卡棍；6—套靴；7—连接螺栓；
8—平台承重桁架；9—三角挑架；10—防护栏杆

支撑杆等部分组成。

（1）液压千斤顶。液压千斤顶又称为穿心式液压千斤顶或爬升器。其中心穿过支撑杆，在周期式的液压动力作用下，千斤顶可沿支撑杆作爬升动作，以带动提升架、操作平台和模板随之一起上升。目前国内生产的滑模液压千斤顶型号主要有滚珠式、楔块式、松卡式等。

（2）液压控制台。液压控制台是液压传动系统的控制中心，是液压滑模的心脏。主要由电动机、齿轮油泵、换向阀、溢流阀、液压分配器和油箱等组成，如图 5-68 所示。其工作过程：电动机带动油泵运转，将油箱中的油液通过溢流阀控制压力后，经换向阀输送到液压分配器。然后，经油管将油液输入千斤顶，使千斤顶沿支撑杆爬升。当活塞走满行程之后，换向阀变换油液的流向，千斤顶中的油液从输油管、液压分配器，经换向阀返回油箱。每一个工作循环，可使千斤顶带动模板系统爬升一个行程。

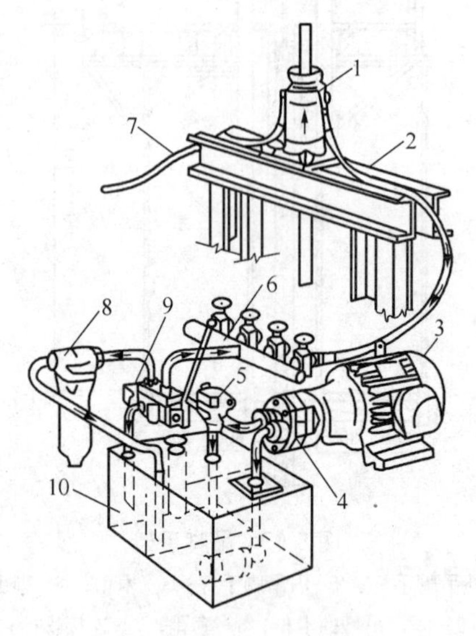

图 5-68 液压传动系统

1—液压千斤顶；2—提升架；3—电动机；4—油泵；5—溢流阀；6—液压分配器；7—油管；8—滤油器；9—换向阀；10—油箱

液压系统安装完毕，应进行试运转，首先进行充油排气，然后加压至 12MPa，每次持压 5min，重复 3 次，各密封处无渗漏，进行全面检查，待各部分工作正常后，再插入支撑杆。

液压控制台应符合下列技术要求。

1）液压控制台带电部位对机壳的绝缘电阻不得低于 0.5MΩ。

2）液压控制台带电部位（不包括 50V 以下的带电部位）应能承受 50Hz、电压 200V，历时 1min 耐电试验，无击穿和闪络现象。

3）液压控制台的液压管路和电路应排列整齐统一，仪表在台面上的安装布置应固定牢靠。

4）液压系统在额定工作压力 8MPa 下保压 3min，所有管路、接头及元件不得漏油。

5）液压控制台在下列条件下应能正常工作；环境温度为 −10～40℃；电源电压为（380±38）V；液压油污染度不低于 20/18；液压油的最高油温不得超过 70℃，油温温升不得超过 30℃。

（3）油路系统。油路系统是连接控制台到千斤顶的液压通路，主要由油管、管接头、液压分配器和截止阀等元器件组成。油管一般采用高压无缝钢管及高压橡胶管两种。根据滑模工程面积大小决定液压千斤顶的数量及编组形式。主油管内径应为 14～19mm，分油管内径应为 10～14mm，连接千斤顶的油管内径应为 6～10mm。无缝钢管一般采用内径为 8～25mm，试验压力为 32MPa。与液压千斤顶连接处宜采用高压胶管。油管耐压力应大于油泵工作压力的 2 倍。

（4）支撑杆。支撑杆又称爬杆、千斤顶杆或钢筋轴等。它支撑着作用于千斤顶的全部荷载。目前使用的额定起重量为 30kN 的滚珠式卡具液压千斤顶，其支撑杆一般采用 25mm 的 Q235 圆钢制作。若使用额定起重量为 30kN 的楔块式卡具液压千斤顶时，也可采用 25～28mm 的螺纹钢筋作支撑杆。对于框架柱等结构，可直接以受力钢筋作支撑杆使用。为了节约钢材用量，应尽可能采用工具式支撑杆（ϕ25 圆钢支撑杆）的连接方法，常用的有三种：螺纹扣连接、榫接和坡口焊接，如图 5-69 所示。支撑杆的焊接，一般在液压千斤顶上升到接近支撑杆顶部时进行，接口处若有偏斜或凸痕，要用手提砂轮机处理平整，也可在千斤顶底部超过支撑杆后进行。但由于该千斤顶处于脱空卸荷状态，将荷载转移至相邻的千斤顶承担，因而在进行滑模装置设计时，

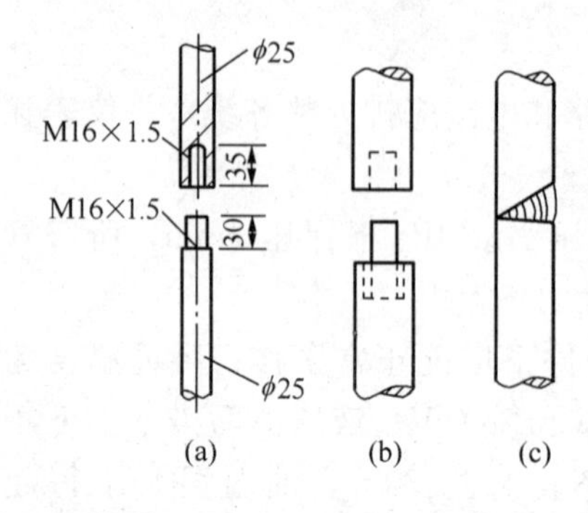

图 5-69 φ25 圆钢支撑杆的连接

(a) 螺纹；(b) 榫接；(c) 焊接

即应考虑到这一因素。采用工具式支撑杆时，应在安装千斤顶的提升架横梁下部，悬吊一般内径稍大于支撑杆外径的钢套管，套管可上下移动和自由移动，套管上提后的长度与横板下口相平，其下端外径最好做成上大下小的锥度，以减少滑升时的摩阻力。套管随千斤顶和提升架同时滑升，在混凝土内形成管孔，以防支撑杆与混凝土黏结。工具式支撑杆可以在滑升到顶后一次抽拔，也可在滑升过程中分层抽拔；但分层抽拔时，应间隔进行，每层抽拔数量不应超过支撑杆总数的 1/4，并应对抽拔过程中卸荷的千斤顶采取必要的支顶安全措施。

工具式支撑杆的抽拔，一般可采用管钳、倒链和倒置滑模千斤顶或杠杆式拔杆器等器具。杠杆式拔杆器如图 5-70 所示。

为了防止支撑杆失稳，φ25 圆钢支撑杆的允许脱空长度，建议不超过表 5-5 所示数值。

表 5-5　φ25 圆钢支撑杆允许脱空长度

支撑杆荷载 P（kN）	允许脱空长度 L（cm）
10	152
12	134
15	115
20	94

注　允许脱空长度 L，系指于斤顶下卡头至混凝土上表面的允许距离，它等于千斤顶下卡头至模板上口距离加模板的一次提升高度。

当施工中超过表 5-5 所示脱空长度时，应对支撑杆采取有效

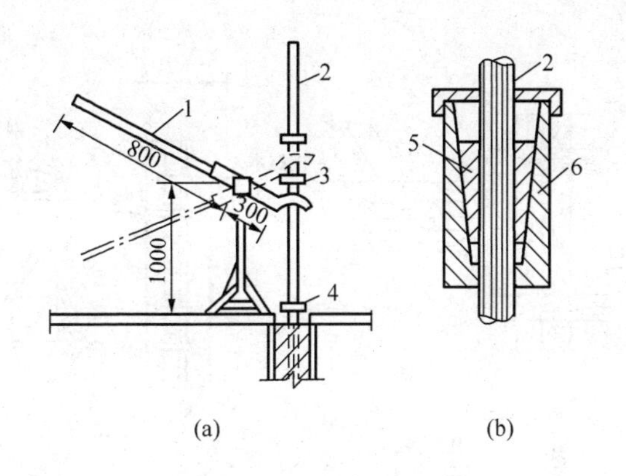

图 5-70　杠杆式拔杆器

(a) 工作图；(b) 夹杆盒

1—杠杆；2—工具式支撑杆；3—上夹杆盒（拔杆用）

4—下夹杆盒（保险用）；5—夹块；6—夹杆盒外壳

的加固措施。支撑杆的加固，一般可采用方木、钢管、拼装柱盒及假柱等加固方法，如图 5-71 所示。

近年来，我国各地相继研制了一批额定起重量为 60～100kN 的大吨位千斤顶，与之配套的支撑杆采用 $\phi48\times3.5$mm 的钢管。在滑模施工中，当采用 $\phi48\times3.5$mm 钢管作支撑杆且处于混凝土体外时，其最大脱空长度（额定起重量为 60kN 的千斤顶工作起重量为 30kN 时）控制在 2.5m 以内，支撑杆的稳定性是可靠的。

$\phi48\times3.5$mm 支撑杆的接头，可采用螺纹连接、焊接和销钉连接。采用螺纹连接时，钢管两端分别焊接 M30 螺母和螺杆，螺纹长度不宜小于 50mm。采用焊接方法时，应先加工一段长度为 200mm 的 $\phi38\times3$mm 衬管，并在支撑杆两端各钻 3 个小孔，当千斤顶上部的支撑杆还有 400mm 时，将衬管插进支撑杆内 1/2，通过 3 个小孔点焊后，表面磨平；随后在衬管上插接上一根支撑杆，同样点焊磨平；当千斤顶通过接头后，再用帮条焊接。采用销钉连接时，需加工一段连接件（衬管和管箍），在连

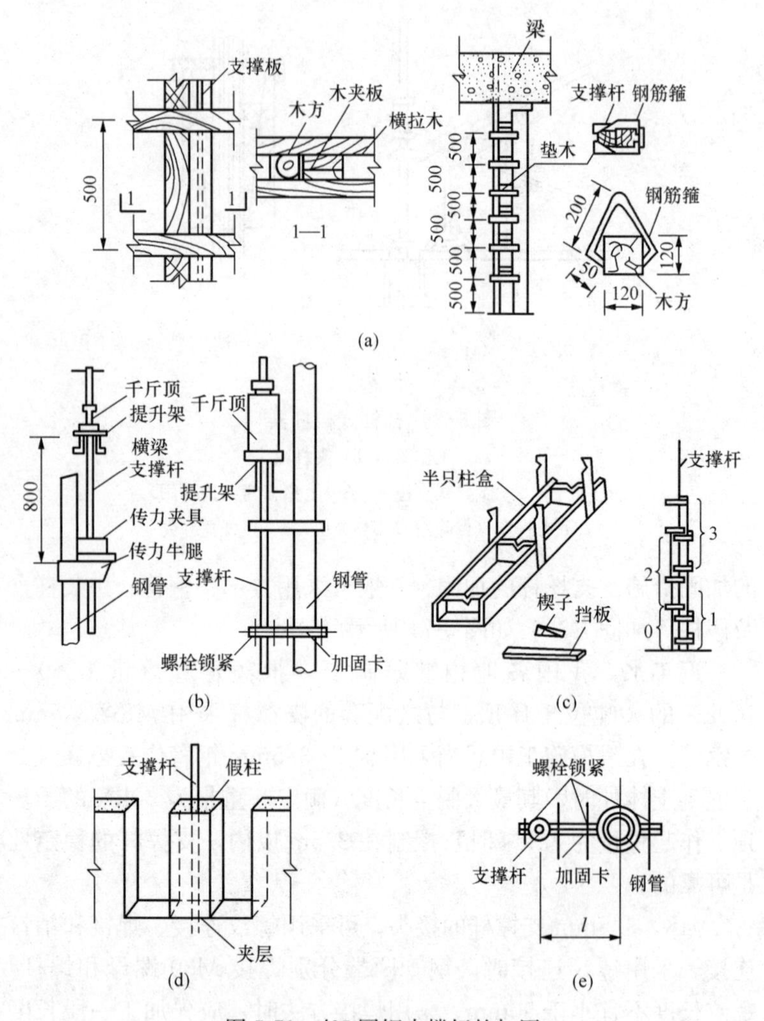

图 5-71 ϕ25 圆钢支撑杆的加固

(a) 方木加固；(b) 钢管夹具加固；(c) 柱盒加固

(d) 假柱加固；(e) 螺栓锁紧

0、1、2、3—拼装柱盒先后顺序

接件及支撑杆端部对应位置分别钻销孔，当千斤顶通过接头后，用销钉将支撑杆和连接件销在一起。连接件的衬管与管箍也通过

3 个小孔点焊而成。

（二）混凝土浇筑施工

1. 混凝土的配制

用于滑模施工的混凝土，除应满足设计所规定的强度、抗渗性、耐久性等要求外，尚应满足下列规定。

（1）混凝土早期强度的增长速度，必须满足模板滑升速度的要求。

（2）薄壁结构的混凝土宜用硅酸盐水泥或普通硅酸盐水泥配制。

（3）混凝土浇筑入模时坍落度，应符合表 5-6 的规定。

表 5-6　　混凝土浇筑入模时的坍落度

结构种类	坍落度（cm）	
	非泵送混凝土	泵送混凝土
墙板、梁、柱	5～7	14～20
配筋密肋的结构（筒壁结构及细柱）	6～9	14～20
配筋特密结构	9～12	16～22

注　采用人工捣实时，非泵送混凝土的坍落度可适当增加。

（4）在混凝土中掺入的外加剂或掺和料，其品种和掺量应通过试验确定。配制混凝土的粗集料，最好采用卵石，其最大粒径不得超过结构最小厚度的 1/5 和钢筋最小净距的 3/4，对于墙壁结构，一般不宜超过 20mm。另外，在颗粒级配中，可适当加大细集料的用量，一般要求粒径在 7mm 以下的细集料宜达到 50%～55%，粒径在 0.2mm 以下的细集料宜在 5%以上，以提高混凝土的工作度，减少模板滑升时的摩阻力。配制混凝土的水泥，在一个工程上宜采用同一工厂生产的同一强度等级的产品，以便于掌握其特性。水泥的品种，应根据施工的气温、模板的滑升速度及施工对象而选用。一般情况下，高温宜选用凝结速度较慢的水泥，低温宜选用凝结速度较快、早期强度较高的水泥。气温过高时，宜加入缓凝、减水复合外加剂；气温过低时，宜加入高效减水剂和低温早强、抗冻外加剂。

（5）采用高强混凝土时，尚应满足流动性、可泵性和可滑性等要求。并应使入模后的混凝土凝结速度与模板滑升速度相适应。混凝土配合比设计初定后，应先进行模拟试验，再做调整。混凝土的初凝时间宜控制在 2h 左右，终凝时间可视工程对象而定，一般宜控制在 4～6h。

2. 混凝土运输

混凝土的运输，一般可采用井架吊斗或塔吊吊罐，也可直接吊混凝土小车等，将混凝土吊至操作平台上，再利用人工入模浇筑。这种方法需用人工较多，而且运输时间也较长，不利于滑模的快速施工。有些单位应用混凝土输送泵配合布料杆，解决混凝土的运输和直接入模问题，取得了较好的效果。

3. 布料方法

（1）墙体混凝土布料方法：先把混凝土布在每个房间，然后由人工锹运入模。在逐间布料时，应按每个房间平行长墙方向，布料在靠墙边的位置上，再用锹入模。

（2）墙体混凝土布料时间：应控制在每个浇筑层（约 20cm 厚）混凝土，在 1h 内浇筑入模，振捣完毕。要求每层混凝土之间不得留有任何施工缝。

（3）为防止出现结构扭转现象，在奇数层的墙体滑模混凝土布料顺序：应按顺时针方向逐间布料；在偶数层时，应按逆时针方向逐间布料。

（4）必要时，还需考虑到季节风向、气温与日照等因素进行布料。

（5）楼板混凝土布料顺序：先远后近，逐间布料。一般先从东北角开始，逐间往东南方向布料，直到南边为止。随后，将布料机空转，至西北部位，再逐间往南方向布料，直至西南边外墙为止。

（6）在楼板混凝土逐间布料以后，随即振实。

4. 混凝土出模强度控制

由于滑模施工时，模板是随着混凝土的连续浇筑不断滑升的，混凝土对模板的滑升产生摩阻力。为减少滑升阻力，保证混凝土的质量，必须根据滑升速度适当控制混凝土凝结时间，使出模的混凝土能达到最优的出模强度。混凝土的最优出模强度就是混凝土凝结的程度应使滑升时的摩阻力为最小，出模的混凝土表面易于抹光，不会被拉裂或带起，而又足以支撑上部混凝土的自重，不会出现流淌、坍落或变形。

为此应将混凝土的出模强度控制在 0.2～0.4MPa 范围内。在此种出模强度下，不易发生混凝土坍落、拉裂现象，出模后的混凝土表面容易修饰，而且混凝土后期强度损失较少。

5. 混凝土初凝时间控制

由于高层建筑的混凝土浇筑面与浇筑量大，混凝土的初凝时间必须与混凝土的浇筑速度和滑升速度相协调。滑模施工中的混凝土配合比及水泥品种的选择应根据施工时的气温、滑升速度和工程对象而定。夏季施工一般宜选用矿渣水泥，也可以采用普通水泥或掺入适量的粉煤灰。设计配合比时，还应进行试配，找出几种在不同的气温条件下混凝土的初凝、终凝时间和强度随时间增长的关系曲线，以供施工时选用。

6. 浇筑阶段的划分

滑升模板施工中浇筑混凝土和提升模板是相互交替进行的，根据其施工工艺的特点，整个过程可以分为初浇初升、随浇随升和末浇末升三个施工阶段。

（1）混凝土的初浇阶段是指在滑升模板组装检查完毕后，从开始浇筑混凝土时至模板开始试升时为止。此阶段混凝土的浇筑高度一般为 600～700mm，分 2～3 层浇筑，必须在混凝土初凝之前完成。

（2）模板初升后，即进入随浇随升阶段。此时，混凝土的浇筑与绑扎钢筋、提升模板两道工序紧密衔接，相互交替进行，以正常浇筑速度分层浇筑。

（3）当混凝土浇筑至距设计标高尚差 1m 左右时，即达末浇阶段。

7. 混凝土盼浇筑

浇筑混凝土前，必须合理划分施工区段，安排操作人员，以使每个区段的浇筑数量和时间大致相等，混凝土的浇筑应满足下列规定。

（1）必须分层均匀交圈浇筑，每一浇筑层的混凝土表面应在一个水平面上，应有计划匀称地变换浇筑方向。

（2）分层浇筑的厚度不宜大于 200mm，各层浇筑的间隔时间，应不大于混凝土的凝结时间（相当于混凝土达 0.35kN/cm^2 贯入阻力值），当间隔时间超过时，对接槎处应按施工缝的要求处理。

（3）在气温高的季节，宜先浇筑内墙，后浇筑阳光直射的外墙；先浇筑直墙，后浇筑墙角和墙垛；先浇筑较厚的墙，后浇筑薄墙。

（4）预留孔洞、门窗口、烟道口、变形缝及通风管道等两侧的混凝土，应对称均衡浇筑。开始向模板内浇筑的混凝土，浇筑时间一般宜控制在 2h 左右，分 2～3 层将混凝土浇筑至 600～700mm 高度。然后进行模板的初滑。正常滑升阶段的混凝土浇筑，每次滑升前，宜将混凝土浇筑至距模板上口以下 50～100mm 处，应将最上一道横向钢筋留置在混凝土外，作为绑扎上一道横向钢筋的标志。在浇筑混凝土的同时，应随时清理黏附在模板内表面的砂浆，保持模板洁净，防止结硬后增加滑升的摩阻力。

8. 混凝土振捣

混凝土的振捣应满足下列要求。

（1）振捣混凝土时，振动器不得直接触及支撑杆、钢筋或模板。

（2）振动器应插入前一层混凝土内，但深度不宜超过50mm。

（3）在模板滑动的过程中，不得振捣混凝土。

坍落度较大的混凝土，可用人工振捣；坍落度较小的混凝土，宜用移动方便的小型插入式振动器（目前我国生产有棒头直径为30mm或50mm，棒长为230mm的插入式振动器）振捣。若小型振动器不易解决，也可采用普通高频振动器，但在其头部200mm左右处应做好明显的标志。操作时，严格控制棒头插入混凝土的深度，不得超过标志。应逐步放慢，进行模板准确的放平、找正工作，最后将余下的混凝土一次浇平。

9. 浇筑时应注意的问题

（1）浇筑混凝土时，应划分区段，由固定工人班组负责施工，每区段的浇筑数量和时间应大致相等，严格执行分层交圈会合，均匀浇筑的浇筑制度。不应自一端开始向单方向浇筑。每层混凝土的浇筑厚度，一般建筑物以200～300mm为宜；框架结构的柱和面积较小的烟囱等，可适当加大至400mm。每浇筑完一层，交圈会合后，应使混凝土表面基本保持在同一水平面上。否则，当浇筑的混凝土表面高低不一时，各处混凝土出模后，原浇筑层表面低处的混凝土可能会发生坍落，高处的混凝土会出现拉裂的情况。

（2）各层混凝土的浇筑方向应有计划、匀称地交替变换，防止结构发生倾斜或扭转。

（3）正常滑升时，新浇筑混凝土的表面与模板上口之间，宜保持有50～100mm的距离，以免模板提升时将混凝土带起。同时还应留出一层已绑好的水平钢筋，作为继续绑扎钢筋时的依据，以免发生错漏绑钢筋事故。

（4）在浇筑混凝土的同时，应随时清理粘在模板内表面的砂浆或混凝土，以免结硬，增加滑升的摩阻力，影响表面光滑，造成质量事故。浇筑混凝土的停留时间若超过混凝土的初凝时间，则应按施工缝处理。其处理方法与一般混凝土工程施工相同。

10. 混凝土表面的修补

滑模施工混凝土出模以后的表面整修是关系到建筑物的外观和结构质量的重要工序。混凝土出模后应立即进行混凝土表面的修整工作。高层建筑外墙一般都有装饰要求，滑模施工时，外吊脚一般挂一排，特殊情况也可挂两排，当混凝土出模后应立即用木抹子搓平，若表面有蜂窝、麻面，应清除疏松混凝土并用同一配合比的砂浆进行修补。

（三）混凝土的养护

滑模施工中的养护有以下两种。

（1）浇水养护。先用高压泵将水送至滑模平台上的贮水箱，而后经过挂在操作平台下面沿建筑物四周一圈开有小孔的喷水管喷洒。洒水次数可根据施工时气候条件确定。

（2）气温低于5℃时，不必浇水养护，可用草帘、草包等遮挡保温，必要时可采用冬期施工技术措施以保证混凝土强度的增长，保证工程质量。

（四）滑模施工质量标准

滑模工程的验收应按现行《混凝土结构工程施工质量验收规范》和《液压滑动模板施工技术规范》等规范要求进行。其工程结构允许偏差应符合表5-7的规定。

四、地下室模板施工

（一）模板安装

1. 底板侧模及反梁模板

（1）底板侧模通常采用做完防水的外保护砖墙作为外模板，若采用组合小钢模、竹胶板、多层板时因为单面支模，则应确保支撑的牢固，并采用支顶和斜拉相结合的方法。

（2）基础反梁高出底板上皮，在底板钢筋上支模板时应先在墙柱插筋及梁筋上画出标高控制线。

表 5-7 滑模施工工程结构的允许偏差

<table>
<tr><th colspan="3">项目</th><th>允许偏差（mm）</th></tr>
<tr><td colspan="3">轴线间的相对位移</td><td>5</td></tr>
<tr><td rowspan="2">圆形筒壁结构</td><td rowspan="2">半径</td><td>≤5m</td><td>5</td></tr>
<tr><td>>5m</td><td>半径的 0.1%，不得大于 10</td></tr>
<tr><td rowspan="3">标高</td><td rowspan="2">每层</td><td>高层</td><td>±5</td></tr>
<tr><td>多层</td><td>±10</td></tr>
<tr><td colspan="2">全高</td><td>±30</td></tr>
<tr><td rowspan="4">垂直度</td><td rowspan="2">每层</td><td>层高≤5m</td><td>5</td></tr>
<tr><td>层高>5m</td><td>层高的 0.1%</td></tr>
<tr><td rowspan="2">全高</td><td>高度<10m</td><td>10</td></tr>
<tr><td>高度≥10m</td><td>高度的 0.1%，不得大于 30</td></tr>
<tr><td colspan="3">槽、柱、梁、壁截面尺寸</td><td>+8，−5</td></tr>
<tr><td colspan="2" rowspan="2">表面平稳（2m 靠尺检查）</td><td>抹灰</td><td>8</td></tr>
<tr><td>不抹灰</td><td>5</td></tr>
<tr><td colspan="3">门窗洞口及预留洞口位置</td><td>25</td></tr>
<tr><td colspan="3">预埋件位置</td><td>20</td></tr>
</table>

（3）在基础底板上按模板底口标高焊出支撑钢筋，支撑钢筋与底板连接应用电弧焊，不能用电弧点焊。钢筋连接牢固后将反梁模板支撑在上面。

（4）根据模板设计反梁模板加穿梁螺栓和三角支撑。

（5）反梁如作导墙时，应严格拉通线并控制轴线及墙厚，防止接模出错。梁顶标高要严格找平，防止接模根部漏浆。外导墙（反梁）如有对穿螺栓，要用止水螺栓和止水顶撑。

2. 施工缝模板

（1）基础底板后浇带可采用混凝土凹企口形式，凹槽可用 50mm×100mm 木枋，刨成梯形，宽边对外固定于侧模里侧中间；侧模板可用小钢模、多层板、竹胶板，也可用钢板网。上下各固定一块与钢筋保护层同厚的木条。注意底板后浇带在垫层上一定要留设集水坑。

（2）墙体后浇带留设平缝，防水外墙可采用加设钢板止水带、止水条和外贴止水带三种防水形式，施工缝模板可采用齿形木板，此处墙体外侧要用整块模板。

（3）顶板施工缝模板采用齿形木板，车库顶板等具有防水功能的顶板，施工缝防水形式同外墙。

（4）注意外墙模一定要用止水螺栓和止水顶撑，穿墙套外有止水环，内有挡圈。

3. 柱模板

（1）在保证楼板混凝土尤其是柱子周围充分整平的基础上，弹好柱皮线和模板控制线，在柱皮外侧 5mm 贴 20mm 厚海绵条，以保证下口接缝严密。

（2）安装柱模板。通排柱，先安两边柱，经校正、固定，再拉通线安装中间各柱。模板按柱子大小预拼成一面一片（一面的一边带两个角模），或两面一片就位后先用钢丝与主筋绑扎，临时固定用 U 形卡将两侧模板连接卡紧，安装完两面再安另外两面模板。

（3）安装柱箍。柱箍可用角钢、钢管等制成。采用木模板时可用螺栓、方木制作钢木箍，根据侧压力大小在模板设计时确定柱箍尺寸间距。根据柱断面大小、柱箍尺寸、间距，还应计算柱面挠度，必要时加柱断面对拉螺栓。

（4）安装柱箍的拉杆或斜撑。柱模每边设两根拉杆，固定于事先预埋的楼板的钢筋环上，用经纬仪控制，用花篮螺栓调节校正模板垂直度。拉杆与地面宜为 45°，预埋的钢筋环与柱距离宜为 3/4 柱高。

（5）将柱模板内清理干净，封闭清理口，清理柱模预检。注意垃圾清扫口预留，且对角各留一个。

4. 剪力墙模板

（1）按位置线安门洞口模板、下洞口木砖（或洞口埋件）、焊洞口预埋件及穿墙套管。

（2）把预先拼装好的一面模板按位置线就位，然后安装拉杆或斜撑，安塑料套管和穿墙螺栓，穿墙螺栓规格和间距在模板设计时应明确规定。

（3）清扫墙内杂物，再安另一侧模板，调整斜撑（拉杆）使模板垂直后，拧紧穿墙螺栓。

（4）模板安装完毕后，检查一遍扣件，螺栓是否紧固，模板拼缝及下口是否严密；办完预检手续。

5. 梁模板

（1）柱子拆模后在混凝土上弹出轴线和水平线。

（2）安装梁钢支柱之前（如土地面必须夯实）支柱下垫通长脚手板。一般梁支柱采用单排，当梁截面较大时可采用双排或多排，支柱的间距应由模板设计规定，一般情况下，间距以600～1000mm为宜。支柱上面垫100mm×100mm方木，支柱双向加剪刀撑和水平拉杆，离地500mm设一道，遇水平拉杆双向顶墙时，可不设剪刀撑，否则每开间应至少有双向剪刀撑一道。

（3）按设计标高调整支柱的标高，然后安装梁底板，并拉线找直，梁底板应起拱，当梁跨度大于或等于4m时，梁底板按设计要求起拱。若无设计要求时，钢支撑起拱高度宜为全跨长度的1/1000～1.5/1000。木支撑应为2/1000～3/1000。

（4）绑扎梁钢筋，经检查合格后办理隐检，并清除杂物，安装侧模板，把两侧模板与底板用U形卡连接。

（5）用梁托架或三脚架支撑固定梁侧模板，注意梁侧模板根部一定要严格顶梁。龙骨间距应由模板设计规定，一般情况下宜为750mm，梁模板上口用定型卡子固定。当梁高超过600mm时，加穿梁螺栓加固。

（6）安装后校正梁中线、标高、断面尺寸。将梁模板内杂物清理干净，梁端为清扫口暂不封堵。白检合格后办预检。

6. 楼板模板

(1) 土地面应夯实，并垫通长脚手板，楼层地面立支柱前也应垫通长脚手板，采用多层支架支模时，支柱应垂直，上下层支柱应在同一竖向中心线上。严格按各开间支撑布置图支模。

(2) 从边跨一侧开始安装，先安第一排龙骨和支柱，临时固定再安第二排龙骨和支柱，依次逐排安装。支柱与龙骨间距应根据模板设计规定。一般支柱间距为800～1200mm，大龙骨间距为600～1200mm，小龙骨间距为400～600mm（注意尽量减少大小龙骨的悬挑尺寸，这与支柱第一排与墙距离有关）。

(3) 调节支柱高度，将大龙骨找平。

(4) 铺楼板底模，楼板底模可以采用木模板和钢模板、多层板、竹胶板，多层板、竹胶板板缝采用硬拼，保证拼缝严密，不漏浆，普通木模板则要留板缝以备浇水膨胀。小钢模采用U形卡连接，U形卡间距一般不大于300mm，模板铺贴顺序可以从一侧开始，不合模数部分可用木模板代替。顶板模板与四周墙体或柱头交接处应加垫海绵条防止漏浆。

(5) 平台板铺完后，用水平仪测量模板标高，进行校正，并用靠尺找平。

(6) 标高校完后，支柱之间应加水平拉杆。根据支柱高度决定水平拉杆设几道。一般情况下离地面200～300mm处设一道，往上纵横方向每隔1.6m左右一道，碗扣式脚手架经计算横杆间距可采用1.2、1.6、1.8m不等。

(7) 将模板内杂物清理干净（对无梁的板，浇筑混凝土前有一侧板端不封，留作清扫口用，对有梁的板，可以封堵，有梁端清扫口即可），办预检。

7. 门窗口模板

门窗洞口模板可采用钢木模板或定型模板，模板内要打斜撑进行加固，洞口的支撑要在墙体内单独加筋进行固定和支撑。侧面与墙模相接处应加垫海锦条防止漏浆。

外窗口模板可将滴水线或鹰嘴一次支好，减少抹灰工作量。

8. 楼梯模板

可采用木模、钢模及定型模板，应严格控制楼梯平台、踏步标高和楼梯的几何尺寸及倾斜角度。支撑时要考虑踏步、平台、楼板上装修厚度的不同，留好预留量。楼梯休息平台甩施工缝时应用齿形缝，甩在板跨中部 1/3 范围位置内，留出梁及梁板支座位置。

（二）模板拆除

模板拆除应依据设计和规范强度要求，现场宜留设拆模同条件试块，含侧模、底模、外墙挂架子和楼板混凝土强度；墙、柱、梁模板应优先考虑整体拆除，便于整体转移后重复进行整体安装。

（1）柱子模板拆除。先拆掉柱斜拉杆或斜支撑，卸掉柱箍，再把连接每片柱模板的 U 形卡拆掉，然后用撬棍轻轻撬动模板，使模板与混凝土脱离。

（2）墙模板拆除。先拆除穿墙螺栓等附件，再拆除斜拉杆或斜撑，用撬棍轻轻撬动模板。使模板离开墙体，即可把模板吊运走。

（3）楼板、梁模板拆除。

1）应先拆掉梁侧帮模，再拆除楼板模板，楼板模板拆模先拆掉水平拉杆，然后拆除支柱，每根龙骨留 1～2 根支柱暂不拆。

2）操作人员站在已拆除的空隙。拆去近旁余下的支柱使其龙骨自由坠落。

3）用钩子将模板钩下，等该段的模板全部脱落后，集中运出，集中堆放。

4）楼层较高，支模采用双层排架时，先拆上层排架时，使龙骨和模板落在底层排架上，上层钢模全部运出后，再拆底层排架。

5）有穿梁螺栓者先拆掉穿梁螺栓和梁托架，再拆除梁底模。

6）侧模板（包括墙柱模板）拆除时能保证其表面及棱角不因拆除模而受损坏（拆模强度常温下取 1.2MPa 且无大气温度骤变时可控制 10d。入冬以 4MPa 取代，外墙挂架子，按 7.5MPa），楼板与梁拆模时的混凝土强度应满足规范要求。

7）拆下的模板及时清理黏结物，涂刷隔离剂，拆下的扣件及时集中收集管理。

（4）注意即使梁板混凝土达到 100%强度，有时也不能拆。要计算上层支模、绑筋、浇混凝土的质量。本层混凝土楼板可能承受不了上层传来的荷载，因此往往要隔层，甚至隔二层拆模，要通过计算确定。

（5）即使混凝土已达 100%强度，上面拆模时也要注意临时堆放模板是否超混凝土楼板允许使用荷载，作好验算，以免压坏楼板。

五、现浇框架模板施工

（一）安装柱模板

（1）工艺流程。弹柱位置线→剔除接缝混凝土软弱层→沿柱皮外侧 5mm 贴 200mm 厚海绵条→安装柱模→安装柱箍→安装拉杆或斜杆→办预检。

（2）按照放线位置，在柱内四边离地 50～80mm 处事先已插入混凝土楼板的 200mm 长 ϕ18～ϕ25 的短筋上焊接支杆，从四面顶住模板以防止位移。

（3）安装柱模板。通排柱，先安装楼平面的两边柱，经校正、固定，拉通线校正中间各柱。模板按柱子大小，可以预拼成一面一片（一面的一边带两个角模也可利用组合小钢模的阳模，中间接木模），或两面一片就位后先用铅丝与主筋绑扎临时固定，再用 U 形卡将两侧模板连接卡紧，安装完两面再安装另外两面模板。

（4）安装柱箍。柱箍可用角钢、槽钢、钢管等制成，采用木模板时可用螺栓、方木制作钢木箍，根据侧压力大小在模板设计时确定柱箍尺寸间距。柱断面大时，可增加穿模螺栓。

（5）安装柱箍的拉杆或斜撑。柱模每边设两根拉杆，固定于事先预埋在楼板的钢筋环上，用经纬仪控制，用花篮螺栓调节校正模板垂直度。拉杆与地面宜为45°，预埋的钢筋环与柱距离宜为3/4柱高。

（6）将柱模板内清理干净，封闭清扫口，办理柱模预检和评定。柱筋隐验已通过才能支模。

（二）安装剪力墙模板

（1）工艺流程。弹墙皮线和模板控制线→剔除接槎处混凝土软弱层→安装门窗洞口模板并在接触墙模的两侧加贴海绵条，并从钢筋上焊接支洞口横顶棍→沿墙皮外侧5mm贴20mm厚海绵条→安装→侧模板→安装另一侧模板→调正固定→办预检。

（2）按位置线安装门窗洞口模板，下预埋件或木砖，门窗洞口模板应加定位筋固定和支撑，洞口横顶棍每侧4～5处，注意不得点焊，可以电弧焊。门窗洞口模板与墙模接合处应加垫海绵条防止漏浆。

（3）把预先拼装好的一面模板按位置线就位，然后安装拉杆或斜撑，安装塑料套管和穿墙螺栓，穿墙螺栓规格和间距在模板设计时应明确规定。

（4）清扫墙内杂物，再安装另一侧模板，调整斜撑（拉杆）使模板垂直后，拧紧穿墙螺栓。

（5）模板安装完毕后，检查一遍扣件、螺栓是否紧固，模板拼缝及下口是否严密；办完预检手续。

（6）调整好模板顶部钢筋水平定距框的外形扁铁，达到保护层厚度。、

（三）安装梁模板

（1）工艺流程。弹线→安装立柱→调正标高→安装梁底模→梁底起拱→绑梁钢筋→安装侧模→办预检。

（2）柱子拆模后在混凝土楼板上弹出轴线，在混凝土柱上弹出水平线。

（3）安装梁钢支柱之前（如土地面必须夯实）支柱下垫通长脚手板。一般梁支柱采用单排，当梁截面较大时可采用双排或多排，支柱的间距应由模板设计规定，一般情况下，间距以600～1000mm为宜，支柱上面垫100mm×100mm方木，支柱双向加水平拉杆，离地300mm设一道，以后每隔1.6（1.2）m设一道。当四周无墙时，每一开间支柱加一双向剪刀撑。

（4）按设计标高调整支柱的标高，安装梁底板，并拉线找直，梁底板应起拱，当梁跨度大于或等于4m时，梁底板按设计要求起拱。若无设计要求时，起拱高度当为钢支撑时宜为全跨长度的0.1%～0.15%，木支撑时起拱高度为全跨长度的0.2%～0.7%。

（5）绑扎梁钢筋，经检查合格后办理隐验，并清除杂物，安装侧模板，把两侧模板与底板用U形卡连接。

（6）用梁托架或三脚架支撑固定梁侧模板。龙骨间距应由模板设计规定，一般情况下宜为750mm，梁模板上口用定型卡子固定。当梁高超过600mm时，加穿梁螺栓加固。注意梁侧模根部一定要楔紧，防止胀模通病。

（7）安装后校正梁中线、标高、断面尺寸。将梁模板内杂物清理干净，注意梁模端头，作为清扫口不封，直到打混凝土前才封。检查合格后办模板预检评定。

（四）安装楼板模板

（1）工艺流程。地面夯实铺垫板→支设架子支撑→安装大小龙骨并在墙顶四周加贴海绵条用50mm×100mm木枋顶紧→大于4m时板支撑起拱→铺模板→校正标高→办预检、质评。

（2）土地面应夯实，并垫通长脚手板，楼层地面立支柱前也应垫通长脚手板，采用多层支架支模时，支柱应垂直，上下层支柱应在同一竖向中心线上。要严格按各房间支撑图支模。

（3）从边跨一侧开始安装，先安装第一排龙骨和支柱，临时固定再安第二排龙骨和支柱，依次逐排安装。支柱与龙骨间距应根据横板设计规定，碗扣式脚手架还要符合模数要求。一般支柱间距为 800～1200mm，大龙骨间距为 600～1200mm，小龙骨间距为 400～600mm。

（4）调节支柱高度，将大龙骨找平。大于 4m 跨时要起拱。注意大小龙骨悬挑部分尽量缩短，以免大变形。面板模不得有悬挑，凡有悬挑部分，板下座贴补小龙骨。

（5）铺楼板底模，楼板底模可以采用木模板和钢模板。木模板（指竹胶板或复合板）采用硬拼，保证拼缝严密，不漏浆。小钢模采用 U 形卡连接，U 形卡间距一般不大于 300mm，模板铺贴顺序可以从一侧开始，不合模数部分可用木模板代替。顶板模板与四周墙体或柱头交接处应采取措施将单面刨光的小龙骨顶紧墙面并加垫海绵条防止漏浆。

（6）顶板模板铺完后，用水平仪测量模板标高，进行校正，并用靠尺找平。

（7）标高校完后，支柱之间应加水平拉杆。根据支柱高度决定水平拉杆设几道。一般情况下离地面 300mm 处设一道，往上纵横方向每隔 1.6m 左右一道，碗扣式脚手架经计算横杆间距可采用 1.2、1.6、1.8m 不等。

（8）将模板内杂物清理干净，办预检和评定。

（五）模板拆除

模板拆除应依据本工程拆模一览表要求，现场留设拆模同条件试块，含侧模、底模、外架子和上人强度；墙、柱、梁模板应优先考虑整体拆除，便于整体转移后重复进行整体安装。

（1）柱子模板拆除。先拆掉柱斜拉杆或斜支撑，卸掉柱箍，再把连接每片柱模板的连接件拆掉，然后用撬棍轻轻撬动模板，使模板与混凝土脱离。

（2）墙模板拆除。先拆除穿墙螺栓等附件，再拆除斜拉杆或斜撑，用撬棍轻轻撬动模板，使模板离开墙体，即可把模板吊运走。

（3）楼板、梁模板拆除。

①应先拆掉梁侧帮模，再拆除楼板模板，楼板模板拆模先拆掉水平拉杆，再拆除支柱，每根龙骨留1～2根支柱暂不拆。

②操作人员站在已拆除的空隙。拆去近旁余下的支柱使其龙骨自由坠落。

③用钩子将模板钩下，等该段的模板全部脱落后，集中运出，集中堆放。

④楼层较高。支模采用双层排架时，先拆上层排架时，使龙骨和模板落在底层排架上，上层钢模全部运出后，再拆底层排架。

⑤有穿梁螺栓者先拆掉穿梁螺栓和梁托架，再拆除梁底模。

（4）侧模板（包括墙柱模板）拆除时能保证其表面及棱角不因拆除而损坏，即可拆除。楼板与梁拆模强度按本工程拆模一览表执行。

（5）拆下的模板及时清理黏结物，涂刷隔离剂，拆下的扣件及时集中收集管理。

（6）底模拆除混凝土强度一律按本工程拆模一览表规定进行拆除（预应力结构除外）。

第六章

混凝土的季节施工

第一节 冬 季 施 工

当室外日平均气温连续5天低于5℃，或最低气温连续五天稳定在−3℃以下时的混凝土施工称之为冬季施工。

在我国许多地方有较长的寒冷季节，由于受到了工期的制约，许多工程的混凝土冬季施工是不可避免的。国内外对混凝土冬季施工理论和方法的探索研究认为，混凝土手冻害损伤其实是可以分为两种情况：①剥落脱皮是由于冻融引起的不能凝土表面材料的损伤；②内部损伤时表面没有可见效应，而在混凝土内部产生的损害，它引起的混凝土性质改变（如动弹性模量降低）。而至于新拌混凝土受冻害损伤后则会导致混凝土冻胀破坏。而对于常年负温期为130天左右的地区，防止混凝土受冻害损伤在冬季施工中具有重大意义。当混凝土工程进入冬季施工时，只要采用适当的施工方法，来避免新浇筑混凝土早期的浸冻，使外露混凝土与冬季气温保持较小温差，那么也会取得在天暖施工时的效果。

一、混凝土冬季施工原理

（一）冬季施工混凝土的冻害

1．水的形态变化的影响

在冬季混凝土的施工中，水的形态变化是影响混凝土强度增长的关键。国内外许多学者对水在混凝土中的形态，进行大量的试验研究结果表明，新浇混凝土在冻结前是有一段预养期的，可以增加其内部液相，减少固相，从而加速水泥的水化作用。试验研究还表明，混凝土受冻前预养期越长，则强度损失越小。

混凝土拌和物在浇筑后之所以能逐渐凝结和硬化，直至获得最终强度，是由于水泥水化作用的结果。一方面，当温度升高时，水化作用加快，强度增长也较快；另一方面，当温度继续下降，当温度降低到0℃时，存在于混凝土中的水有一部分开始结冰，逐渐由液相（水）变为固相（水），当存在于混凝土中的水完全变成冰，也就是完全由液相变为固相时，水泥水化作用基本停止，此时强度就不再增长。

当水变成冰后，体积约增大9%，同时也产生约2.5MPa的冰胀应力，这个力值常常大于水泥石内部形成的初期强度值，这样就可以使混凝土受到不同程度的破坏而降低强度。此外，当水变成冰后，还会在骨料和钢筋表面上产生颗粒较大的冰凌，减弱了水泥浆与骨料和钢筋的黏结力，影响到混凝土的抗压强度。当冰凌融化后，又会在混凝土内部形成各种各样的空隙，降低了混凝土的密实性及耐久性。

在混凝土化冻后（即处在正常温度下）继续养护，其强度还会增长，不过增长的幅度大小不一。对于预养期长，获得初期强度较高（如达到R28的35%）的混凝土受冻后，后期强度几乎没有损失。对于安全预养期短，获得初期强度比较低的混凝土受冻后，后期强度都有不同程度的损失。

由此可见，混凝土冻结前，要使其在正常温度下有一段预养期，以加速水泥的水化作用，使混凝土获得不遭受冻害的最低强度，一般称为临界强度，即可达到预期的效果。对于临界强度，各国规定取值不等，我国规定为不低于设计强度等级的30%，也不得低于3.5MPa。

2. 温度对混凝土水化速度的影响

混凝土之所以能凝结、硬化并获得强度，是由于水泥和水进行水化作用的结果。水化作用的速度在一定湿度条件下主要取决于温度，温度越高，那么强度增长也越快，反之则慢。当温度降至0℃以下时，水化作用基本停止，若温度再继续降至－2～

$-4℃$，混凝土内的水就开始结冰，水结冰后体积增大8%～9%，在混凝土内部产生冰晶应力，使强度很低的水泥石结构内部产生微裂纹，同时减弱了水泥与砂石和钢筋之间的黏结力，使得混凝土强度降低。

受冻的混凝土在解冻后，其强度虽然能继续增长，但已不能达到原设计的强度等级。经过试验证明，混凝土遭受冻结带来的危害，与遭冻的时间早晚、水灰比等有关，遭冻时间愈早，水灰比就越大，强度损失越多，反之则损失少。

经过试验而得知，混凝土经过预先养护达到一定强度后再遭冻结，其后期抗压强度损失就会减少。通常情况下把遭冻结其后期抗压强度损失在5%以内的预养强度值定为“混凝土受冻临界强度”。

通过试验而得知，该临界强度与水泥品种、混凝土强度等级有关。对于普通硅酸盐水泥和硅酸盐水泥配制的混凝土，受冻临界强度定为设计的混凝土强度标准值的30%；对于矿渣硅酸盐水泥配制的混凝土，为设计的混凝土强度标准值的40%，不大于C_{10}的混凝土，不得低于$5N/min^2$。

混凝土冬季施工除了上述的早期冻害之外，还需注意拆模所不当带来的冻害。混凝土构件模后表面急剧降温，由于内外温差较大会产生较大的温度应力，也会使表面产生裂纹，所以在冬季施工中也应当力求避免这种冻害。

为此，现行的GB 50204—2002《混凝土结构工程施工质量验收规范（2010版）》规定，凡根据当地多年气温资料室外日平均气温连续5天稳定低于+5℃时，就应当采取冬季施工的技术措施进行混凝土施工。因为从混凝土强度增长的情况看，新拌混凝土在+5℃的环境下养护，其强度增长很慢。在日平均气温低于+5℃时，最低气温已低于0～1℃，混凝土已经有可能受冻。

混凝土在成型和凝结后，若早期遭受冻结，混凝土中的未水化水受冻膨胀，就破坏了混凝土内部的凝聚结构，形成硬化混凝土内部的结构损伤，这是混凝土冬施中最容易发生的质量事故。

为了保证混凝土内部结构不因早期冻结而引起破坏，在受冻前必须达到最小强度，也称为临界强度。目前，混凝土早期受冻引起的破坏程度一般都用抗压强度损失来表示，在试验室中用早期受了冻结的标养 28 天强度与未受冻的标养 28 天强度作比较，国内外许多试验资料表明，当临界强度在 3.5～7.0MPa。为了保证混凝土的质量，在受冻前的强度必须高于临界强度。

（二）冬季施工特点

（1）冬季施工由于施工条件及环境不利，所以是工程质量事故的多发季节，尤以混凝土工程居多。

（2）质量事故出现的隐蔽性、滞后性。即工程是冬天施工的，大多数在春季才开始暴露出来，因而给事故处理带来很大的难度，轻者要进行修补，重者则需重来，不仅给工程带来损失，而且影响到工程的使用寿命。

（3）冬季施工的计划性和准备工作时间性强。这是由于准备工作的时间短，技术要求复杂，通常有一些质量事故的发生，都是由于这一环节跟不上，仓促施工而造成的。

（三）引气剂的作用

近年来，国内有不少文章都建议在冬季施工使用防冻剂时复合引气剂，均认为引气剂能够减少混凝土早期受冻的冻胀力。掺入引气剂的混凝土早期受冻的强度损失比不掺引气剂的普通混凝土减少，临界强度也可减少至 2～4MPa。引气混凝土抵抗早期受冻融循环的能力提高尤为显著。

由此可见，在冬季施工混凝土中掺加引气剂，既能提高结构物的耐久性，又能提高混凝土抵抗早期受冻的能力，降低了临界强度，也提高冬季施工安全度。在考虑到掺防冻盐对混凝土抗冻性的不利影响，须提倡在冬季施工中掺加引气剂，甚至应该在标准中进行规定，在冬季施工中必须掺加引气剂。

1. 抗侵蚀性能

提高混凝土的抗侵蚀能力关键是在于提高混凝土密实性及抗

渗性能。混凝土掺加高效减水剂后，可以明显的提高混凝土的密实性，再掺加适量的引气剂，引入微气泡，就可提高混凝土的抗渗能力，因此具有较好的抗侵蚀性能。

2. 抗碳化性能

依据试验资料表明，掺引气剂及减水剂的混凝土孔隙率小，混凝土密实，加之微小气泡，可使混凝土碳化速度降低，同时提高了混凝土的抗碳化性能，减少了钢筋锈蚀的危害。

3. 引气剂对混凝土干缩和徐变的影响

随着空气含量的增加会使混凝土的干缩值有所增大，引气剂的减水作用又可以使干缩下降，当混凝土的强度、和易性相同时，在一定范围内引气不会对混凝土的徐变产生影响。秋季即将过去，冬季就要到来，工程施工将进入冬季施工，冬季施工因施工分项工程不同，要求也有所不同。

二、冬季混凝土施工的基本要求

（一）现行规范要求

依据现行施工规范的规定：寒冷地区的日平均气温稳定在5℃以下或最低气温稳定在3℃以下时，温和地区的日平均气温稳定在3℃以下时，均属于低温季节，这就需要采取相应的防寒保温措施进行防御，以避免混凝土受到冻害。

混凝土在低温条件下，水化凝固速度就大为降低，强度增长受到了阻碍。当气温处在－2℃时，混凝土内部水分结冰，不仅水化作用完全停止，结冰后由于水的体积膨胀，使得混凝土结构受到了损害，当冰融化后，水化作用虽将恢复，混凝土强度也可继续增长，最终强度必然会降低。试验资料表明：混凝土受冻越早，则最终强度降低越大。若在浇筑后3～6h受冻，最终强度至少降低50％以上；若在浇筑后2～3天受冻，最终强度降低只有15％～20％。若混凝土强度达到设计强度的50％以上（在常温下养护3～5天）时再受冻，最终强度则降低极小，甚至不受影响。因此，在低温季节混凝土施工中，先要防止混凝土早期受冻。

（二）其他要求

（1）混凝土工程的冬季施工，要依据施工期间的气温情况、工程特点和施工条件出发，在保证质量、加快进度、节约能源、降低成本的前提下，才能选择适宜的冬季施工措施。

（2）新浇筑的混凝土若遭冻，其各项物理力学性能全面下降，若抗压强度约损失 50%，抗渗等级降低为零，混凝土与钢筋的黏结力也有大幅度的降低等，因此遭受过冻害的混凝土不仅力学强度降低，耐久性能也会严重劣化。

（3）冬季施工的混凝土，为了缩短养护时间，一般应选用硅酸盐水泥或是普通硅酸盐水泥，每立方米混凝土中的水泥用量不宜少于 300kg，水灰比不应大于 0.6，应加入早强剂。

（4）为了减少冻害，应配合比中的用水量降低至最低限度。办法即是：控制坍落度，加入减水剂，优先选用高效减水剂。

（5）为了防止钢筋锈蚀，在钢筋混凝土中，氯盐的掺量不得超过水泥重量的 1%（按无水状态计算）。掺氯盐的混凝土必须振捣密实，且不宜采用蒸汽养护。

（6）模板和保温层应当在混凝土冷却到 5℃后方可拆除。当混凝土与外界温差大于 20℃时，拆模后的混凝土表面，应临时覆盖，使其缓慢的冷却。未完全冷却的混凝土有着较高的脆性，所以结构在冷却前不得遭受冲击荷载或动力荷载的作用。

（7）整体浇筑的结构，混凝土的升温和降温，不得超过表 6-1 的规定。

表 6-1　　混凝土的升温、降温速度

表面系数	升温速度℃（h）	降温速度℃（h）
≥6	15	10
<6	10	5

注　1　表面系数系指结构冷却的表面积（m^2）与结构全部体积（m^3）的比值；

2　厚大体积的混凝土，应根据实际情况确定。

(8) 在冬季施工期间，施工单位应当与气象部门保持密切联系，随时掌握天气预报和寒潮、大风等情况，以便及时采取防护措施。

三、冬季施工技术准备工作

(一) 冬季施工技术准备工作

1. 冬季施工技术准备原则

(1) 要确保工程质量和安全生产。

(2) 工程项目的施工要连续进行。

(3) 制定冬季施工方案（措施）时要因时因地因工程制宜，既要求技术上可靠，同时要求经济上合理。

(4) 应当考虑所需的热源和材料有可靠的来源，减少能源消耗。

(5) 力求施工点少，施工速度快，缩短工期。

(6) 凡是没有冬季施工方案（措施）的，或者冬季施工准备工作未做好的工程项目，不得强行进行冬季施工。

(7) 必须制定行之有效的冬季施工管理措施。

2. 做好冬季施工技术文件的编制工作

在工程进入冬季施工前，需要提前编制好冬季施工技术文件，作为冬季施工的技术指导性文件，冬季施工技术文件必须要包括施工方案、施工组织设计、安全措施以及防火方案。

(1) 冬季施工方案的编制前的准备工作

进入冬季施工，应进行全面的调研，掌握必要的数据：冬季施工工程的建筑面积、工程项目及其工作量、冬季施工部位及其技术要求。

(2) 进入冬季施工的工程项目，应全面进行图纸复查。若不适合冬季施工要求的工程项目（或部位），应及时向建设单位及设计单位提出修改设计要求。

(3) 根据冬季施工技术要求，掌握资源的供应情况。

(4) 对于复杂工程、技术要求高的工程，要进行冬季施工技术可行性的综合分析（包括经济、能源、工程质量、工期诸方面）。

（二）冬季施工方案的主要内容

（1）冬季施工生产任务安排及施工部署。

（2）工程项目的实物量和工作量，施工程序、进度计划和分项工程在不同的冬季施工阶段中施工方法及技术措施。

（3）热源设备计划（包括供热热源和热能转换设备）。

（4）保温材料、外加剂材料计划。

（5）冬季施工人员的技术培训、劳动力计划。

（6）工程质量的控制要点。

（7）冬季安全生产及防火技术措施。

（三）冬季施工生产准备工作

（1）冬季施工现场准备。

1）施工场地的准备工作。

2）先排除现场积水、对施工现场进行必要的修整，截断流入现场的水源，做好排水措施，消除现场施工用水、用汽等造成场地结冰的现象。

3）施工场地积雪清扫后，不应放在机电设备、构件堆放场地附近。

4）要保证消防道路的畅通。

（2）搅拌机棚的保温。搅拌机棚前后台的出入口应做好封闭、棚内通暖。设置热水罐、外加剂存储容器。搅拌机清洗时的污水应当做好组织排水、封闭好沉淀池、防止冻结、定期清理、污水管理来保持畅通。

（3）锅炉房的设置。在进入冬季施工前，必须要完成锅炉房的搭设，及埋设管道。埋入地下的管道其埋深都应超过冻结深度，架空管道应做好保温。

（4）上水管、截门井、消火栓井应做好保温。

（5）原材料加热设备、设施的进场、搭设，如拌和水加热设备、砂加热的热坑等。

（四）冬季施工资源准备

（1）外加剂材料的准备，外加剂品种的稳定。根据冬季施工方案中所选择的外加剂品种，结合市场供应情况，提出外加剂的使用配方、品种、数量。

1）外加剂用量计划。根据外加剂的使用工程部位，工程量，计算出需用量计划，报告给材料供应部门。

2）外加剂的复试。对于市场上销售的外加剂，应当事先做好复试工作，确保其性能达到技术要求。对单一组分的外加剂，应测定其有效成分的含量。

（2）保温材料的准备。

保温材料的选择。冬季施工所用的保温材料要求其保温性要能好、价格便宜、就地取材。有的要求其具有良好的防火性能。常用保温材料，根据其使用部位可大致分为：

①钢模板的保温：可使用质轻、防火、保温性能好的聚苯乙烯泡沫板、岩棉等。

②混凝土表面覆盖保温：可选用隔气性能好的塑料薄膜、保温性能好的岩棉毡、稻草编制的草帘等（草帘由于易燃、且较容易散开，应用玻璃丝布包装后再进行使用）。

③基槽、基坑的保温：可选用价格便宜的保温材料如草帘子等。

④管道保温：可选用珍珠岩保温瓦、草绳等。

⑤小车、灰浆桶机具保温：可选用聚苯乙烯泡沫板等。

⑥风挡、暖棚保温：一般可选用芦苇、帆布篷。

⑦门窗洞口封闭保温：可选用塑料布、面帘子等。

（3）保温材料数量及计划。根据冬季施工方法所选定的保温材料品种、规格、使用周转次数和工程量，计算出年度计划用量，向材料部门提出计划和进场日期。

（五）冬季施工燃料准备

冬季施工燃料主要是考虑生活用煤、工程采暖施工热源用煤，要保证生活、生产的需要，根据施工方案中的要求进行准备。

（1）锅炉、管道的安装、保温、试烧。

（2）热源器件的安装：比如大模板的安装蒸汽排管或钢串片，电热丝等；暖风机、煤炉、烟筒等。

（3）施工现场的原材料加热设施，如热水炉、热水罐沙子坑等。

（4）生活用的煤炉或暖气管道、暖气片的安装。

（六）各期施工的仪器仪表准备

（1）大气温度测试：木制百叶箱、最高最低温度计。

（2）外加剂浓度测量：棒形温度计、电子感应仪等。

（3）室内测温：干湿温度计。

（4）各种测温：表格及文具。

（七）做好人员的培训和技术交底工作

施工人员的培训：组织有关各专业人员学习有关冬季施工的理论、规范、规定及施工技术。

（1）做好施工人员的培训工作。冬季施工由于在负温的条件下进行作业，不了解或不熟悉冬季施工的规律，极易造成工程质量事故，为了保证工程质量，冬季施工前必须进行人员的培训，培训内容应为：

1）要学习国家和地方有关冬季施工规范、标准、规定，如JGJ 104—2011《建筑工程冬季施工规程》等文件。

2）要学习有关冬季施工的基本理论知识及施工方法。

3）要组织有关人员学习防火规范和设置专人检查消防设备等情况。

（2）进行冬季施工前的技术交底工作。进行技术交底的目的是为了防止施工操作人员违反冬季施工规律，造成操作不当，人为地造成质量事故。施工前技术交底的重点是：

1）原材料的使用方法。

2）原材料的保护。

3）成品的测温。

4）成品的保护和养护工作。

（八）做好原材料的检验复试及材料的配合比

在冬季施工中各种原材料需要进行复试的都必须进行复试，以防止不合格的材料在工程中的使用。另外，在冬季混凝土施工中经常要使用一些外加剂，会随着气温的不断变化而用量不一，加上目前市场假冒伪劣产品较多，若不进行复试，直接用于工程的话，将有可能给工程带来严重后果，所以要消除引起工程质量隐患的因素，对工程中使用的原材料进行重新复试是必要的。

四、冬季施工措施

（一）冬季混凝土的拌制

（1）混凝土原材料加热应优先采用加热水的方法，当加热水仍不能满足要求时，再对骨料进行加热。

（2）骨料必须进行清洁，不得含有冰雪和冻块，及易冻裂的物质。在掺有含钾、钠离子的外加剂时，不得使用活性骨料。水和骨料可以根据工地具体情况来选择加热方法，但骨料不得在钢板上灼炒。水泥应储存在暖棚内，不是直接加热。

（3）拌制掺外加剂的混凝土时，若外加剂为粉剂，可按要求掺量直接撒在水泥上面和水泥同时投入。若外加剂为液体，使用时应先配制成规定浓度溶液，根据使用的要求，用规定浓度溶液再配制成施工溶液。各溶液要分别置于有明显标志的容器内，不得混淆。每班使用的外加剂溶液应一次性配成。

（4）严格控制混凝土水灰比，由骨料带入的水分及外加剂溶液中的水分均应当从拌和水中扣除。拌制掺有外加剂的混凝土时，搅拌时间应取常温搅拌时间的 1.5 倍。

（5）混凝土拌和物的出机的温度不宜低于10℃，入模温度不得低于5℃。

低温季节混凝土施工可以采用人工加热、保温蓄热及加速凝固等措施，使混凝土仓浇筑温度不应低于5℃；同时要保证混凝土浇筑后的正温养护条件，在未达到允许受冻临界强度以前不遭受冻结。

（二）调整配合比和掺外加剂

（1）对非大体积混凝土，采用发热量较高的快凝水泥。

（2）提高混凝土的配制强度。

（3）掺早强剂或早强剂减水剂。其中氯盐的掺量应按照有关规定进行严格控制，不适用于钢筋混凝土结构。

（4）采用较低的水灰比。

（5）掺加气剂可以减缓混凝土冻结时在其内部水结冰时产生的静水压力，提高混凝土的早期抗冻性能。但含气量应当限制在3%～5%。因为，混凝土中含气量每增加10%，就会使强度损失5%，为了弥补由于加气剂招致的强度损失，最好与减水剂一同使用。

（三）原材料加热法

当日平均气温为－2～－5℃时，应加热水拌和；当气温再低时，就可考虑加热骨料。水泥不能加热，应保持正温。

水的加热温度不能超过80℃，要先将水和骨料拌和后，这时水不应超过60℃，以免水泥产生假凝。所谓假凝是指当拌和水温超过60℃时，水泥颗粒表面将会形成一层薄的硬壳，得使混凝土和易性变差，而后期强度降低的现象。

砂石加热的最高温度不能超过100℃，平均温度不宜超过65℃，应力求加热均匀。对大中型工程，常用蒸汽直接加热骨料，即直接将蒸汽通过需要加热的砂、石料堆中，料堆表面用帆布盖好，以防止热量的损失。

五、冬季混凝土的施工方法

（一）调整配合比方法

冬季混凝土施工的调整配合比方法，主要是针对在0℃左右温度下的混凝土，效果比较明显。

（1）要合理的降低水灰比。要根据施工工程的实际情况，合理降低水灰比，合理增加水泥用量，增加水化热量，缩短达到龄期强度的时间。

（2）掺用引气剂。在保持混凝土配合比不变的情况下，为了提高拌和物的流动性，改善其黏聚性及保水性，缓冲混凝土内水结冰所产生的水压力，提高混凝土的抗冻性，可以加入引气剂后生成的气泡，来相应地增加水泥浆的体积。

（二）抗冻外加剂法

抗冻外加剂法主要是运用在－10℃以上温度环境下进行混凝土施工的，主要是对混凝土拌和物掺加有氧化钙、氯化钠等单抗冻剂及亚硝酸钠加氯化钠复合抗冻剂，使混凝土在负温下仍处于液相状态，水化作用就能继续进行，使混凝土强度继续增长。

（三）外部加热法

当采用蓄热法不能满足要求时便可以采用加热养护法，即也就是利用外部热源对混凝土加热养护，包括暖棚法、蒸汽加热法和电热法等。大体积的混凝土大多采用暖棚法，蒸汽加热法较多用于混凝土预制构件的养护。

外部加热法主要是适用于气温－10℃以上，构件不太大的工程。外部加热法则是通过加热混凝土构件周围的空气，将热量传给混凝土，或直接对混凝土进行加热，使混凝土处于正温条件下能正常硬化。在施工过程中，外部加热法主要分有以下几种：

1. 火炉加热

如果是在比较小的工地上，可以选择火炉加热。虽然火炉加热操作比较简单，但是不能提高温度，也比较干燥，同时放出的二氧化碳会使新浇混凝土表面碳化，这在一定程度上会对工程的质量造成影响。

2. 蒸汽加热

利用蒸汽加热的方法养护混凝土，不仅会使新浇混凝土得到较高的温度，还可以得到足够的湿度，促进水化凝固作用，使得混凝土强度迅速增长。此种加热方法也是比较容易控制，并且加热的温度也是比较均匀的，可以使每部位的温度基本保持均衡，使混凝土在湿热条件下硬化。这种方法也存有缺点，成本比较高，需要专门的锅炉设备，且热量损失较大。

六、混凝土工程冬季施工技术措施

（一）一般规定

（1）在冬季施工中混凝土对原材料的要求。

1）水泥应优先选用硅酸盐水泥、普通硅酸水泥，尤其应注意其中掺和材料对混凝土抗冻、抗渗等性能的影响，混凝土的水泥最小用量不应少于 300kg/m^3，水灰比也不应大于 0.6。掺用防冻剂的混凝土，严禁使用高铅水泥。

2）混凝土所用的骨料必须清洁，不得含有冰雪等冻结物及易冻裂的矿物质。在掺用含有钾、钠离子防冻剂的混凝土中，骨料中不得混有活性材料，以免发生碱—骨料反应。

3）在冬季浇筑的混凝土工程过程中，要根据施工方法，合理的选用各种外加剂，应注意含氯盐外加剂对钢筋的锈蚀作用，宜使用无氯盐防冻剂，对非承重结构的混凝土使用氯盐外加剂中应当有氯盐阻锈剂这类的保护措施。氯盐掺量不得超过水泥质量的 1%，素混凝土中氯盐掺量不得大于水泥质量的 3%。

4）拌和水。一般饮用的自来水及洁净的天然水都可作为拌制混凝土用水，但污水、工业废水、pH 值小的酸性水、硫酸盐含量超过水重约 1%的水，均不得用于混凝土中。为了减少冻害，应将配合比中的用水量降低至最低限度。办法就是：控制坍落度，加入减水剂，优先选用高效减水剂。

（2）混凝土的搅拌。冬季混凝土搅拌应制定合理的投料顺序，使混凝土获得良好的和易性和使拌和物湿度均匀。

其投料顺序一般先投入骨料和粉状外加剂，干拌后均匀再投入加热的水，等搅拌一定时间后，水温降至40℃左右时投入水泥，拌和均匀时需注意搅拌时要绝对避免水泥遇到过热出现假凝现象。混凝土的搅拌时间应比常温延长50%并符合有关规定。

(3) 当混凝土搅制好后，当应及时运到浇筑地点，在运输过程中，要注意防止混凝土热量的散失、表层冻结、混凝土离析、水泥砂浆流失、坍落度变化等现象。在运输距离较长，倒运次数多的情况下，加强运输工具的保温覆盖。保证混凝土入模温度在10℃左右，最少不低于5℃。当通过热工计算，混凝土的入模温度达混凝土在浇筑前，应清除模板和钢筋的冰雪和污垢，装运拌和物用的容器应有保温措施，当浇筑过程中发生冻结现象时，必须在浇筑前进行加热拌和，以保证混凝土的入模温度不低于15℃。

(4) 热水源、砂、石加热，现场有可利用的蒸汽设施，可优先采用；没有热水源时工地可以安装1～2t立式热水锅炉来供应热水，煤用量可参考200kg/th进行估算。也可使用电热器，砂、石加热可用砂浆中有关说明。

(5) 混凝土试块的留设。按照规范应较常温至少多留置两组同条件养护试件，一组是用来测定混凝土受冻前的强度即临界强度，另一组则是用作检验28D的强度，混凝土试块应在浇筑现场用浇筑结构的拌和物制作。试压前试件应在拥有正温条件的室内停放，解冻后再进行试压，停放时间需要4～12h。

(6) 模板和保温层，应在混凝土冷却到50℃后方可拆除。当混凝土与外界温差大于20℃，拆模后的混凝土表面，应临时覆盖，使其进行缓慢冷却。对承受荷载的构件模板，应在构件达到设计及规范要求的条件下方可拆除。

(7) 发现冻害要及时处理。

（二）地下基础混凝土

工程特点：工程量大，表面系数小，处于地下，温度要高一些，大体积混凝土内外温差较大。对于小型基础，可按常规蓄热法进行施工。

对于大体积混凝土，水泥仍宜采用矿渣硅酸盐水泥，外加剂宜选用具有减水、缓凝作用的外加剂，采取保温法，利用保温材料覆盖，防止冷空气的侵袭，减少混凝土内外温差。施工期间要加强测温的工作，控制混凝土的内部温度与表面温度之差以及表面温度与环境温度之差均不超过25℃，具体措施可以在混凝土表面覆盖一层塑料布或5cm以上草垫进行覆盖保温。在具体施工前，各施工单位应编制出详细的施工方案上报公司技术部门。

（三）冬季施工的超高层混凝土结构

到目前为止采用较多的有：综合蓄热法、热模法。

综合蓄热法是对混凝土原材料进行加热，提高混凝土的入模温度，成型后对其表面进行覆盖保温，同时以可利用水泥的水化热和掺外加剂的方法，使混凝土在受冻前达到抗冻临界强度，转入负温后，强度可以继续增长。

综合蓄热法养护工艺简单，费用低，技术上可行，所以优先采用。

（1）模板的保温可采用模板外挂一层石棉被，外脚手架沿四周挂上一层挡风的编织布，施工的最后一层楼板需要覆盖石棉被，楼层洞口封闭起来，在楼层中采取措施，以提高养护温度。

（2）混凝土强度等级提高一级，水泥宜优先选用硅酸盐水泥或普通水泥，混凝土中可以添加减水剂、早强剂、泵送防冻剂等。

（3）采用蓄热法进行施工，均需在混凝土的外露面进行覆盖保温，要在墙体上设置测温孔，定时进行测温，观察混凝土的温度变化。

（4）采用蓄热法的混凝土的拆模强度，一般是控制在

$4N/mm^2$，当气温在－5～－80℃时约48h，在－8～－12℃约72h，拆模后应喷刷一层M9养护剂后，继续挂石棉被进行养护。墙体混凝土保温用石棉被应配备3~4层。

（四）对冬季施工的多层或一般框架结构的高层，应防止水平构件和竖向构件的混凝土受冻

具体措施如下：

（1）相应的提高混凝土的强度等级。

（2）在混凝土中掺加外加剂：比如早强剂、抗冻剂、减水剂或复合外加剂。

（3）混凝土采用蓄热法养护，在混凝土达到抗冻临界强度之前，混凝土表面应该覆盖，具体措施：柱子可用一层塑料布、二层草垫包裹，楼板可用一层塑料布、二层草垫覆盖等。

七、越冬工程维护

（一）基本要求

（1）对于按采暖设计而冬季不能采暖的新建工程，跨年施工的在建工程，以及停建、缓建工程，在入冬前都均应编制越冬维护措施。

（2）越冬工程保温维护，应就地取材，保温层的厚度由热工计算确定。

（3）施工场地和建筑物周围必须做好排水，严禁地基和基础被水浸泡。

（4）凡按采暖要求设计的房屋竣工后，应及时采暖，使室内最低温度保持在5℃以上。

（二）在建工程

（1）在冻胀土地区建造房屋基础时，按设计要求做好防冻害处理。当设计无要求时，采取以下措施：

1）当采用独立式基础或桩基时，基础梁下部应做掏空处理。强冻胀性土可预留200mm，弱冻胀性土预留100～150mm，空隙两侧则用立砖挡土回填。

2）当采用毛石砌筑基础或短桩时，应考虑冻胀影响。可在基础侧壁回填厚度为150～200mm的混砂、炉渣或贴一层油纸，深度为800～1200mm。

3）浅埋基础越冬时，应覆盖保温材料保护。

（2）设备基础、构架基础、支墩、地下沟道以及地墙等越冬工程，均不得在已冻结的土层上施工。上述工程越冬时如可能遭冻，应进行维护。

（3）支撑在基土上的雨篷、阳台等悬臂构件的临时支柱，入冬后不能拆除时，支点应采取保温防冻胀措施。

（4）水塔、烟囱、烟道等构筑物基础在入冬前应回填至设计标高。

（5）室外地沟、阀门井、检查井等除回填至设计标高外，还应当盖好盖板进行越冬维护。

（6）供水、供热系统试水、试暖、打压后，若不能立即投入使用，在入冬前应将系统内的残余存积水排净。

（7）地下室、地下水池在入冬前应按设计要求进行越冬维护，当设计无要求时，应采取下列措施：

1）基础及外壁侧面回填土应填至设计标高，若不具备回填条件时，填松土或炉渣进行保温。

2）内部残存水应排净，底板用保温材料覆盖，覆盖厚度由热工进行计算确定。

（三）停、缓建工程

（1）冬季停、缓建工程应停在下列位置：

1）砖混结构应停在基础上部地梁位置，楼层间的圈梁或楼板上皮标高位置。

2）现浇混凝土框架应停在施工缝位置。

3）烟囱、冷却塔或筒仓宜停在基础上皮标高或筒身任何水平位置。

4）混凝土水池底部，应当按施工缝要求确定，应有止水设施。

（2）已开挖的基坑（槽）不宜挖至设计标高，留 200～300mm，越冬时应对基底保温维护，待复工后挖至设计标高。

（3）混凝土工程停、缓建时，混凝土应有足够的强度：

1）越冬季间不承受外力的结构构件，在入冬前混凝土强度应不得低于抗冻临界强度。

2）装配式结构构件的整浇接头，混凝土强度不得低于设计强度标准值的 70％。

3）预应力混凝土结构强度不得低于砼设计强度标准值的 75％，后张法预应力混凝土孔道灌浆应当在正温下进行，灌注的水泥浆或砂浆强度不应低于 $20N/mm^2$。

4）升板结构应将柱帽浇筑完，使混凝土达到设计要求的强度等级。

（4）各类停、缓建的基础工程，顶面均应弹出轴线，在标注标高后，用炉渣或松土回填保护。

（5）在装配式厂房柱子吊装就位后，应按设计要求嵌固好；已安装就位的屋架或屋面梁，应安装上支撑系统，并按设计要求固定。

（6）不能起吊的预制构件，应弹上轴线，做好记录。外露铁件涂刷防锈油漆，螺栓应涂刷防腐油进行保护。

（7）有沉降要求的建筑物和构筑物，应会同有关部门做好沉降的观测记录。

（8）在浇混凝土框架越冬时，当裸露时间较长，除了按设计要求留设伸缩缝外，应根据建筑物长度和温度考虑留设后浇缝。后浇缝的位置，应与设计单位研究确定。后浇缝伸出的钢筋应进行保护，待复工后经检查合格方准许浇筑混凝土。

（9）屋面工程越冬可采取下列维护措施：

1）在已完的基层上，做一层卷材防水，待气温转暖复工时，经检查认定该层卷材没入起泡、破裂、折皱等质量缺陷时，方可在其上继续进行铺贴上层卷材。

2）在已完的基层上，法做卷材防水时，若基层为水泥砂浆，则可在其上刷一道冷底子油，涂一层热沥青玛碲脂做临时防水，但雪后应及时进行清除积雪，当气温转暖后，经检查认定该层玛碲脂没有起层、空鼓、龟裂等质量缺陷时，可在其上涂刷热沥青玛碲脂铺贴卷材防水层。

（10）停、缓建工程复工时，应先按图纸对标高、轴线进行复测，与原始记录对应检查，当偏差超出允许值时，应分析其原因并提出处理方案，经与设计、建设、监理单位商定后，方可复工。

1）在冬季施工前，各单位技术负责人应针对实际编写详细的冬季施工方案，并依方案进行配备人员、机械、购置材料、工具等。

2）在冬季施工前，各单位应对测温工作、计量工作、现场安排进行统一部署，落实到人，建立起冬季施工的领导班子，以确保冬季施工措施落到实处。

3）在冬季施工中，测温工作极其重要，不仅是要提供温度数据对施工起参考作用，也是对冬季施工工程质量的鉴定方法，所以在施工中必须定时坚持做好下列的测量工作。

① 日大气的最高最低温度；

② 混凝土、砂浆搅拌前水、砂的加热温度；

③ 混凝土及砂浆的出机、入模或铺砌等阶段温度；

④ 对已浇筑的结构，应有测温孔平面布置图或应在施工平面上注明编号，温孔应布置在结构最不利位置。采用蓄热法养护时，在养护期间至少应每6h测定一次。不掺用防冻剂的混凝土，在强度未达到3.5N/mm^{2}以前，每2h测定1次，以后每6h测定1次。

4）测温孔用直径10mm，长250mm的白钢管埋置在结构中，白钢管应当封严下口，并加锡焊焊缝，管内放10cm深的机油。测温孔的埋置深度：梁、柱、基础中为10～20cm楼板、墙板为厚度1/3～1/2，测温管应露出结构表面50mm以上，在梁、板等水平结构中应垂直插入，在墙柱等垂直构件中，测温孔与水平应成30°角。

5）测温时温度计插入测温孔的时间最短不得少于3min，读数要快、准，测温后将测温孔塞紧并盖好保温材料。

6）测温人员应及时向项目经理部或施工队技术负责人及工长汇报，以便及时采取措施。

7）各单位需做配比试验应提前与试验室联系，以免延误工程，外加剂必须有出厂合格证书，经复试合格后方可使用。

8）试验员要负责天气预报收听工作，掌握气温变化情况，及时传达气象信息，逐日做好气象记录，并有应付气温骤变的技术措施和物资准备。

9）做好外加剂的管理工作，计量要准确，配比要恰当。

10）加强冬季施工期间砂浆，混凝土试块的管理工作，要按照现行规范留取。

八、冬季施工注意事项

（1）砂石骨料宜在进入低温季节前筛洗完毕。成品料堆应有足够的储备和堆高，进行覆盖，以防冰雪和冻结。

（2）在拌和混凝土前，应用热水或蒸汽冲洗搅拌机，将水或冰排除。

（3）混凝土的拌和时间应比常温季节适当延长。延长时间应通过试验确定。

（4）在岩石基础或老混凝土面上浇筑混凝土前，应检查其温度。若为负温，应将其加热成正温。加热深度不小于10cm，经验证合格方可浇筑混凝土。仓面清理宜采用喷洒温水配合热风枪，寒冷期间也可选用蒸汽枪，不宜采用水枪或风水枪。在软基上浇筑第一层混凝土时，必须防止与地基接触的混凝土遭受冻害和地基受冻变形。

（5）混凝土搅拌机应设在搅拌棚内并设有采暖设备，棚内温度应高于5℃。混凝土运输容器应设有保温装置。

（6）浇筑混凝土前和浇筑过程中，应注意清除钢筋、模板和浇筑设施上附着的冰雪和冻块，严禁将冻雪冻块带入仓内。

（7）在低温季节施工的模板，一般在整个低温期间都不宜拆除。若需要拆除时，则要求：

1）混凝土强度必须要大于允许受冻的临界强度；

2）具体拆模时间及拆模后的要求，应满足温控制防裂要求。当预计拆模后混凝土表面降温可能超过69℃时，应推迟拆模时间：若必须拆模时，应在拆模后采取保护措施。

（8）低温季节施工期间，应特别注意温度检查。

九、冬季施工安全管理

（一）冬季安全生产

冬季施工应当遵守安全法规和规程，并结合下列内容进行安全管理。

1. 冬季施工安全教育

（1）必须对全体职工定期进行技术安全教育。结合工程任务在冬季施工前要做好安全技术交底。配备好安全防护用品。

（2）对工人必须要进行安全教育和操作规程的教育：对变换工种及临时参加生产劳动的人员，也要进行安全教育和安全交底。

（3）特殊工种（包括：电气、架子、起重、锅炉、焊接、爆破、机械、车辆等工种）须经有关部门的专业培训，考核发证后方可操作，并且每年进行一次复审。

（4）采用新设备、新机具。新工艺应当对操作人员进行机械性能、操作方法等安全技术交底。

（5）所有工程的施工组织设计和施工方案都必须有安全的技术措施。爆破、槽坑、支模、架子等工程均编制单项技术安全方案（也称安全设计），并详细交底，否则不准许进行施工。

2. 现场安全管理

（1）现场内的各种材料、模板、混凝土构件、乙炔瓶、氧气等存放场地和乙炔集中站都要符合安全要求，要加强管理。

（2）冬季坑槽施工，在方案中应当根据土质情况和工程特点制定边坡防护措施：施工中和化冻后要检查边坡稳定，出现裂缝、土质疏松或护坡桩变形等情况要及时采取措施。

（3）加强季节性劳动保护工作。冬季要做好防滑、防冻、防煤气中毒工作。脚手架、上人马道，要做防滑措施，霜雪天后要及时清扫。大风雪后及时检查脚手架，防止高空坠落的事故发生。

3. 冬季电气安全管理

（1）在冬季施工预案和施工组织时间中，必须有现场电器线路及十倍位置平面图。现场应当设电工负责安装、维护和管理用电设备。严禁非电工人员进行随意拆改。

（2）施工现场严禁使用裸线。电线铺设要防砸、防碾压，防止电线冻结在冰雪之中。大风雪后，应对供电线路进行检查，防止断线造成触电事故。

（3）采取电加热设备提高施工环境温度，应编制“强电进楼预案”。用电设备采用专用电闸箱。强电源与弱电源的插销要区分开，防止误操作造成事故。

4. 解除冬季施工后的安全管理

随着气温的回升，连续7昼夜不出现负温度方可解除冬季施工，应注意以下几点：

（1）深坑应随时观测土坡稳定，应有专人负责观测。有条件时要抓紧回填土。

（2）冬季施工搭设的高车架、外用电梯，高度超过3层楼以上的架子，塔式起重视路基和电线杆等，应进行一次普查，以防止地基冻融沉陷造成倾斜倒塌。

（3）用冻融法砌筑的砌体，在化冻时按砌体工程施工验收规范的规定采取必要的措施。

(4) 材料堆放场、大模板堆放场应当进行检查和整理。防止垛堆、模板和构件在土层冻融中倒塌。

(二) 冬季施工防火措施

冬季由于外界气温的较低，由于考虑到工人取暖以及工地模板和一些易燃材料比较多，应该组织专门的防火领导小组和夜晚巡查人员，建立防火责任制和负责制，设置专项资金用于购买防火器材，确保工地的安全和人身安全。

十、冬季混凝土的质量控制

混凝土质量控制的目标是使所生产的混凝土能够按规定的保证率满足设计要求。质量控制过程包括以下三个过程：

(1) 混凝土生产前的初步控制。主要包括人员配备、设备调试、组成材料的检验及配合比的确定与调整等项内容。

(2) 混凝土生产过程中的控制。其中包括控制称量、搅拌、运输、浇筑、振捣及养护等项内容。

(3) 混凝土生产后的合格性控制。其中包括批量划分，确定批取样数，确定检测方法和验收界限等项内容。

(一) 水泥混凝土的影响因素分析

(1) 在水泥混凝土在尚未凝结硬化以前，称之为新拌混凝土或称混凝土拌和物。优质的新拌混凝土应该具备以下几点：满足输送和浇捣要求的流动性；不为外力作用产生脆断的可塑性；不产生分层、泌水的稳定性和易于浇捣密致的密实性。

(2) 影响新拌混凝土的工作性的因素主要是有两个方面：内因-组成材料的质量及其用量；外因-环境条件（如温度、湿度和风速）以及时间等。

(3) 改善新拌混凝土的工作性可以从下列途径采取必要的技术措施：

(4) 调节混凝土的材料组成，即在保证混凝土的强度、耐久性和经济性的前提下，可以适当调整混凝土的组成配合比设计，以提高工作性。

（5）掺加各种外加剂，例如减水剂、硫化剂等，能提高新拌混凝土的工作性，同时能提高强度、耐久性以及节约水泥。

（6）提高振捣机械的效能，可以降低施工对混凝土拌和物工作性的要求，从而保持了原有工作性也能达到捣实效果。

（二）水泥混凝土的强度

1. 材料组成对水泥混凝土强度的影响

（1）水灰比。混凝土质量主要指标之一是抗压强度，而混凝土抗压强度与混凝土用的水泥强度成正比。混凝土强度与水灰比成正比，水灰比大，混凝土强度高；水灰比小，则凝土强度低。当灰水比不变时，企图用增加水泥用量来提高混凝土强度是错误的，此时只能增大混凝土的和易性，以及增大混凝土的收缩和变形。因此，要控制好混凝土质量，最重要的就是控制好水泥和混凝土的水灰比两个主要环节。

（2）骨料特性。骨料特别是粗骨料的形状与表面性质对混凝土强度也有着一定影响。当石质强度相等时，碎石表面比卵石表面粗糙，它与水泥砂浆的黏结性要比卵石强。当水灰比相等或配合比相同时，比较两种材料配置的混凝土，则碎石的混凝土强度要比卵石的强。

（3）浆集比。混凝土中水泥浆的体积与骨料体积之比值，对于混凝土的强度有一定影响，特别是高强度等级的混凝土更为明显。在水灰比相同的条件下达到最优浆集比后，混凝土的强度会随着浆集比的增加而降低。

2. 养护条件对混凝土强度的影响

（1）湿度。在混凝土浇筑成型后，若能保持湿润状态，混凝土强度将按水泥特性随龄期呈对数关系增长。

（2）温度。在相同湿度下采用低温养护，强度发展较慢，为了达到一定强度，低温养护较高温养护则需要更长的龄期。

3. 试验条件对混凝土强度的影响

对在相同的材料组成、制备条件和养护条件下制成的混凝土进行试件，其力学强度还取决于试验条件。影响混凝土力学强度的试验条件主要有：试件形状与尺寸、试验湿度、试验温度、支撑条件和加载方式等。

4. 提高混凝土强度的措施

（1）可以选用高强水泥和早强水泥，为了提高路用混凝土的强度，应选用高强度的水泥；为缩短养护时间，及早通车，在施工条件允许时，优先选用早强型水泥。

（2）可以采用低水灰比和浆集比采用较低的水灰比，可以减少混凝土中的游离水，减少混凝土中的空隙，提高混凝土的密实度和强度；另一方面，降低了浆集比，同时也减薄了水泥浆层的厚度，可以充分发挥骨料的骨架作用，对混凝土强度的提高也有帮助。

（3）掺加混凝土外加剂和掺和料，桥梁工程用的预应力混凝土通常要求设计强度为 C50 以上，因此除了采用强度等级为 42.5 和 52.5 的硅酸盐水泥以外，必须采用高效减水剂等外加剂，才能保证混凝土拌合物的工作性和混凝土强度。

（4）采用湿热处理-蒸汽养护和蒸压养护。

采用机械搅拌合振捣-混凝土拌合物在强力搅拌合振捣作用下，水泥浆的凝聚结构暂时受到了破坏，因而降低了水泥浆的黏度和骨料间的摩阻力，提高了拌和物的流动性，能更好地充满模型和均匀密实，使得混凝土强度得到提高。

第二节　夏　季　施　工

一、高温环境对混凝土的影响

在日平均气温超过 25℃ 的条件下进行混凝土施工，也就是通常情况下所说的夏季施工。在这一条件施工对混凝土的不利影响因素。包括三了个方面，即高温、干燥和大风。这些因素会使混凝土坍落度损失增大，凝结速度加快，水分迅速蒸发，导致产生塑性收缩裂缝和干缩裂缝，新老混凝土的接茬不良，运输与泵送困难，最终造成施工的质量下降，混凝土性能变差。

二、混凝土的制备

(1) 适当的增加矿物外加剂的掺量。温度的提高加速了胶凝材料的水化反应，使得矿物外加剂反应速度较慢的问题成为了次要问题。主要问题是控制好凝结时间和坍落度损失。掺入矿物外加剂可以延缓混凝土的凝结时间，也可以减小混凝土的坍落度损失。因此，在高温季节施工的情况下应适当增加矿物外加剂的掺量。

(2) 对集料和拌和水采取降温措施。如果集料露天堆放，应当覆盖、遮挡集料，避免阳光直接照射，或洒水使集料降温。拌和水最好采用井水，例如用储水槽，应当避免阳光直晒。应避免混凝土拌和物的温度超过 30℃，必要时可以加冰块降低混凝土拌和物的温度。

(3) 适当的增大缓凝剂的掺量，但是控制混凝土的凝结时间凝结时间太快会影响混凝土的正常施工，特别是在浇筑较大的底板时，如果凝结时间控制不好，有可能会出现冷缝。这一问题在夏季比较突出。因此，在夏季施工时应控制好混凝土的凝结时间，必要时可适当增大缓凝剂掺量。当然，这需要根据胶凝材料的组成而定，以保证混凝土有足够的可操作时间为准。

三、混凝土的输送

混凝土的外部输送应当控制好输送距离，尽可能缩短外部运输时间。当混凝土到达工地后应及时卸料，进行浇筑，避免因为停留时间过长引起较大的坍落度损失。内部输送采用泵送时，输送管道应当覆盖湿布。

四、混凝土的浇筑

在夏季进行混凝土浇筑时，模板、钢筋、老混凝土基层要进行洒水润湿、降温。在浇筑过程中，要合理地分段分层，使新老混凝土浇筑间隔时间缩短。要避免在阳光直射下进行浇筑，风大时要设风障挡风。在可能的情况下，尽量安排在早晚和夜间进行浇筑。浇筑、振捣过程尽量迅速紧凑，间隔时间不能太长。

五、混凝土的养护

在夏季施工时，混凝土中的水分蒸发速度极快，大量水分的蒸发将会影响到胶凝材料的水化，影响混凝土性能的发展。同时，大量水分很快地失去，不仅产生较大的干缩变形，且干燥收缩速度较快，在混凝土强度不高的情况下发生，极易造成混凝土的开裂。因此，在夏季进行混凝土施工的情况下尤其要注意养护。

在夏季施工时，混凝土浇筑后应立即覆盖塑料薄膜、喷刷薄膜养生液或覆盖草帘子反复洒水保湿。要避免曝晒、风吹或暴雨浇淋，停止养护时要逐渐干燥，防止产生裂缝。

第三节 雨 季 施 工

雨期施工应当以防雨防台防汛为依据，做好各项的准备工作。雨期施工特点是：

（1）雨期施工的开始具有突然性。由于暴雨山洪等恶劣天气往往是不期而至，这就需要雨期施工的准备和防范措施及早的进行。

（2）雨期施工带有突击性。因为雨水对建筑结构和地基基础的冲刷或浸泡具有破坏性，所以必须迅速及时地防护，这样才能避免非工程造成损失。

（3）雨期往往持续的时间很长，所以才会阻碍了工程（主要包括土方工程、屋面工程等）顺利进行，拖延工期。因此对这一点应事先有充分估计并做好合理安排。

一、雨期施工的基本要求

（1）编制施工组织计划时，应将不宜在雨期施工的分项工程提前或拖后安排。对必须在雨期施工的工程制定有效的措施，进行突击施工。

（2）要合理进行施工安排。做到晴天抓紧室外工作，雨天安排室内工作，要尽量缩小雨天室外作业时间和工作面。

（3）要密切注意气象预报，做好抗台防汛等准备工作，必要时应及时加固在建的工作。

（4）做好建筑材料及已完工部分的防雨防潮工作。

二、雨期施工准备

（1）现场排水。施工现场的道路、设施必须要做到排水畅通，尽量做到雨停水干。要防止地面水排入地下室、基础、地沟内。还要做好对危石的处理，防止出现滑坡和塌方的情况。

（2）应做好原材料、成品、半成品的防雨工作。水泥应按先收先用、后收后用的原则，避免久存受潮而影响水泥的性能。木门窗等易受潮变形的半成品应当在室内堆放，其他材料也应注意防雨及材料堆放场地四周的排水。

（3）在雨期前应做好施工现场房屋、设备的排水防雨措施。

（4）备足排水需用的水泵及有关器材，准备适量的塑料布、油毡等防雨材料。

三、混凝土工程雨期施工的技术要点

（1）模板隔离层在涂刷前要及时的掌握天气预报，以防止隔离层被雨水冲掉。

（2）遇到大雨应停止浇筑混凝土，已浇部位应加以覆盖。浇筑混凝土时应根据结构情况和可能性，多考虑几道施工缝的留设位置。

（3）在雨期施工时，应加强对混凝土粗细骨料含水量的测定，及时的调整混凝土的施工配合比。

（4）在大面积的混凝土浇筑前，要了解2～3天的天气预报，尽量避开大雨。混凝土浇筑现场要预备大量防雨材料，以备浇筑时突然降雨进行覆盖。

（5）模板支撑下部回填土要夯实，加好垫板，雨后要及时检查有无下沉。

四、雨期施工的安全技术

雨期施工主要应做好防雨、防风、防雷、防电、防汛等工作。

（1）一切机械设备都应设置在地势较高、防潮避雨的地方，还要搭设防雨篷。机械设备的电源线路绝缘要良好，要有完善的保护接零装置。

（2）脚手架要经常检查，发现问题要及时进行处理或更换加固。

（3）所有机械棚都要搭设牢固，防止发生倒塌漏雨。机电设备也采取防雨、防淹措施，并安装接地安全装置。机械电闸箱的漏电保护装置要可靠。

（4）在雨期为防止雷电袭击造成事故，在施工现场高出建筑物的塔吊、人货电梯、钢脚手架等必须装设防雷装置。

施工现场的防雷装置通常情况下是由避雷针、接地线和接地体三个部分组成。

（1）避雷针应当安装在高出建筑的塔吊、人货电梯、钢脚手架的最高顶端上。

（2）接地线可选用截面积不小于16mm^2的铝导线，或采用截面不小于12mm^2的铜导线，也可用直径不小于8mm的圆钢。

（3）接地体有棒形和带形两种。棒形接地体一般情况下采用长度1.5m、壁厚不小于2.5mm的钢管或5mm×50mm的角钢。将其一端打尖并垂直打入地下，其顶端离地平面不小于50cm。带形接地体可以采用截面积不小于50mm^2，长度不小于3m的扁钢，平卧于地下500mm处。

（4）雷装置的避雷针、接地线和接地体必须进行焊接（双面焊），焊缝长度应当为圆钢直径的6倍或扁钢厚度的2倍以上，电阻则不宜超过10Ω。

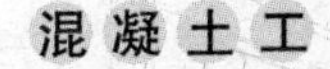

第七章

混凝土裂缝及其控制

第一节　混凝土施工中非结构性裂缝及其控制

一、混凝土施工中非结构性裂缝种类及原因

(一) 收缩裂缝

1. 塑性收缩裂缝

塑性收缩裂缝一般在干热或刮风天气易于出现，裂缝多为中间宽、两端细且长短不一，互不连贯。

裂缝产生的原因：由于混凝土在塑性状态时，刚开始终凝，由于天气炎热，阳光直射，刮大风，使混凝土表面水分蒸发过快，混凝土表面产生急剧的体积收缩，此时混凝土尚未有强度，导致混凝土表面出现龟裂。

2. 沉降收缩裂缝

沉降收缩裂缝一般多沿主筋通长方向，在混凝土表面出现，常在浇筑后发生，硬化后停止。

裂缝产生的原因：混凝土浇捣后，骨料颗粒沉落，水泥浆上浮，受到钢筋或埋设件或大骨料的阻挡，导致混凝土互相分离。另外混凝土本身组成材料沉落不均匀也会造成开裂。

3. 干燥收缩裂缝

干燥收缩裂缝多在混凝土养护完毕一段时间后才出现，为表面性的较浅较细裂缝，多沿短方向分布。

裂缝产生的原因：主要是由于混凝土养护不周，受风吹日晒，表面水分散失过快，混凝土内部湿度变化小，表面干缩变形受到混凝土内部的约束，引起较大拉应力后产生裂缝。

（二）温度裂缝

1. 内约束裂缝

内约束裂缝是由于混凝土内外温差过大而引起的裂缝。

当混凝土养护期间受寒流侵袭，使混凝土表面急剧降温超过7～10℃时，便有可能引起混凝土表面裂缝，但其裂缝一般只有30mm左右，表层以下仍保持结构完整性。

2. 外约束裂缝

外约束裂缝是由于混凝土体积过大，混凝土绝热温度与浇筑温度之差超过25℃以上而引起的。

当混凝土结构厚度超过2.0m以上时，混凝土在硬化期间放出大量水化热，内部温度上升很快，一般在混凝土浇筑后72h达到最高温度（可达80℃左右），由于混凝土内部散热慢而混凝土表面散热快，这种温差在混凝土表面引起拉应力。后期均匀降温冷却时，受到基岩或老混凝土垫层约束，又会在混凝土内部出现拉应力。

当拉应力超过混凝土的抗拉强度时，混凝土会产生温度裂缝。外约束裂缝多发生在施工后2～3个月或更长时间，多在结构中部出现。裂缝为较深或贯穿性，破坏结构的整体性。

（三）沉陷裂缝

沉陷裂缝多为深层或贯穿性的，其位置与沉陷方向一致。较大的沉陷裂缝，通常有一定的错位，裂缝宽度与沉降值成正比。

裂缝产生的原因是结构构件落在未经处理的回填土或松软地基上。混凝土浇筑后，因地基浸水引起不均匀沉降而导致裂缝。尤其是平卧生产的钢筋混凝土构件（如薄腹梁），由于侧向刚度差，配筋少，最易引起弦、腹杆或梁的侧面产生裂缝。

另外因模板刚度不足，模板支撑间距过大或支撑底部松动以及过早拆模，也常导致此类沉陷裂缝出现。

（四）其他裂缝

(1) 滑模施工、构件制作脱模、运输、堆放、吊装过程中，有时会产生各种裂缝，尤其是高度比较大，侧向配筋少，刚度差的构件容易出现裂缝。

（2）后张预应力构件和预制空心板抽芯过早或过晚，均会使混凝土塌落并拉裂。

（3）构件吊装时吊点不正确，构件堆放时支承垫木不在同一直线上，或悬挑过长，构件运输时剧烈振动或受到冲击；侧向刚度差的构件（如薄腹梁、钢筋混凝土桁梁）在吊装时，侧向未采取临时加固措施，造成弯矩过大，应力集中等情况而使构件吊裂。

（4）高层建筑滑模施工中，安装模板没有锥度或出现反锥度，也会将混凝土表面拉裂。

（5）模板提升时间过长，混凝土与模板黏结，易出现水平拉裂。

（6）地面施工中，过多的抹压触动，使表面形成含水量大的砂浆层或施工中撒干水泥抹压，常使表面出现龟裂。

二、混凝土施工中非结构性裂缝控制措施

（一）塑性裂缝

（1）将基层和模板浇水，均匀湿透。

（2）严格控制混凝土配合比、水灰比和砂率，宜掺加高效减水剂来增加混凝土的坍落度和和易性。

（3）若遇风季，需设置挡风设施。

（4）混凝土浇筑后及时覆盖，终凝后尽早进行养护。

（二）沉降收缩缝

（1）对于断面相差大的结构物和混凝土剪力墙孔洞口处，先浇筑较深部位，静止1～2h，让混凝土沉降后，再与断面或孔洞上部混凝土一起浇筑。

（2）可采用稠度适当的低流动性混凝土。

（3）初凝前，振捣两次、两次抹压混凝土表面。

（4）加强混凝土振捣，没有漏振。

（三）沉降收缩裂缝

（1）采取密封保水养护措施。

（2）严格控制混凝土配合比，提高混凝土抗裂度。

（3）加强混凝土结构的早期养护和覆盖，适当延长养护时间。

（4）素混凝土结构每隔 6m 设置一条收缩缝。

（5）发现混凝土结构有微小裂缝时，应马上洒水养护。

（6）长期露天堆放的混凝土构件，应经常适当浇水养护。

（7）后张法预应力结构及时张拉。

（四）温度裂缝

1. 内约束温度裂缝控制

（1）主要控制混凝土内外温差、表面与外界温差，防止混凝土表面急剧冷却，采用混凝土表面保温措施或蓄水养护措施。

（2）加强混凝土养护，严格控制混凝土升降温速度，使混凝土表面覆盖温差小于 8～10℃。

2. 外约束温度裂缝控制

（1）改善骨料级配，大体积基础混凝土可掺加 15％块石；混凝土中掺加粉煤灰或高效减水剂等来减少水泥用量，减少水化热。

（2）合理安排施工工序进行薄层浇捣，均匀上升，以利散热。

（3）合理分缝分块，对较长结构应设置后浇带；对基岩或原老混凝土垫层，在表面铺设 50～100mm 砂垫层，以消除基岩约束和嵌固作用。

（4）从控制混凝土浇筑温度、温升、减少温差，改进施工操作工艺，改善结构约束条件等方面入手来削减温度应力。

（5）大体积混凝土基础施工时，可在基础内埋设蛇形冷却水管，使混凝土内外温差小于 25℃。

（6）应适当配置温度钢筋，减少混凝土温度应力。

（7）加强混凝土养护，适当延长养护时间和拆模时间，使混凝土表面缓慢冷却。

（8）采用低热水泥。

（9）在拌合水里掺冰屑以降低水温度，对砂石骨料喷凉水冷却，以降低混凝土的浇筑温度。

（五）沉陷裂缝

（1）防止混凝土浇筑过程中模板和地基被水浸泡。

（2）保证模板有足够的强度和刚度，支撑牢固，使地基受力均匀。

（六）其他裂缝

（1）混凝土构件堆放按支承受力状态设置垫块，重叠堆放时。垫木在一条竖直线上，板、柱等构件应避免反放。

（2）选用有效隔离剂，构件起模前先用千斤顶均匀松动，再平缓起吊。

（3）构件留孔，芯管应平直并刷油，混凝土浇筑后要定时（约 15min）转动钢管，用手指压混凝土表面不显印痕时才抽管。

（4）混凝土浇筑前，对模板浇水湿透。

（5）柱、桁架等大型构件应按规定设置吊点，桁架等构件起吊应用脚手杆进行横向临时加固，并设牵引绳防止晃动、碰撞。

（6）构件、地坪表面避免过分压抹，如过稀可撒水泥和砂抹压，严禁撒干水泥压抹。

（7）构件运输中相互间设垫木，要绑牢，防止晃动和碰撞。

（8）掺加纤维是控制混凝土裂缝的一种有效方法。在混凝土拌制时加入短纤维（合成纤维或钢纤维）搅拌均匀，按常规方法浇筑成型。由于纤维的存在，可减少混凝土早期塌落收缩；提高混凝土的抗拉强度，减少早期微裂缝的开展；减少混凝土干缩；增加混凝土的密实性，保护结构钢筋，延缓混凝土碳化速度。掺加纤维宜选用抗拉强度高、化学性能稳定、价格相对便宜的合成纤维或钢纤维，纤维长度为 10～20mm，直径 100μm，用量约为混凝土体积的0.1%。

第二节 高层住宅楼板裂缝控制

一、高层住宅楼板裂缝形式及原因

(一) 裂缝形式

(1) 出现最多的是开间墙角处的45°斜裂缝。

(2) 还有部分是楼板跨中的通长裂缝，负弯矩钢筋端头处的裂缝以及一些其他位置的裂缝。

(3) 裂缝大多贯穿楼板，少部分为表面裂缝，宽度一般在0.3mm以内，肉眼可见，灌水可渗漏至下层。

(4) 出现时间一般在楼板混凝土浇捣后1～6个月，后期也会产生一些裂缝，但量少。

(二) 裂缝产生的原因

1. 设计因素引起的裂缝

(1) 设计时按承载力计算，忽视了变形验算和构造要求，配置钢筋直径大，间距也偏大，采用冷轧带肋钢筋代替热轧圆钢时最容易发生此类问题。

(2) 基础设计通常是一致的，每根柱的荷载不一定相同，必然产生不均匀沉降，尤其是角柱和核心筒剪力墙，与其他柱有较大的沉降差，楼板容易开裂。

(3) 高层住宅柱网较密，柱尺寸大，多数设置剪力墙，结构竖向刚度大。楼板因跨度大，板较薄，其刚度较小，当混凝土发生变形时，在刚度突变部位容易产生应力集中现象，造成板角开裂。

(4) 楼板角部未设计放射筋，当角部弯矩较大时出现角部裂缝。

(5) 楼板中埋置直径较大的水管和电管，甚至管道重叠、交叉，造成楼板局部混凝土厚度太小，极易出现裂缝。

2. 材料因素引起的裂缝

（1）水泥安定性不合格。

（2）粗、细骨料（砂、石）级配不良，造成骨料间孔隙率大，混凝土中游离水隐藏量多，密实度下降，导致强度下降。

（3）外加剂选择不当，其减水或膨胀效果不明显，不能达到预期结果。

3. 施工因素引起的裂缝

（1）混凝土配合比不正确；混凝土浇筑时振捣不密实，收光时间不当或振捣时间过长，使粗骨料下沉，面层浮浆多；混凝土浇捣后养护不及时，不充分，表层失水太多、太快，里层混凝土水化不足。

（2）钢筋绑扎不规范，最常见的是负弯矩筋未设置足够的马凳筋，承载力降低。负筋绑扎不牢，使施工中无法保证钢筋间距均匀，不满足构造要求。角部施工时省略了构造筋，造成配筋不足。

（3）混凝土搅拌时间不足，导致混凝土中各成分不能均匀混合，影响强度。

（4）模板支撑系统刚度不足或稳定性不良，造成局部变形过大，易产生平行于板边的跨中裂缝。

（5）混凝土早期裂缝的主要因素还包括施工荷载的过早施加、超载等。

4. 收缩引起的裂缝

（1）塑性收缩发生在混凝土凝固阶段，尤其是初凝阶段，此时水泥水化反应较强烈，混凝土中水分蒸发很快，塑性也同时失去。塑性收缩量级很大，尤其是水灰比大的混凝土。

（2）干燥收缩发生在混凝土凝固后，随着混凝土表面的干燥，表层混凝土体积缩小，内部混凝土失水较慢，体积变化小，因内外变形差异，使表面混凝土产生拉应力，此时混凝土强度较低，便产生干缩裂缝。

(3) 自生收缩发生在混凝土的后期硬化过程中，由于水泥的水化反应，体积会缩小，尤其是硅酸盐水泥或普通硅酸盐水泥拌制的混凝土。

5. 温度变化引起裂缝

当环境温度发生变化时，混凝土将发生变形，变形遭到刚度、强度较大的构件约束时，构件将产生拉应力，拉应力超过混凝土的抗拉强度时就会产生温度裂缝。

二、高层住宅楼板裂缝控制措施

(一) 优化设计

(1) 合理调整建筑物重心和形心的位置，尽量使其重合，减少偏心倾斜。基础设计应与上部结构荷载相协调，确保建筑物均匀沉降。

(2) 楼板筋设计应采用细径密排，宜采用双层双向钢筋，角部设置放射筋，预留洞口等薄弱部位设置加强筋。水、电管线避免重叠、交叉。

(3) 提高楼板的强度和刚度是防止楼板开裂的有效措施，应适当增加楼板厚度和配筋率。

(二) 优化配合比

(1) 选用高性能混凝土。采用补偿收缩混凝土，在混凝土中掺入适量的膨胀剂，使混凝土产生微量膨胀来补偿其产生的收缩。

(2) 严格控制水灰比。混凝土水灰比尽量控制在0.50以下，同时应控制水的总量，若采用泵送混凝土，水的用量应控制在190kg/m^3以下，若坍落度不能满足要求，应采用高效减水剂解决。水灰比的降低，将会提高混凝土的弹性模量，提高其抗裂性能。

(3) 在保证混凝土强度的前提下，尽量降低水泥、砂含量，提高石子用量。

（三）合理选用原材料

1. 水泥

选用水化热较低的水泥；强度较高的水泥能减少水泥用量，有利于防裂。

2. 砂、石料

应选用中、粗砂，且砂中含泥量严格控制在3%以内。根据泵送能力，尽量选用粒径较大的碎石，有条件时可选用5～40mm粒径的级配石，采用非泵送方法浇捣混凝土更有利于抗裂。

3. 掺合料

泵送混凝土选用优质的Ⅰ级粉煤灰，掺入量宜为水泥用量的12%～15%。

4. 外加剂

选用减水率较高的高效减水剂以及性能优越的膨胀剂，泵送混凝土还需掺入缓凝剂，宜选用复合型外加剂，既满足多种性能要求，又方便施工。

（四）加强施工过程控制

（1）混凝土搅拌时严格计量，搅拌时间应保证在120s以上，确保拌制的混凝土均匀。混凝土宜采用两次复振和两次抹压。

（2）应设置支撑筋来托起负弯矩筋，使其具有足够的有效高度和保护层。角部放射筋的位置应严格绑扎到位，严禁踩踏，同时不得遗漏角部的构造筋。

（3）模板支撑系统应具有足够的强度、刚度和稳定性。浇筑混凝土时应留置同条件的拆模试块，满足设计和施工要求时方可拆除模板。早拆体系应有独立的稳定系统，不得先拆后撑。后浇带部位的支撑不得提前拆除，防止改变梁板的受力状态。

（4）加强混凝土的养护。

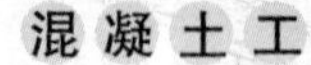

第八章

混凝土工施工安全常识

第一节　混凝土工安全基本知识

一、持证上岗

混凝土工施工人员必须熟悉本专业相应的安全生产职责和安全操作规程，必须经过本工种的安全知识、安全技术操作规程的培训和教育，并经考核合格后方可上岗作业。

二、安全教育

（1）安全教育、安全培训，必须从安全意识、安全知识、安全技能三个方面全面进行，不得忽视任何一个方面。

（2）施工企业职工安全教育、培训的目的，主要是训练职工的安全生产技能，提高安全意识，以保证在工作过程中提高工效。掌握安全生产知识和规律，一方面实现以预防为主的安全方针，另一方面在出现危险时，能及时采取正确的应急处理措施。

（3）施工企业职工安全生产培训教育应坚持目的性原则、理论与实践相结合的原则、调动教与学双方积极性的原则、巩固性与反复性原则、从严要求与注重质量的原则及传统教育与改革创新相结合的原则。

（4）施工企业职工安全生产培训教育的形式应多种多样，注意教育的及时性、严肃性、真实性，教育形式必须做到简明、醒目。

（5）对新招进场的工人，必须进行公司级安全教育、项目部级安全教育、班级岗位安全教育，并经考核合格后方可上岗作业。施工现场必须建立健全安全责任制。

（6）每年至少接受一次安全生产教育培训，教育培训及考核情况应统一归档管理。

（7）季节性施工、节假日后、待工复工或变换工种也必须接受相关的安全生产教育或培训。

三、权利和义务

（1）与其他从业人员一样，混凝土工有获得签订劳动合同的权利，也有履行劳动合同的义务。

（2）混凝土工有接受安全生产教育和培训的权利，也有掌握本职工作所需要的安全生产知识的义务。

（3）混凝土工有获得符合国家标准的劳动防护用品的权利，也有正确佩戴和使用劳动防护用品的义务。

（4）混凝土工有了解施工现场及工作岗位存在的危险因素，防范措施及施工应急措施的权利；也有相互关心，帮助他人了解安全生产状况的义务。

（5）混凝土工有对安全生产工作的建议权，也有尊重、听从他人相关安全生产合理建议的义务。

（6）混凝土工有对安全生产工作提出批评、检举、控告的权利，也有接受管理人员及相关部门真诚批评、善意劝告、合理处分的义务。

（7）混凝土工有对违章指挥和强令冒险作业的拒绝权，也有遵章守纪、服从正确管理的义务。

（8）混凝土工在施工中发生危及人身安全的紧急情况时，有权立即停止作业或者在采取必要的应急措施后撤离危险区域，同时也有义务及时向本单位（或项目部）安全生产管理人员或主要负责人报告。

（9）混凝土工发生工伤事故时，有获得工伤及时救治、工伤社会保险及意外伤害保险的权利，也有反思事故教训，提高安全意识的义务。

四、安全交底

混凝土工应接受工程技术人员书面的安全技术交底，并履行签字手续，同时应参加班前安全活动。

五、安全通道

混凝土工现场施工人员应按指定的安全通道行走，禁止在工作区域或建筑物内抄近路穿行或攀登跨越“禁止通行”的区域。

六、设备、设施及用电安全

1. 设备安全

（1）不可随意拆卸或改变机械设备的防护罩。

（2）无证不得操作其他机械设备。

2. 安全设施

禁止随意拆改各类安全防护设施（如防护栏杆、预留洞口盖板等）。

3. 用电安全

（1）禁止私自乱拉乱接电源线。

（2）不得随意接长手持、移动工具的电源线或更换其插头。施工现场禁止使用明插座或线轴盘。

（3）禁止在电线上挂晒衣物。

（4）发生意外触电，应立即切断电源后进行急救。

七、防火安全

（1）应对吸烟指定吸烟点。

（2）禁止在宿舍使用煤油炉，液化气炉以及电炉、电热棒、电饭煲等电器。

（3）发现火情及时向有关人员报告。

八、防护用品

（1）正确佩戴安全帽可有效地降低施工现场的事故发生频率，有很多事故均是因为进入施工现场的人不戴安全帽或戴安全帽不正确而引起的。正确佩戴安全帽的方法如下：

1）帽衬顶端与帽壳内顶面必须保持 25～50mm 的垂直距

离。有了这个空间，才能有效地吸收冲击能量，使冲击力分布在头盖骨的整个面积上，减轻对头部的伤害。

2）必须系好下颌带，戴紧安全帽，女工则要把发辫盘在安全帽内。

3）安全帽必须带正。

4）安全帽要定期检查。

（2）在2m以上（含2m）高处作业，必须系好安全带，安全带应高挂低用。

（3）禁止穿高跟鞋、硬底鞋、拖鞋及赤脚、光滑进入施工工地。

（4）作业时应做好“三紧”（袖口紧、下摆紧、裤脚紧）工作服。

九、文明行为

（1）实行环保目标责任制，保护和改善施工现场环境。

（2）施工现场要勤打扫，保持整洁卫生，场地平整，各类建筑物资应堆放整齐，现场道路畅通。做到施工现场无积水、无黑臭、无垃圾。

（3）职工宿舍应整洁有序，宿舍内和宿舍周围保持干净，污水应倒入污水池，污物、生活垃圾应集中堆放并及时清运。

（4）应养成良好的卫生习惯，不吃变质饭菜，不喝生水，保持身体健康。

（5）讲究个人卫生，勤洗澡，勤换衣。

（6）出现身体不适或生病时，应及时就医，不要带病工作。

（7）宿舍被褥应叠放整齐，个人用具按次序摆放，保持室内、外环境整洁。

（8）员工应注意劳逸结合，积极参与健康的文体活动。

（9）施工现场的厕所，坚持每天打扫，使用后及时冲洗，严禁随地大小便。

（10）冬季取暖应预防煤气中毒。

十、事故报告

当事故现场发生安全生产事故应立即向管理人员报告，并在管理人员的指挥下积极参与抢救受伤人员。

第二节　混凝土工安全技术操作规程

一、一般操作规程

（1）参加施工作业的所有人员，均必须遵守安全生产纪律，必须佩戴工作证或持卡，按规定正确佩戴好安全帽进入施工现场。

（2）在施工作业过程中，严格遵守安全技术操作规程的有关规定，安全上岗，不违章作业，不擅离和乱串工作岗位，按规定穿着衣鞋，正确使用和保管个人安全防护用品。

（3）参加施工作业的人员在施工现场行走时，必须走安全通道，禁止蹬踏土壁和固壁支撑，以及攀爬脚手架、垂直运输设备架体、模板支撑和钢筋骨架等上下。

（4）禁止用大步跨越或跳跃等方式进入脚手架或作业层面；禁止在未铺设脚手架板的脚手架上或未固定的梁底模上及刚砌筑完毕的墙面上作业或行走。

（5）高空作业前，必须对有关防护设施及个人安全防护用品进行检查，不得在存有安全隐患的情况下强行冒险作业。高空作业时，衣着要灵便，禁止穿着硬底或带钉易滑的鞋；在无防护设施的高空、悬崖和陡坡面上施工时，必须按规定使用安全带，安全带必须高挂低用，挂设点必须安全、可靠。

（6）凡患有高血压、心脏病、贫血病、癫痫病、四肢有残缺以及其他不适于高空作业者（如饮酒者），严禁从事高空作业。

（7）在浇筑2m以上的框架、过梁、雨篷和平台时，不得站在模板或支撑件上进行操作。

（8）在浇筑拱形结构时，应向两边拱脚对称地相向进行。在浇筑筒形储仓时，筒仓下口应先行封闭，搭设脚手架。

(9) 室内外的井、洞、坑、池、楼梯应设置安全防护栏或防护盖、防护罩等设施。

(10) 操作用的平台、操作架，必须经安全部门检查合格后方可使用。使用过程中平台、操作架的结构，未经许可不得随意改动。

(11) 在特殊情况下进行浇筑时，若无安全措施，则必须挂好安全带，并扣好保险钩或在架设安全平网后方可进行作业。

(12) 在浇筑混凝土前，对各项安全设施应认真检查是否安全可靠以及有无隐患，特别是模板的支撑，操作脚手架，架设的运输道路及指挥、联络信号等。对于重要的施工部件，其安全技术要求进行详细交底。

(13) 用手推车运输混凝土时，不得用力过猛，手不准撤离车把。向坑或槽内倒混凝土时，必须沿坑或槽边设置不低于100mm高的挡车轮装置。推车人倒混凝土时，要站稳，并保持身体的平衡，应通知下方人员躲开。在脚手架上用手推车运送混凝土时，两车之间必须保持一定距离，右侧通行，混凝土装车容量不得超过车斗容量的3/4。

(14) 采用人工搅拌混凝土时，应采取两人对面翻拌作业的方式，防止操作人员被铁锹等手工工具碰伤。由高空向下拨混凝土时，注意不要用力过猛，以免由于惯性作用发生人员坠落和摔伤事故。

(15) 浇筑混凝土使用溜槽或串筒时，溜槽或串筒的节间必须连接牢固，操作部位应设置防护栏杆，不可站在溜槽梆上进行操作。

(16) 使用吊罐（斗）浇筑混凝土时，经常检查吊罐（斗）、钢丝绳和卡具，如有隐患应及时处理或更换，施工时应设专人指挥。

(17) 不得在养护窖（池）边上站立或行走，注意窖盖板和地沟孔洞，防止失足坠落发生伤害。

二、混凝土施工夜间作业照明要求

夜间作业照明，一般场所宜选用额定电压为220V的照明器，对下列特殊场所应使用安全电压照明器：

（1）在特别潮湿的场所工作，照明电压不得大于12V。

（2）在潮湿和易触及带电体的场所，照明电压不得大于24V。

（3）隧道、人防工程，有高温、导电粉尘或灯具距离地面高度室外低于3m、室内低于2.4m的场所，电源电压不得大于36V。

（4）使用行灯，电源电压不得大于36V。

三、混凝土施工机械设备安全使用要求

（1）施工机械设备要实行“三定制度”，即“定人、定岗位职责、定机”。操作工必须经培训合格后持证上岗，必须做到“三好四会”，即“管好、用好、修好；会使用、会保养、会检查、会排除故障”。

（2）建立各种规章制度，认真填写好各种记录：

1）建立交接班制度。

2）建立岗位责任制，安全操作规程。

3）建立运转记录，认真填写。

（3）非机械操作人员，严禁开动机械设备。

（4）凡在运用的机械设备，应保证机械设备技术状况良好，安全保护装置齐全、灵敏可靠。

（5）各种搅拌机（除反转出料搅拌机外），均为单向旋转搅拌，因此在接电源时，注意搅拌筒的转向应符合搅拌筒上所标注的箭头方向。

（6）在常温条件下施工时，搅拌机械应安放在防雨棚内。冬期施工时，搅拌机械应安放在高温棚内。

（7）在混凝土搅拌站内，必须按规定设置良好的通风与防尘

设备，以保证空气中粉尘的含量不得超过国家标准。

(8) 搅拌机开机前，应先检查电气设备的绝缘和接地是否良好，带轮保护罩是否完整。

(9) 内部或外部电动振动器在使用前，应先对电动机、导线、开关等设施进行检查，如导线破裂、开关不灵或无漏电保护装置等，应禁止使用。

(10) 工作时，搅拌机应先启动，待机械运转正常后再边加料边加水搅拌，若遇中途停机、停电，则应立即将料卸出，不允许中途停机后，重新启动搅拌机。同时，搅拌机料斗升起时，严禁任何人在料斗下停留或通过。

(11) 电动振动器的操作者，在操作时，必须戴好绝缘手套、穿好绝缘鞋。停机后，立即切断电源开关，锁好开关箱。

(12) 振动器不得在已初凝的混凝土、楼板、脚手架、道路和干硬的地方进行试振。搬移振动器时，应切断电源后进行，否则不准搬、抬或移动振动器。

(13) 电动振动器必须采用按钮式开关，禁止采用插头式开关。电动振动器的扶手，必须套上绝缘橡胶管。电缆线上严禁堆压物品或让车辆挤压，严禁用电缆线拖拉或吊挂振动器。

(14) 平板振动器与平板应保持紧密连接，电源线应固定在平板上，电气开关应装在便于操作的地方。

(15) 各种振动器在做好保护接地的基础上，必须安装漏电保护器。

(16) 所有电气设备的安装、拆卸、检修，必须由专职电工负责进行，其他人员不得随意乱动。

(17) 雨天作业时，必须将振动器加以遮盖，避免雨水浸入电动机导电伤人。

参 考 文 献

[1] 国家标准.《混凝土质量控制标准》(GB 50164—2011)[S]. 北京：中国建筑工业出版社，2011.

[2] 行业标准.《普通混凝土配合比设计规程》(JGJ 55—2011)[S]. 北京：中国建筑工业出版社，2011.

[3] 姚谨英.《建筑施工技术》[M]. 北京：中国建筑工业出版社，2011.

[4] 陈长华，孙强. 混凝土工长[M]. 北京：中国建筑工业出版社，2008.